全国高等教育自学考试指定教材

U0155500

土力学及地基基础

（含：土力学及地基基础自学考试大纲）

（2023 年版）

全国高等教育自学考试指导委员会　组编

主编　唐　亮

北京大学出版社

PEKING UNIVERSITY PRESS

图书在版编目(CIP)数据

土力学及地基基础/唐亮主编 . —北京：北京大学出版社，2023. 10

全国高等教育自学考试指定教材

ISBN 978 - 7 - 301 - 34432 - 3

Ⅰ . ①土… Ⅱ . ①唐… Ⅲ . ①土力学—高等教育—自学考试—教材 ②地基—基础
（工程）—高等教育—自学考试—教材 Ⅳ . ①TU4

中国国家版本馆 CIP 数据核字(2023)第 174738 号

书　　　名	土力学及地基基础	
	TULIXUE JI DIJI JICHU	
著作责任者	唐　亮　主编	
策 划 编 辑	吴　迪　赵思儒	
责 任 编 辑	于成成	
数 字 编 辑	蒙俞材	
标 准 书 号	ISBN 978 - 7 - 301 - 34432 - 3	
出 版 发 行	北京大学出版社	
地　　　址	北京市海淀区成府路 205 号　　100871	
网　　　址	http://www. pup. cn　　新浪微博：@ 北京大学出版社	
电 子 邮 箱	编辑部 pup6@ pup. cn　　总编室 zpup@ pup. cn	
电　　　话	邮购部 010 - 62752015　　发行部 010 - 62750672　　编辑部 010 - 62750667	
印 刷 者	北京鑫海金澳胶印有限公司	
经 销 者	新华书店	
	787 毫米×1092 毫米　16 开本　14. 75 印张　354 千字	
	2023 年 10 月第 1 版　　2023 年 10 月第 1 次印刷	
定　　　价	47. 00 元	

未经许可，不得以任何方式复制或抄袭本书之部分或全部内容。

版权所有，侵权必究

举报电话：010 - 62752024　电子邮箱：fd@ pup. cn

图书如有印装质量问题，请与出版部联系，电话：010 - 62756370

组 编 前 言

21世纪是一个变幻难测的世纪，是一个催人奋进的时代。科学技术飞速发展，知识更替日新月异。希望、困惑、机遇、挑战，随时随地都有可能出现在每一个社会成员的生活之中。抓住机遇，寻求发展，迎接挑战，适应变化的制胜法宝就是学习——依靠自己学习、终身学习。

作为我国高等教育组成部分的自学考试，其职责就是在高等教育这个水平上倡导自学、鼓励自学、帮助自学、推动自学，为每一个自学者铺就成才之路。组织编写供读者学习的教材就是履行这个职责的重要环节。毫无疑问，这种教材应当适合自学，应当有利于学习者掌握和了解新知识、新信息，有利于学习者增强创新意识，培养实践能力，形成自学能力，也有利于学习者学以致用，解决实际工作中所遇到的问题。具有如此特点的书，我们虽然沿用了"教材"这个概念，但它与那种仅供教师讲、学生听，教师不讲、学生不懂，以"教"为中心的教科书相比，已经在内容安排、编写体例、行文风格等方面都大不相同了。希望读者对此有所了解，以便从一开始就树立起依靠自己学习的坚定信念，不断探索适合自己的学习方法，充分利用自己已有的知识基础和实际工作经验，最大限度地发挥自己的潜能，达到学习的目标。

欢迎读者提出意见和建议。

祝每一位读者自学成功。

全国高等教育自学考试指导委员会
2022 年 8 月

目　　录

组编前言

土力学及地基基础自学考试大纲

大纲前言 ………………………… 2
Ⅰ　课程性质与课程目标 ………… 3
Ⅱ　考核目标 …………………… 5
Ⅲ　课程内容与考核要求 ………… 6

Ⅳ　关于大纲的说明与考核实施要求 … 14
附录　题型举例 …………………… 18
参考答案 …………………………… 19
大纲后记 …………………………… 20

土力学及地基基础

编者的话 ………………………… 22
绪论 ……………………………… 23
第1章　土的物理性质与地下水 … 27
　1.1　岩石和土的成因类型 ……… 28
　1.2　土的组成 ………………… 32
　1.3　土的三相比例指标 ………… 37
　1.4　无黏性土的密实度 ………… 43
　1.5　黏性土的物理特征 ………… 44
　1.6　土的渗透性 ……………… 46
　1.7　地基岩土的工程分类 ……… 50
　习题 …………………………… 55

第2章　地基中的应力 …………… 57
　2.1　概述 ……………………… 58
　2.2　土的自重应力 …………… 59
　2.3　基底压力 ………………… 63
　2.4　地基附加应力 …………… 69
　习题 …………………………… 78

第3章　土的压缩性及地基沉降 …… 80
　3.1　土的压缩性 ……………… 81
　3.2　地基的最终沉降量计算 …… 85

　3.3　沉积土层的应力历史 ……… 98
　3.4　地基沉降与时间的关系 …… 99
　习题 …………………………… 103

第4章　土的抗剪强度 …………… 106
　4.1　概述 ……………………… 107
　4.2　土的抗剪强度与极限平衡条件 … 107
　4.3　抗剪强度指标的测定 ……… 112
　习题 …………………………… 119

第5章　土坡稳定分析和土压力
　　　　理论 …………………… 121
　5.1　概述 ……………………… 122
　5.2　挡土墙上的土压力 ………… 122
　5.3　朗肯土压力理论 …………… 124
　5.4　挡土墙设计 ……………… 131
　5.5　土坡的稳定分析 …………… 136
　习题 …………………………… 140

第6章　地基承载力 ……………… 142
　6.1　地基破坏模式 …………… 143
　6.2　地基极限承载力理论 ……… 145
　6.3　地基承载力特征值的确定 …… 147

习题 ···················· 152

第7章 天然地基上的浅基础 ········ 154

7.1 概述 ················· 155

7.2 浅基础分类 ············· 160

7.3 基础埋深的选择 ········· 164

7.4 基础底面尺寸的确定 ·········· 168

7.5 地基沉降验算 ··········· 173

7.6 无筋扩展基础设计 ········· 175

7.7 墙下钢筋混凝土条形基础设计 ····· 177

7.8 柱下钢筋混凝土独立基础设计 ····· 181

7.9 梁板式基础 ············· 187

7.10 减轻不均匀沉降危害的措施 ····· 191

习题 ···················· 196

第8章 桩基础 ·················· 199

8.1 概述 ················· 200

8.2 桩的分类 ·············· 202

8.3 单桩竖向荷载的传递 ········· 208

8.4 单桩竖向承载力的确定 ········· 210

8.5 桩基设计 ·············· 214

习题 ···················· 224

参考文献 ················· 226

后记 ·················· 227

全国高等教育自学考试

土力学及地基基础
自学考试大纲

全国高等教育自学考试指导委员会　制定

大 纲 前 言

为了适应社会主义现代化建设事业的需要，鼓励自学成才，我国在20世纪80年代初建立了高等教育自学考试制度。高等教育自学考试是个人自学，社会助学和国家考试相结合的一种高等教育形式。自学应考者通过规定的专业课程考试并经思想品德鉴定达到毕业要求的，可获得毕业证书；国家承认学历并按照规定享有与普通高等学校毕业生同等的有关待遇。经过40多年的发展，高等教育自学考试为国家培养造就了大批专门人才。

课程自学考试大纲是规范自学应考者学习范围，要求和考试标准的文件。它是按照专业考试计划的要求，具体指导个人自学、社会助学、国家考试及编写教材的依据。

为更新教育观念，深化教学内容方式、考试制度、质量评价制度改革，更好地提高自学考试人才培养的质量，全国高等教育自学考试指导委员会各专业委员会按照专业考试计划的要求，组织编写了课程自学考试大纲。

新编写的大纲，在层次上，本科参照一般普通高校本科水平，专科参照一般普通高校专科或高职院校的水平；在内容上，及时反映学科的发展变化以及自然科学和社会科学近年来研究的成果，以更好地指导自学应考者学习使用。

全国高等教育自学考试指导委员会
2023 年 5 月

Ⅰ 课程性质与课程目标

一、课程性质和特点

"土力学及地基基础"课程是全国高等教育自学考试建筑工程技术（专科）、地质工程（专升本）等专业的一门专业课。通过本课程的学习，使自学应考者了解工程地质的基本概念，掌握土力学的基本概念和基本原理，结合有关结构设计理论，分析和解决一般的地基基础问题。

二、课程目标

土力学是本课程的理论基础，要求掌握土的物理性质、抗剪强度、地基的应力与变形、地基承载力和土压力的基本概念和基本原理，能解决地基基础设计和施工中的一般土力学问题。

地基基础设计是结构设计的重要组成部分，要求能根据上部结构的具体要求，运用土力学的基本原理，进行墙下条形基础、柱下独立基础设计以及解决挡土墙和桩基础的一般工程问题。

三、与相关课程的联系与区别

本课程的先修课程为："建筑材料""房屋建筑学""工程力学""结构力学"等；相配合的课程有："混凝土及砌体结构""建筑施工"等。凡涉及先修课程的内容，本课程主要利用其结论。

挡土墙的墙身强度验算和钢筋混凝土基础内力与配筋计算等属于"混凝土及砌体结构"课程的范围，本课程不作要求；有关基础工程的施工问题主要放在"建筑施工"课程中讨论。

四、本课程重点

第1章：熟练掌握岩石和土的成因类型、土的组成及土的渗透性；理解土的三相比例指标、地基岩土的工程分类及应用、（无）黏性土的物理状态指标及渗流计算。

第2章：熟练掌握土的自重应力、基底压力和矩形面积上竖向均布荷载作用下竖向附加应力的计算内容与方法，理解基底压力分布规律、地基附加应力分布规律和矩形面积上竖直三角形荷载作用下竖向附加应力的计算内容与方法。

第3章：熟练掌握土体变形的实质及规律、地基最终沉降量的计算方法，理解沉积土层的应力历史和饱和土的渗透固结概念。

第4章：熟练掌握土的抗剪强度的库仑公式和土的极限平衡条件，掌握通过直接剪切试验和常规三轴压缩试验确定抗剪强度指标的方法。

第5章：熟练掌握主动土压力、被动土压力的计算方法，掌握黏性土坡稳定分析和挡土墙的稳定验算。

第 6 章：熟练掌握临塑荷载、临界荷载的含义及地基承载力特征值确定方法，掌握太沙基公式，熟悉地基破坏模式和破坏过程。

第 7 章：掌握浅基础设计计算的步骤、墙下条形基础设计计算以及柱下钢筋混凝土独立基础设计计算，了解地基基础设计基本原则、浅基础的分类以及减轻不均匀沉降危害的措施。

第 8 章：熟练掌握单桩竖向极限承载力的确定及单桩竖向承载力特征值计算、桩的承载力验算及桩身结构设计、灌注桩配筋计算及承台受弯承载力计算，理解桩的挤土效应、单桩竖向荷载的传递、灌注桩配筋长度要求及承台构造要求。

II　考核目标

本大纲在考核目标中，按照识记、领会、应用三个层次规定其应达到的能力层次要求。三个能力层次是递升的关系，后者必须建立在前者的基础上。各能力层次的含义如下。

识记（Ⅰ）：要求考生能够识别和记忆大纲中的知识点，如定义、原理、公式、性质等，并能够根据考核的不同要求，作出正确的表述、选择和判断。

领会（Ⅱ）：要求考生能够对大纲中的概念、原理、公式等有一定的理解，清楚它与有关知识点的联系与区别，并能作出正确的表述和解释。

应用（Ⅲ）：要求考生在对大纲中的概念、原理、公式等理解的基础上，会运用多个知识点，分析、计算或推导解决稍复杂一些的问题。

Ⅲ 课程内容与考核要求

绪 论

一、学习目的与要求

通过绪论的学习，理解地基及基础的概念，了解本课程的研究对象及其特点和学习方法。

二、课程内容

地基及基础的概念。本课程的研究对象及其特点和学习方法。

三、考核知识点与考核要求

识记：基础、浅基础、深基础、天然地基、人工地基的概念。

领会：地基的概念，地基设计应满足的两个基本条件。

第1章 土的物理性质与地下水

一、学习目的与要求

通过本章的学习，掌握岩石和土的成因类型、土的组成和土的渗透性，理解土的三相比例指标及其性状评价和地基岩土的工程分类。

二、课程内容

1. 岩石和土的成因类型
2. 土的组成
3. 土的三相比例指标
4. 无黏性土的密实度
5. 黏性土的物理特征
6. 土的渗透性
7. 地基岩土的工程分类

三、考核知识点与考核要求

1. 岩石和土的成因类型

识记：岩石和土的成因类型。

2. 土的组成

识记：土的三相组成，粒径、粒度和粒组的概念。

领会：粒径级配累积曲线的特征及工程意义。

应用：判定土的粒径级配状况。

3. 土的三相比例指标

识记：土的基本指标及换算指标的定义。

领会：常用三相比例指标间的换算公式。

应用：计算土的三相比例指标。

4. 无黏性土的密实度

识记：土的相对密实度的概念。

领会：无黏性土密实度的指标。

5. 黏性土的物理特征

识记：土的塑限、液限的概念。

领会：土的塑性指数、液性指数。

应用：按塑性指数、液性指数对黏性土进行分类和软硬状态判定。

6. 土的渗透性

识记：渗透性、渗透速度、渗透系数的概念，土的水力梯度的概念，动水力、临界水力梯度的概念。

领会：达西定律及其适用范围，动水力计算式，临界水力梯度计算式，临界水力梯度判断流砂现象。

应用：渗透系数测定方法的适用性。

7. 地基岩土的工程分类

识记：土的主要类型。

领会：岩石、碎石土、砂土、粉土、黏性土的分类方法。

应用：根据规范能够进行土的工程分类。

四、本章重点、难点

重点：土的分类与成因、粒径级配累积曲线、无黏性土的密实度、黏性土的物理指标、达西定律。

难点：土的三相比例指标计算、达西定律应用。

第 2 章　地基中的应力

一、学习目的与要求

通过本章的学习，深刻理解土的自重应力和地基附加应力的概念，地基附加应力的分布规律，熟练掌握土的自重应力、基底压力和基底附加压力的计算，矩形面积上竖向均布荷载作用下竖向附加应力的计算。

二、课程内容

1. 概述
2. 土的自重应力
3. 基底压力
4. 地基附加应力

三、考核知识点与考核要求

1. 土的自重应力概念与计算

识记：土的自重应力概念。

应用：地下水位升降，竖向和侧向自重应力的计算。

2. 基底压力和基底附加压力的概念与计算

识记：基底压力和基底附加压力的概念。

应用：基底附加压力的计算，轴心或单向偏心荷载作用下基底压力的计算。

3. 地基附加应力的概念与计算

识记：地基附加应力的概念。

领会：地基附加应力的分布规律（应力扩散和应力叠加），地基主要受力层的概念。

应用：矩形面积上竖向均布荷载作用下竖向附加应力的计算（查表确定竖向附加应力系数）。

四、本章重点、难点

重点：土的自重应力、基底压力和矩形面积上竖向均布荷载作用下竖向附加应力的计算内容与方法。

难点：矩形面积上竖直三角形荷载作用下竖向附加应力的计算内容与方法、基底压力分布规律和地基附加应力分布规律。

第3章　土的压缩性及地基沉降

一、学习目的与要求

通过本章的学习，掌握土体变形的实质及规律、地基最终沉降量的计算方法，理解沉积土层的应力历史和饱和土的渗透固结概念。

二、课程内容

1. 土的压缩性
2. 地基的最终沉降量计算
3. 沉积土层的应力历史
4. 地基沉降与时间的关系

三、考核知识点与考核要求

1. 土的压缩性
识记：土的压缩性概念和压缩性指标（压缩系数、压缩指数、压缩模量）。
领会：压缩试验的特点，压缩曲线的含义。
应用：压缩系数和压缩模量的计算，根据 a_{1-2} 评价土的压缩性。

2. 地基的最终沉降量计算
领会：分层总和法的基本概念，计算地基最终沉降量的规范方法的概念。
应用：用分层总和法、规范方法计算地基最终沉降量。

3. 沉积土层的应力历史
识记：前期固结压力、正常固结土、超固结土、欠固结土的概念。

4. 地基沉降与时间的关系
识记：土的渗透固结及地基固结度的概念。
领会：排水条件对土层固结时间的影响。

四、本章重点、难点

重点：土的压缩性概念和压缩性指标，正常固结土、超固结土、欠固结土的概念、地基固结度的概念。
难点：分层总和法对地基最终沉降量、任意时刻土体沉降量、固结度的计算。

第4章 土的抗剪强度

一、学习目的与要求

通过本章的学习，熟练掌握土的抗剪强度的库仑公式和土的极限平衡条件，掌握通过直接剪切试验和常规三轴压缩试验确定抗剪强度指标的方法。

二、课程内容

1. 概述
2. 土的抗剪强度与极限平衡条件
3. 抗剪强度指标的测定

三、考核知识点与考核要求

1. 土的抗剪强度与极限平衡条件
识记：土的抗剪强度的定义，土体强度意义及工程应用，土的极限平衡条件。
领会：土体极限平衡应力状态。
应用：库仑公式。

2. 抗剪强度指标的测定
识记：抗剪强度测定试验类型，直接剪切试验适用范围及优缺点，不同土体抗剪强度指标的选择。

领会：三轴压缩试验适用范围、试验流程及优缺点。

四、本章重点、难点

重点：三轴压缩试验的试验流程及优缺点。

难点：确定抗剪强度指标的方法。

第5章 土坡稳定分析和土压力理论

一、学习目的与要求

通过本章的学习，初步掌握土坡稳定的分析方法，正确理解土压力的概念，熟练掌握主动土压力的计算方法，掌握重力式挡土墙的设计。

二、课程内容

1. 概述
2. 挡土墙上的土压力
3. 朗肯土压力理论
4. 挡土墙设计
5. 土坡的稳定分析

三、考核知识点与考核要求

1. 挡土墙上的土压力

识记：静止土压力概念，主动土压力概念，被动土压力概念。

2. 朗肯土压力理论

识记：朗肯土压力理论假设。

领会：墙后填土面有连续均布荷载、填土为成层土和填土中有地下水的土压力计算。

应用：主动土压力计算，被动土压力计算。

3. 挡土墙设计

应用：提高抗倾覆、抗滑移稳定的措施，重力式挡土墙的抗倾覆、抗滑移稳定验算。

4. 土坡的稳定分析

识记：砂土自然休止角概念。

领会：无黏性土坡稳定分析，黏性土坡稳定分析，土坡失稳原因。

四、本章重点、难点

重点：挡土墙上的土压力概念。

难点：朗肯土压力理论。

第6章　地基承载力

一、学习目的与要求

通过本章的学习，熟悉地基破坏模式与破坏过程，熟练掌握临塑荷载、临界荷载、地基极限承载力的含义，掌握太沙基公式，熟练运用地基承载力特征值的确定方法。

二、课程内容

1. 地基破坏模式
2. 地基极限承载力理论
3. 地基承载力特征值的确定

三、考核知识点与考核要求

1. 地基破坏模式

识记：破坏模式，破坏过程，临塑荷载和临界荷载。

2. 地基极限承载力理论

识记：地基极限承载力，影响地基极限承载力的因素。

应用：太沙基公式及其适用范围。

3. 地基承载力特征值的确定

识记：按工程经验确定地基承载力特征值。

应用：按土的抗剪强度指标计算地基承载力特征值，按地基载荷试验确定地基承载力特征值，地基承载力特征值修正。

四、本章重点、难点

重点：地基破坏模式，地基破坏过程，临塑荷载和临界荷载，太沙基公式。

难点：地基承载力特征值的几种确定方法。

第7章　天然地基上的浅基础

一、学习目的与要求

通过本章的学习，了解浅基础的类型及适用条件，熟悉基础埋深的确定原则，熟练掌握按地基承载力特征值计算墙下条形基础和柱下独立基础的基础底面尺寸，掌握软弱下卧层承载力的验算方法，了解地基沉降验算要求和减轻不均匀沉降危害的措施。

二、课程内容

1. 概述
2. 浅基础分类

3. 基础埋深的选择

4. 基础底面尺寸的确定

5. 地基沉降验算

6. 无筋扩展基础设计

7. 墙下钢筋混凝土条形基础设计

8. 柱下钢筋混凝土独立基础设计

9. 梁板式基础

10. 减轻不均匀沉降危害的措施

三、考核知识点与考核要求

1. 浅基础分类

识记：浅基础的分类与适用条件。

2. 基础埋深的选择

识记：有关基础埋深的确定原则。

领会：影响基础埋深选择的因素。

3. 基础底面尺寸的确定

应用：按地基承载力特征值计算条形基础和柱下独立基础的基础底面尺寸。

应用：软弱下卧层承载力的验算。

4. 地基沉降验算

领会：各类建筑物对地基沉降验算的要求。

5. 无筋扩展基础设计

识记：无筋扩展基础的设计过程与构造要求。

6. 墙下钢筋混凝土条形基础设计

领会：墙下钢筋混凝土条形基础的设计流程与验算要求。

7. 柱下钢筋混凝土独立基础设计

领会：柱下钢筋混凝土独立基础的设计流程与验算要求。

8. 梁板式基础

识记：梁板式基础的构造要求。

9. 减轻不均匀沉降危害的措施

领会：减轻不均匀沉降危害的建筑措施、结构措施和施工措施。

四、本章重点、难点

重点：软弱下卧层承载力的验算，墙下条形基础和柱下独立基础的设计与验算。

难点：按地基承载力特征值计算墙下条形基础和柱下独立基础的基础底面尺寸。

第8章 桩基础

一、学习目的与要求

通过本章的学习，了解桩的类型及适用条件、单桩竖向荷载传递的特点和承台设计的基本内容，掌握单桩竖向承载力特征值计算和承台布桩设计。

二、课程内容

1. 概述
2. 桩的分类
3. 单桩竖向荷载的传递
4. 单桩竖向承载力的确定
5. 桩基设计

三、考核知识点与考核要求

1. 桩的分类

识记：预制桩的分类与特点，灌注桩的分类与特点，摩擦型桩和端承型桩的概念。

领会：桩的挤土效应。

应用：桩的几何尺寸分类。

2. 单桩竖向荷载的传递

识记：桩侧阻力的概念，桩端阻力的概念。

领会：单桩轴向荷载的传递分布曲线。

3. 单桩竖向承载力的确定

识记：静载荷试验的装置和方法，群桩效应的概念，群桩效应系数的概念。

应用：单桩竖向极限承载力的确定方法，单桩竖向承载力特征值公式。

4. 桩基设计

识记：桩基设计步骤，桩的类型和几何尺寸选择，扩底桩的概念。

领会：灌注桩配筋长度要求，承台构造要求。

应用：桩根数与布置选择，桩顶竖向力计算公式，单桩竖向承载力验算公式，桩身混凝土强度设计要求，承台的受弯承载力计算公式。

四、本章重点、难点

重点：单桩竖向承载力的确定。

难点：桩基设计。

Ⅳ　关于大纲的说明与考核实施要求

一、本大纲的目的和作用

本大纲是根据专业自学考试计划的要求，结合自学考试的特点制定的。其目的是对个人自学、社会助学和课程考试命题进行指导和规定。

本大纲明确了课程学习的内容及深广度，规定了课程自学考试的范围和标准。因此，它是编写自学考试教材和辅导书的依据，是社会助学组织进行自学辅导的依据，是自学应考者学习教材、掌握课程内容知识范围和程度的依据，也是进行自学考试命题的依据。

二、本大纲与教材的关系

本大纲是进行学习和考核的依据，教材厘定学习知识的基本内容和范围，教材的内容是本大纲所规定的课程内容和考核知识点的扩展与发挥。课程内容和考核知识点在教材中可以体现一定的深度或难度，但在本大纲中对考核的要求一定要适当。

本大纲与教材所体现的课程内容和考核知识点应基本一致。本大纲里的课程内容和考核知识点教材里一般也要有；反过来教材里有的内容，本大纲里就不一定要体现（注：如果教材是推荐选用的，其中有的内容与本大纲要求不一致的地方，应以本大纲规定为准）。

三、关于自学教材

《土力学及地基基础》，全国高等教育自学考试指导委员会组编，唐亮主编，北京大学出版社出版，2023 年版。

四、关于自学要求和自学方法的指导

本大纲的课程基本要求是依据专业考试计划和专业培养目标而确定的。课程基本要求还明确了课程的基本内容，以及对基本内容掌握的程度。基本要求中的考核知识点构成了课程内容的主体部分。因此，课程基本内容掌握程度、课程考核知识点是高等教育自学考试考核的主要内容。

在自学要求中，对各部分内容掌握程度的要求由低到高分为四个层次，其表达用语依次是：了解、知道；理解、清楚；掌握、会用；熟练掌握。

为有效地指导个人自学和社会助学，本大纲已指明了课程的重点和各章知识点的重点。

本课程共 4 学分，其中含试验 1 学分。要求做下列试验：土的天然重度、含水量试验；土的液限、塑限试验；土的压缩试验；土的剪切试验。自学应考者应掌握以上各项土工试验的原理和方法，作出试验报告。

本课程包括工程地质基本概念、土力学和地基基础设计等内容，同时又涉及"混凝土及砌体结构"和"建筑施工"等课程，各章内容的独立性比较强，内容多而杂。因此，自学应考者应注意以下几点。

（1）认真阅读课程自学考试大纲，弄清各章的学习要求，加强对基本理论、基本概念和设计计算方法的理解。每学完一章，要及时进行复习和小结，完成习题。

（2）本课程概念较多，许多问题往往要通过若干有关章节的学习之后才能深刻理解。因此，自学时可以把暂时未能看懂或未能理解透彻的内容放在一边，先去学习其他内容，然后用新的知识、从新的角度帮助和加强对有关问题的理解。

（3）本课程中有关联的概念和公式较多，学习时要注意它们彼此间的联系和区别。例如有关应力和压力的名词就有土的自重应力、基底压力、基底反力、基底附加压力、地基净反力、地基附加应力、总应力、静水压力、孔隙水压力和有效应力等，如不注意加以区别，则极易混淆。

（4）本课程是一门实践性较强的课程，要有意识地选择一些正在施工的基础工程进行现场参观，建立一定的感性认识。

五、应考指导

1. 如何学习

很好的计划和组织是学习成功的法宝。如果你正在接受培训学习，一定要跟紧课程并完成作业。为了在考试中作出满意的回答，你必须对所学课程内容有很好的理解，可以使用"行动计划表"来监控你的学习进展。阅读课本时可以做读书笔记，有需要重点注意的内容，可以用彩笔来标注。如红色代表重点，绿色代表需要深入研究的领域，黄色代表可以运用在工作之中。可以在空白处记录相关网站、文章。

2. 如何考试

卷面整洁非常重要。书写工整，段落与间距合理，卷面赏心悦目有助于教师评分，教师只能为他能看懂的内容打分。要回答所问的问题，而不是回答你自己乐意回答的问题！回答避免超过问题的范围。

3. 如何处理紧张情绪

正确处理对失败的惧怕，要正面思考。如果可能，请教已经通过该科目考试的人，问他们一些问题。做深呼吸放松，这有助于使头脑清醒，缓解紧张情绪。考试前合理膳食，保持旺盛精力，保持冷静。

4. 如何克服心理障碍

这是一个普遍问题。如果你在考试中出现这种情况，试试下列方法：使用"线索"纸条。进入考场之前，将记忆"线索"记在纸条上，但你不能将纸条带进考场，因此当你阅读试卷时，一旦有了思路就快速记下。按自己的步调进行答卷。为每个考题或部分分配合理时间，并按此时间安排进行。

六、对社会助学者的要求

（1）参考学时数分配如下。

参考学时数分配

内容	课内讲授时数
绪论	2
土的物理性质与地下水	9
地基中的应力	7
土的压缩性及地基沉降	7
土的抗剪强度	7
土坡稳定分析和土压力理论	8
地基承载力	3
天然地基上的浅基础	12
桩基础	9
复习	16～20
合计	80～84

（2）社会助学者应根据本大纲规定的课程内容和考试目标，认真钻研指定教材，明确本课程的特点和学习要求，对自学应考者进行切实有效的辅导，防止他们自学中的各种偏向，把握社会助学的正确导向。

（3）要正确处理基础知识和应用能力的关系，努力引导自学应考者将识记、领会同应用联系起来，把基础知识和理论转化为应用能力，在全面辅导的基础上，着重培养和提高自学应考者分析问题和解决问题的能力。

（4）要正确处理重点和一般的关系。课程内容有重点与一般之分，但考试内容是全面的，而且重点与一般是相互联系的，不是截然分开的。社会助学者应指导自学应考者全面系统地学习教材，掌握全部考试内容和考核知识点，在此基础上再突出重点。总之，要把重点学习同兼顾一般结合起来，切勿孤立地抓重点，把自学应考者引向猜题押题。

七、对考核内容的说明

本课程要求自学应考者学习和掌握的知识点和内容都作为考核的内容。课程中各章的内容均由若干知识点组成，在自学考试中成为考核知识点。因此，课程自学考试大纲中所规定的考试内容是以分解为考核知识点的方式给出的。由于各知识点在课程中的地位、作用及知识自身的特点不同，自学考试将对各知识点分别按三个认知（或能力）层次确定其考核要求。

八、关于考试命题的若干规定

（1）本大纲各章所规定的基本要求、知识点都属于考核的内容。考试命题要覆盖到各章，并适当考虑课程重点、章节重点，加大重点内容的覆盖度。

（2）命题不应有超出大纲中考核知识点范围的题目，考核目标不得高于大纲中所规定的相应的最高能力层次要求。命题应着重考核自学应考者对基本概念、基本知识和基本理论是否了解或掌握，对基本方法是否会用或熟练。不应出与基本要求不符的偏题和怪题。

（3）本课程在试卷中对不同能力层次要求的分数比例大致为：识记占 20％，领会占 30％，简单应用占 30％，综合应用占 20％。

（4）要合理安排试题的难易程度。试题的难度可分为：易、较易、较难和难四个等级。每份试卷中不同难度试题的分数比例一般为：2∶3∶3∶2。

必须注意，试题的难易程度与能力层次有一定的联系，但二者不是等同的概念，在各个能力层次中都会存在不同难度的问题，切勿混淆。

（5）本课程考试命题的主要题型有：单项选择题、填空题、名词解释题、简答题、计算题，具体形式可参见样题。

（6）本课程考试方式为笔试、闭卷；考试时间为 150 分钟；需要携带的必要工具包括笔、三角板、量角器、圆规和不带存储功能的计算器。

附录 题型举例

一、单项选择题

1. 某黏性土的液性指数 $I_L=0.65$，则该土的状态为（   ）。

    A. 硬塑   B. 可塑   C. 软塑   D. 流塑

2. 工程上控制填土的施工质量和评价填土的密实程度常用的指标是（   ）。

    A. 有效重度   B. 土粒相对密度

    C. 天然密度   D. 土的干密度

二、填空题

1. 土的粒径级配累积曲线愈陡，其不均匀系数 C_u 值愈_____。

2. 对于条形基础，地基主要受力层的深度约为基础宽度的_____倍。

三、名词解释题

1. 地基。

2. 潜水。

四、简答题

1. 常规三轴压缩试验按排水条件的不同，可分为哪几种试验方法？工程应用时，如何根据地基土排水条件的不同，选择土的抗剪强度指标？

2. 桩按支承方式可分为哪几种类型？按设置效应可分为哪三类？

五、计算题

1. 已知某土样的湿土质量 $m_1=190g$，烘干后质量 $m_2=160g$，土样总体积 $V=100cm^3$，土粒相对密度 $d_s=2.70$，试求该土样的孔隙比 e 和有效重度 γ'。

2. 某场地自地表起的土层分布为：杂填土，厚 1m，$\gamma=16.2kN/m^3$；黏土，厚 6m，$\gamma=18.1kN/m^3$，$\gamma_{sat}=19.5kN/m^3$，静止侧压力系数 $K_0=0.48$，地下水位在地表下 3m 深处。试分别计算地表下 3m 和 5m 深处土的竖向和侧向自重应力。

参 考 答 案

一、单项选择题

1. B

2. D

二、填空题

1. 小

2. 6

三、名词解释题

1. 承受由基础传下来荷载的土体或岩体称为地基。

2. 埋藏在地表以下、第一个稳定隔水层以上的具有自由水面的地下水称为潜水。

四、简答题

1.（1）不固结不排水试验，试样在施加周围压力和随后施加竖向压力直至剪切破坏的整个过程中都不允许排水，试验自始至终关闭排水阀门；（2）固结不排水试验，试样在施加周围压力 σ_3 时打开排水阀门，允许试样排水固结，待固结完成后关闭排水阀门，再施加竖向压力，使试样在不排水的条件下发生剪切破坏；（3）固结排水试验，试样在施加周围压力 σ_3 时允许排水固结，待固结完成后，再在排水条件下施加竖向压力至试样发生剪切破坏。

工程应用时，当地基土的透水性差和排水条件不良而施工速度较快时，可选用不固结不排水试验指标，当地基土的透水性较大和排水条件又较佳而施工速度较慢时，可选用固结排水试验指标，当地基土的透水性和排水条件及施工速度介于上述两者之间时，可选用固结不排水试验指标。

2. 摩擦型桩和端承型桩；挤土桩、部分挤土桩和非挤土桩。

五、计算题

1.

$m_w = 190 - 160 = 30$（g）

$m_s = 160g$

$V_s = \dfrac{m_s}{d_s} = \dfrac{160}{2.70} \approx 59.26$（$cm^3$）　　　$V_v = V - V_s = 100 - 59.26 = 40.74$（$cm^3$）

$e = \dfrac{V_v}{V_s} \approx 0.687$　　　$\gamma' = \gamma_{sat} - \gamma_w = \dfrac{G_s + \gamma_w V_v}{V} - \gamma_w = \dfrac{\gamma_w (d_s + e)}{1 + e} - \gamma_w \approx 10.08$（$kN/m^3$）

2.

3m 处：

$\sigma_z = 16.2 \times 1 + 18.1 \times 2 = 52.4$（kPa）

$\sigma_{zr} = K_0 \sigma_z = 0.48 \times 52.4 = 25.152$（kPa）

5m 处：

$\sigma_z = 16.2 \times 1 + 18.1 \times 2 + (19.5 - 10) \times 2 = 71.4$（kPa）

$\sigma_{zr} = K_0 \sigma_z = 0.48 \times 71.4 = 34.272$（kPa）

大 纲 后 记

　　《土力学及地基基础自学考试大纲》是根据《高等教育自学考试专业基本规范（2021年）》的要求，由全国高等教育自学考试指导委员会土木水利矿业环境类专业委员会组织制定的。

　　全国高等教育自学考试指导委员会土木水利矿业环境类专业委员会对本大纲组织审稿，根据审稿会意见由编者做了修改，最后由全国高等教育自学考试指导委员会土木水利矿业环境类专业委员会定稿。

　　本大纲由哈尔滨工业大学唐亮教授担任主编，参加审稿并提出修改意见的有安徽建筑大学石贤增教授、东南大学戴国亮教授、同济大学梁发云教授。

　　对参与本大纲编写和审稿的各位专家表示感谢。

全国高等教育自学考试指导委员会
土木水利矿业环境类专业委员会
2023 年 5 月

全国高等教育自学考试指定教材

土力学及地基基础

全国高等教育自学考试指导委员会　组编

编 者 的 话

　　"土力学及地基基础"是建筑工程技术（专科）、地质工程（专升本）等专业的专业基础课。本教材是在 2016 年版的基础上，根据课程自学考试大纲和新颁布的规范与标准修订的。本教材共分为八章，主要内容包括土的物理性质与地下水、地基中的应力、土的压缩性及地基沉降、土的抗剪强度、土坡稳定分析和土压力理论、地基承载力、天然地基上的浅基础、桩基础。

　　本次修订的主要内容如下。第 1 章：补充土中的气体等内容，重新编排小节顺序。第 2 章：删除填土对土中自重应力的影响等内容。第 3 章：补充常规三轴压缩试验、压缩指数等内容。第 4 章：删除无侧限抗压强度试验、地基承载力相关内容。第 5 章：重新编排小节顺序。第 6 章：删除岩土工程勘察，重新编写地基承载力内容。第 7 章：修改部分内容。第 8 章：补充其他深基础形式（地下连续墙、沉井基础、墩基础）的相关内容。章前有以思维导图形式呈现的知识结构图；章后的习题参照考试题型进行设置。另外，本书还配有电子课件、例题讲解视频和 200 余道拓展习题（附参考答案），读者可参照本书封底的数字资源使用说明获取。

　　本教材由哈尔滨工业大学唐亮教授担任主编。参加本教材审稿并提出修改意见的有安徽建筑大学石贤增教授、东南大学戴国亮教授、同济大学梁发云教授，在此一并表示感谢。

编　者

2023 年 5 月

资源索引

绪 论

知识结构图

识记｜基础、浅基础、深基础、天然地基、人工地基的概念

绪论

领会｜地基的概念，地基设计应满足的两个基本条件

绪论电子
课件

1. 地基及基础的概念

任何建筑物（构筑物）都建造在地层之上，建筑物的全部荷载均由它下面的地层来承担。受建筑物荷载影响的那一部分地层称为地基；建筑物在地面以下并将上部荷载传递至地基的结构就是基础；基础上建造的是上部结构（图0.1）。基础底面至地面的距离，称为基础的埋置深度。直接支承基础的地层称为持力层（如图0.1中的砂土层），在持力层下方的地层称为下卧层（如图0.1中的黏性土层）。受基础荷载影响的地层深度是有限的，大约相当于几倍基础底面的宽度。

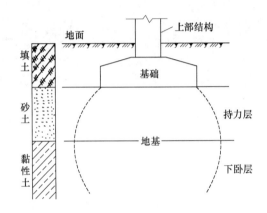

图0.1　地基及基础示意图

基础的作用是将建筑物的全部荷载传递给地基。和上部结构一样，基础应具有足够的强度、刚度和耐久性。基础的材料、类型、埋置深度、底面尺寸和截面，都需要进行选择和计算。

基础可分为两类。通常把埋置深度不大（<5m），只需经过挖槽、排水等普通施工程序就可以建造起来的基础统称为浅基础，例如柱下独立基础、墙下或柱下条形基础、交叉条形基础、筏形基础和箱形基础等。若浅层土质不良，须把基础埋置于深处的好地层时，就得借助特殊的施工方法，建造各种类型的深基础，例如桩基础、墩基础、沉井基础和地下连续墙等。

地基是地层的一部分。地层包括岩层和土层，它们都是自然界的产物。土是岩石经风化等作用而形成的，其颗粒有的粗大（如碎石土、砂土），有的极细小（如粉土、黏性土）。作为建筑物地基的土和岩石，它们的形成过程、矿物成分和工程性质非常复杂。拟建场地一旦确定，人们对其地质条件便没有选择的余地，只能尽可能对其了解清楚，合理地加以利用或处理。

那些开挖基坑后可以直接修筑基础的地基，称为天然地基；那些不能满足要求而需事先进行人工处理的地基，称为人工地基。人工地基的处理方法有多种，如换填垫层法、挤密法、振冲法、强夯法、预压法、胶结法等。

地基和基础是建筑物的根基，又属于地下隐蔽工程，它们的勘察、设计和施工质量直接关系着建筑物的安危。在建筑工程重大事故中，以地基和基础方面的事故为最多，而且一旦发生地基和基础事故，补救异常困难。从造价或施工工期上看，基础工程在建筑工程中所占的比例很大，有的工程可高达30％以上。因此，地基和基础在建筑工程中的重要性是显而易见的。

为了保证建筑物的安全和正常使用，地基设计必须满足下列两个基本条件。

① 地基的承载力条件：要求作用于地基上的荷载不超过地基的承载能力，保证地基在防止整体破坏方面有足够的安全储备。

② 地基的沉降条件：要求控制地基沉降，使之不超过地基的沉降允许值，保证建筑物不因地基沉降而损坏或者影响其正常使用。

下面举两个发生地基事故的著名实例。

建于1913年的加拿大特朗斯康谷仓，是土体强度破坏、地基发生整体滑动而丧失稳定性的典型实例（图0.2）。谷仓由65个圆柱形筒仓组成，高31.0m，宽约23.5m，长约59.4m，采用钢筋混凝土筏形基础。基础埋置深度约为3.6m。谷仓自身质量为2×10^4 t。当谷仓建成并装谷物2.7×10^4 t后，西侧突然陷入土中，东侧则抬高，仓身倾斜27°。据事后勘察了解，基础下面埋藏有高塑性软黏土。谷仓装载使基础底面的平均压力超过了地基的极限承载力，造成地基破坏。好在谷仓的整体刚度大，地基破坏后谷仓完好无损。事后在基础下面做了70多个支承于基岩上的混凝土墩，使用388只50t的千斤顶及支撑系统，才把筒仓纠正过来，但修复后的位置比原来降低了4m。

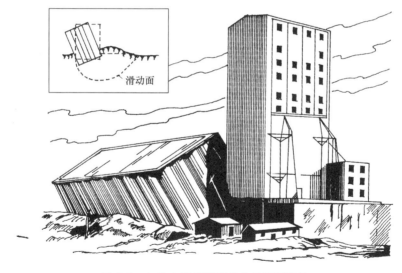

图0.2　加拿大特朗斯康谷仓的地基事故

意大利比萨斜塔则是因地基不均匀沉降导致塔身严重倾斜的实例。比萨斜塔塔高约55m，始建于1173年，建造至半途因塔身南倾而停工，以后时停时建，1372年才竣工。此后，塔身不断南倾，南侧下沉3m多，北侧下沉1m多，塔顶中心点偏离垂直中心线约5m，倾斜度约6°。为拯救这一举世闻名的精美建筑，意大利政府曾多次组建拯救机构，对斜塔进行加固。1990年年初又专门成立了一个拯救比萨斜塔专家委员会，并陆续采用了在斜塔北面安放830t铅锭加压、向地基灌注水泥、用液态氮冷冻地基等纠偏加固方法，而最终的解决方法是"掏土"纠偏法，即将10多根螺旋状的抽土管斜插入斜塔北面的地基中，然后慢慢地抽出部分泥土，使斜塔的北面基础"人工沉降"，从而减少塔的倾斜。经过近 11 年的纠偏，塔顶的偏离度已缩小了 400mm，专家认为这已可保证斜塔在今后 300 年内安然无恙。

2. 本课程的特点、学习方法和要求

本课程包括工程地质基本概念、土力学和地基基础设计等内容，同时又涉及"混凝土及砌体结构"和"建筑施工"等课程，所以内容广泛、综合性强。学习时要认真阅读课程自学考试大纲，弄清各章的学习要求，突出重点，兼顾全面。应该重视工程地质的基本知识，必须深入认识土的基本属性和特点，牢固地掌握土的应力、变形、强度和地基计算等土力学基本原理，从而能够应用这些基本概念和原理，结合有关建筑结构理论和施工知识，分析和解决地基基础问题。

土是岩石的风化产物或再经各种地质作用搬运、沉积而成的。土粒之间的孔隙为水和气体所填充，所以，土是一种由固态、液态和气态物质组成的三相体系，是松散矿物颗粒的集合体。与其他材料相比，土具有如下特点。

① 土的固体颗粒之间没有联结，或者联结强度甚弱（其联结强度比颗粒内部的强度小得多）。

② 固体颗粒表面与土中孔隙水之间存在复杂的化学作用，并影响土的性质。

③ 砂土等粗粒土和黏土等细粒土的透水性差别甚大。

④ 在饱和土（土中孔隙全被水充满）中，外荷载所产生的应力分别由土粒骨架和孔隙水承担。

⑤ 土体受到荷载的作用而产生变形，其变形主要表现为颗粒之间的相对移动和重新排列。土的变形量一般远比其他常见建筑材料大。

⑥ 饱和黏性土的强度和变形与排水条件、边界约束条件及时间因素等有关。

⑦ 地下水的存在与流动会对土的性质产生很大的影响。

⑧ 土的种类很多，某些土类（如湿陷性黄土、软土、膨胀土、红黏土和多年冻土等）还具有不同于一般土类的特殊性质。

由于存在这些特点，土的工程问题常较复杂，现有的土力学理论还难以准确反映土的各种工程性质。因此，在掌握土力学基本原理的基础上，还应通过试验、实测并紧密结合实践经验进行合理分析，才能妥善解决地基基础问题。

在学习本课程之前，宜先学习"建筑材料""房屋建筑学""工程力学""结构力学"等先修课程。"混凝土及砌体结构""建筑施工"属相配合的课程，若同时学习效果会更好。

第1章
土的物理性质与地下水

知识结构图

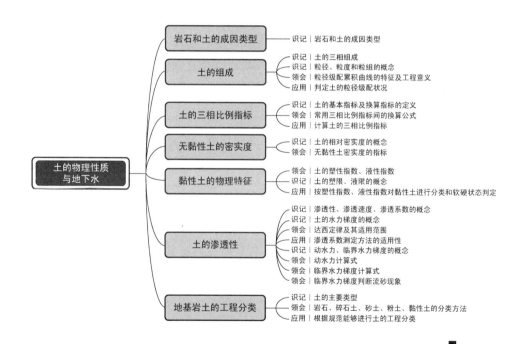

土的物理性质与地下水

- 岩石和土的成因类型
  - 识记｜岩石和土的成因类型
- 土的组成
  - 识记｜土的三相组成
  - 识记｜粒径、粒度和粒组的概念
  - 领会｜粒径级配累积曲线的特征及工程意义
  - 应用｜判定土的粒径级配状况
- 土的三相比例指标
  - 识记｜土的基本指标及换算指标的定义
  - 领会｜常用三相比例指标间的换算公式
  - 应用｜计算土的三相比例指标
- 无黏性土的密实度
  - 识记｜土的相对密实度的概念
  - 领会｜无黏性土密实度的指标
- 黏性土的物理特征
  - 领会｜土的塑性指数、液性指数
  - 识记｜土的塑限、液限的概念
  - 应用｜按塑性指数、液性指数对黏性土进行分类和软硬状态判定
- 土的渗透性
  - 识记｜渗透性、渗透速度、渗透系数的概念
  - 识记｜土的水力梯度的概念
  - 领会｜达西定律及其适用范围
  - 应用｜渗透系数测定方法的适用性
  - 识记｜动水力、临界水力梯度的概念
  - 领会｜动水力计算式
  - 领会｜临界水力梯度计算式
  - 领会｜临界水力梯度判断流砂现象
- 地基岩土的工程分类
  - 识记｜土的主要类型
  - 领会｜岩石、碎石土、砂土、粉土、黏性土的分类方法
  - 应用｜根据规范能够进行土的工程分类

第1章电子
课件

作为建筑物地基的岩石和土，其强度和稳定性将影响建筑物的造价、正常使用与安全。岩石是在一定的地质条件下形成的，其形成年代较长，颗粒间牢固联结，呈整体或具有节理裂隙的岩体，在山区或平地深处都可见。土是岩石经风化、剥蚀、搬运、沉积的松散沉积物，形成年代较短，一般多称为第四纪沉积物。

各类岩石具有不同的矿物组合、独特的结构构造及成因等特征。这些特征不仅影响岩石的强度与稳定性，也在一定程度上影响岩石风化以后的松散沉积物——土的工程性质。例如，花岗岩中石英矿物含量及颗粒大小、长石矿物的风化程度将直接影响风化后形成的花岗岩残积土中砂粒（主要为石英、长石）与黏粒（黏土矿物）的相对含量，从而表现出不同的工程特性。

1.1　岩石和土的成因类型

1.1.1　岩石的成因类型

1. 主要造岩矿物

矿物和岩石是组成地壳的基本物质。矿物是由地质作用形成的具有一定化学成分和物理性质的自然单质或化合物，而岩石则是由一种或多种矿物或岩石碎屑组成的自然集合体。

在岩石中常见的矿物称为造岩矿物。最主要的造岩矿物只有三十多种，如石英、长石、辉石、角闪石、云母、方解石、高岭石等。

2. 岩石的分类

自然界中岩石种类繁多，但按成因其可分为三大类：岩浆岩、沉积岩和变质岩。沉积岩主要分布在地壳表层。在地壳深处，主要是岩浆岩和变质岩。

（1）岩浆岩。

岩浆岩是由岩浆侵入地壳或喷出地表冷凝形成的。岩浆喷出地表后冷凝形成的岩浆岩称为喷出岩；在地表以下冷凝形成的岩浆岩则称为侵入岩。

岩浆岩的矿物成分有两类：一类是石英、正长石、斜长石等含铝硅酸盐矿物，比重较小，颜色较浅，称浅色矿物；另一类是角闪石、辉石、黑云母、橄榄石等含铁镁硅酸盐矿物，比重较大，颜色较深，称深色矿物。正长石和斜长石是岩浆岩的主要矿物成分，其次为石英，它们是岩浆岩鉴别和分类的根据。

常见的岩浆岩有花岗岩、花岗斑岩、正长岩、闪长岩、安山岩、辉长岩和玄武岩等。

（2）沉积岩。

沉积岩是在地表条件下，由原岩（即岩浆岩、变质岩和早期形成的沉积岩）经风化、剥蚀作用而形成的岩石碎屑、溶液析出物或有机质等，经流水、风、冰川等搬运到陆地低洼处或海洋中沉积，再经固结成岩作用而形成的。

沉积岩的矿物成分有三种。

① 原岩经物理风化后保留下来的抗风化能力强的矿物（如石英、白云母等矿物颗粒）。

② 含铝硅酸盐的原岩经化学风化作用后产生的黏土矿物。

③ 从溶液中结晶析出的物质（如方解石等）。

此外，还有把碎屑颗粒胶结起来的胶结物。胶结物的性质对沉积岩的力学强度、抗水性及抗风化能力有重要影响，常见的胶结物有硅质（SiO_2）、钙质（$CaCO_3$）、铁质（FeO 或 Fe_2O_3）和泥质胶结物。上述胶结物以硅质（呈白色、灰白色）硬度最大，抗风化能力最强；铁质（呈红色、褐色）、钙质（呈白色、灰白色）次之；泥质胶结物硬度最小，且遇水后很易软化。在工程实践中，常遇到不是由单一胶结物胶结的沉积岩。因此，分析沉积岩工程性质时，必须鉴别它以何种胶结物为主。

常见的沉积岩有砾岩、砂岩、石灰岩、凝灰岩、泥岩、页岩和泥灰岩等。

（3）变质岩。

组成地壳的岩石（包括岩浆岩、沉积岩和已经生成的变质岩）由于地壳运动和岩浆活动等的影响，使其在固态下发生矿物成分、结构构造的改变，从而形成新的岩石，称为变质岩。例如，石灰岩在炽热的岩浆烘烤下，岩石中的矿物重新结晶，晶粒变粗，成为大理岩；富含铝的泥质岩石，在地壳运动和温度作用下，变成矿物为定向排列的板岩、千枚岩，这些新的岩石均称为变质岩。

变质岩的矿物成分有两种。

① 与岩浆岩或沉积岩共有的矿物，如石英、长石、云母、角闪石和方解石。

② 变质岩特有的矿物，如滑石、硅灰石、红柱石、蛇纹石和绿泥石等。

常见的变质岩有片麻岩、云母片岩、大理岩和石英岩等。

1.1.2 土的成因类型

地壳是由岩石和土组成的。土是堆积在地球表面，没有胶结或胶结很弱的颗粒堆积物。地球表面的整体岩石在大气中经受长期的风化作用而破碎后形成了形状不同、大小不一的颗粒。这些颗粒受各种自然力作用，在各种不同的自然环境中堆积下来形成了土。堆积下来的土在漫长的地质年代中经过复杂的物理化学变化，逐渐压密、岩化，最终又形成岩石，也就是沉积岩或变质岩，这种长期的地质过程称为沉积过程。因此在自然界中岩石不断风化、破碎形成土，土又不断压密、岩化而变成岩石，这一循环过程永无休止、重复进行。

1. 岩石的风化作用

岩石的风化作用是指岩石在自然界各种因素和外力作用下遭到破碎与分解，产生颗粒变小及化学成分改变的过程。岩石风化后产生的物质及其性质与原岩的性质有很大区别。岩石的风化作用通常可以分为三类，且风化作用经常是三类作用同时进行并相互作用而发展的过程。

（1）物理风化。

物理风化是指岩体在各种物理作用力影响下，从大的块体分裂为小的石块或砂砾大小的土粒的过程。产物仅仅大小改变，其化学成分保持不变，原因主要包括地质构造力、温差、冰胀、碰撞等。

（2）化学风化。

化学风化是指母岩表面和碎散的颗粒受环境因素的作用而改变其矿物化学成分的过程。化学风化会形成新矿物，这种新矿物也称次生矿物。环境因素包括水、空气及溶解在水中的氧气与二氧化碳等。常见类型包括水解作用、水化作用、氧化作用、溶解作用等。

（3）生物风化。

生物风化是指各种动植物及人类活动对岩石的破坏作用。从生物风化方式看，可将其分为生物的物理风化和化学风化两种基本形式。生物的物理风化主要是生物产生的机械力造成岩石破坏，如植物的根系生长。生物的化学风化主要是生物产生的化学物质引起岩石成分改变从而造成岩石破坏，如植物根系分泌的有机酸。

2. 土的沉积和成岩作用

风化形成的碎屑物在各种动力搬运作用下，被搬至地表低凹的地方（主要是湖盆和海盆地）沉积下来。沉积后的碎屑物处在新的物理化学环境下，经过一系列变化最后固结成坚硬岩石，这个变化改造过程称为成岩作用，主要包括压固脱水作用、胶结作用与重结晶作用。

3. 不同生成条件下土的特点

第四纪沉积物在地表分布极广，成因类型也很复杂。不同成因类型的沉积土，各具有一定的分布规律、地形形态及工程性质，从其形成条件来看主要可以分为两大类，一类为残积土，另一类为搬运土。

（1）残积土。

原岩经风化作用而残留在原地的碎屑物，称为残积土。它的分布受地形控制。在宽广的分水岭上，由于地表水流速度很小，风化产物能够留在原地，形成一定的厚度。在平缓的山坡或低洼地带也常有残积土分布。

残积土中残留碎屑物的矿物成分，在很大程度上与下卧基岩一致，这是它区别于其他沉积土的主要特征。例如，砂岩风化、剥蚀后生成的残积土多为砂岩碎块。由于残积土未经搬运，其颗粒大小未经分选和磨圆，故其颗粒大小混杂，均质性差，土的物理力学性质各处不一，且其厚度变化大。因此，在进行工程建设时，要注意残积土地基的不均匀性。我国南部地区的某些残积土，还具有一些特殊的工程性质。例如，由石灰岩风化而成的残积红黏土，虽然孔隙比较大，含水量高，但因其结构性强而承载力高。又如，由花岗岩风化而成的残积土，虽室内测定的压缩模量较低，孔隙比也较大，但其承载力较高。

（2）搬运土。

① 坡积土。

高处的岩石风化产物，由于受到雨雪水流的搬运，或由于重力的作用而沉积在较平缓的山坡上，这种沉积土称为坡积土。它一般分布在坡腰或坡脚上，其上部与残积土相接。

坡积土随斜坡自上而下逐渐变缓，呈现由粗到细的分选作用，但层理不明显。其矿物成分与下卧基岩没有直接关系，这是它与残积土明显的区别之处。

坡积土底部的倾斜度取决于下卧基岩面的倾斜程度，而其表面倾斜度则与生成的时间有关。时间越长，搬运、沉积在山坡下部的物质越厚，表面倾斜度也越小。在斜坡较陡地段的坡积土厚度常较薄，而在坡脚地段的坡积土则较厚。

由于坡积土形成于山坡，故较易沿下卧基岩倾斜面发生滑动。因此，在坡积土上进行工程建设时，要考虑坡积土本身的稳定性和施工开挖后边坡的稳定性。

② 洪积土。

由暴雨或大量融雪骤然集聚而成的暂时性山洪急流，将大量的基岩风化产物剥蚀、搬运、沉积于山谷冲沟出口或山前倾斜平原而形成的沉积土，称为洪积土。由于山洪流出沟谷口后，流速骤减，被搬运的粗碎屑物先堆积下来，离山渐远，颗粒随之变细，其分布范围也逐渐扩大。洪积土的地貌特征是，靠山近处窄而陡，离山较远处宽而缓，形似扇形或锥体，故称为洪积扇（锥）。

工程上把洪积土分为三个部分：靠近山区的洪积土，颗粒较粗，所处的地势较高，而地下水位埋藏较深，且承载力较高，常为良好的天然地基；离山区较远地段的洪积土多由较细颗粒组成，由于形成过程受到周期性干旱作用，土体被析出的可溶盐类胶结而较坚硬密实，承载力较高；中间过渡地段由于地下水溢出地表而造成宽广的沼泽地，土质较弱而承载力较低。

③ 冲积土。

河流两岸的基岩及其上部覆盖的松散物质，被河流流水剥蚀后，经搬运、沉积于河流坡降平缓地带而形成的沉积土，称为冲积土。冲积土的特点是具有明显的层理构造。经过长距离搬运过程的作用，颗粒的磨圆度好。随着从上游到下游的流速逐渐减小，冲积土具有明显的分选现象。上游沉积土多为粗大颗粒，中下游沉积土大多为砂粒，然后逐渐过渡到粉粒（粒径为 0.075～0.005mm）和黏粒（粒径<0.005mm）。

a. 平原河谷的冲积土比较复杂，它包括河床沉积土、河漫滩沉积土、河流阶地沉积土及古河道沉积土等，平原河谷横断面如图 1.1 所示。河床沉积土大多为中密砂砾，作为建筑物地基，其承载力较高，但必须注意河流冲刷作用可能导致建筑物地基的毁坏及凹岸边坡的稳定问题。河漫滩沉积土其下层为砂砾、卵石等粗粒物质，上部则为河水泛滥时沉积的较细颗粒的土，局部夹有淤泥和泥炭层。河漫滩地段地下水埋藏很浅，当沉积土为淤泥和泥炭土时，其压缩性高，强度低，作为建筑物地基时，应认真对待，尤其是在淤塞的古河道地区，更应慎重处理。如沉积土为砂土，则其承载力可能较高，但开挖基坑时必须注意可能发生的流砂现象。河流阶地沉积土是由河床沉积土和河漫滩沉积土演变而来的，其形成时间较长，又受周期性干旱作用，土的强度较高，可作为建筑物的良好地基。

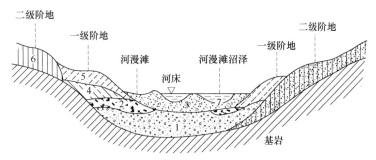

1—砾卵石；2—中粗砂；3—粉细砂；4—粉质黏土；5—粉土；6—黄土；7—淤泥

图 1.1　平原河谷横断面示例（垂直比例尺放大）

b. 在山区，河谷两岸陡峭，大多仅有河谷阶地，山区河谷横断面如图 1.2 所示。山区河流流速很大，故沉积土颗粒较粗，大多为砂粒所填充的卵石、圆砾等。山间盆地和宽谷中有河漫滩沉积土，其分选性较差，具有透镜体和倾斜层理构造，但厚度不大。在高阶地往往是岩石或坚硬土层，作为地基，其工程地质条件很好。

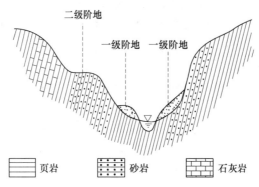

图 1.2　山区河谷横断面示例（垂直比例尺放大）

c. 三角洲冲积土是由河流所搬运的物质在入海或入湖的地方沉积而成的。三角洲的分布范围较广，其水系密布且地下水位较高，沉积土厚度也较大。

三角洲冲积土的颗粒较细，含水量大且呈饱和状态。当建筑场地存在较厚的淤泥或淤泥质土层时，将给工程建设带来许多困难。三角洲冲积土的上层，由于经过长期的干燥和压实，已形成一层"硬壳"层，硬壳层的承载力常较下面土层为高，在工程建设中应该加以利用。另外，在三角洲进行建设工程的建造时应注意查明有无被冲积土所掩盖的暗浜或暗沟存在。

除了上述四种成因类型的沉积土外，还有海洋沉积土、湖泊沉积土、冰川沉积土及风积土等，它们分别是由海洋、湖泊、冰川及风等的地质作用形成的。

1.2　土的组成

前文已指出，土是由岩石风化生成的松散沉积物。它的物质成分包括构成土的骨架的固体颗粒及填充在孔隙中的水和气体。一般来说，土就是由颗粒（固相）、水（液相）和气（气相）所组成的三相体系。

1.2.1　土的固体颗粒

土的固体颗粒（土粒）构成土的骨架，土粒大小与其颗粒形状、矿物成分、结构构造存在一定的关系。粗大土粒往往是岩石经物理风化作用形成的碎屑，其形状呈块状或粒状，多为原生矿物，而细小土粒主要是岩石化学风化作用形成的次生矿物和有机质，多呈片状或针状。砂土和黏性土是两种不同的土类，其颗粒形状、矿物成分、结构构造各不相同，这主要是由于它们的颗粒组成显著不同。

1. 土的颗粒级配

在自然界中很难遇到由大小相同的土粒所组成的土，绝大多数土是由大小不同的土粒组成的。土粒大小及其矿物成分的不同，对土的物理力学性质影响极大。土粒的大小程度称为粒度，土粒的大小通常以粒径表示。但应注意这里的粒径并非土粒真实直径，而是同筛孔直径（筛分法）或与实际土粒有相同沉降速度的理想球体的直径（密度计法）相等效的名义粒径。当土粒的粒径由粗到细逐渐变化时，土的性质相应地也发生变化。随着土粒粒径变细，透水性大且无黏性的土变为透水性小、具有黏性和可塑性的土。因而，在研究土的工程特性时，应将土中不同粒径的土粒，按某一粒径范围，分为若干粒组。划分时，同一粒组的土的物理力学性质应较为接近。

表1-1列出一种常用的土粒粒组的划分方法，即将土粒划分为六大粒组：漂石或块石、卵石或碎石、圆砾或角砾、砂粒、粉粒及黏粒。各粒组的界限粒径分别是 200mm、20mm、2mm、0.075mm 和 0.005mm。

表 1-1 常用的土粒粒组的划分方法

粒组名称	粒径范围/mm	一般特征
漂石或块石	>200	透水性大，无黏性，无毛细水
卵石或碎石	200～20	透水性大，无黏性，无毛细水
圆砾或角砾	20～2	透水性大，无黏性，毛细水上升高度不超过粒径大小
砂粒	2～0.075	易透水，当混入云母等杂物时透水性减小，而压缩性增加；无黏性，遇水不膨胀，干燥时松散；毛细水上升高度不大，随粒径变小而增大
粉粒	0.075～0.005	透水性小；湿时稍有黏性，遇水膨胀小，干时稍有收缩；毛细水上升高度较大较快，极易出现冻胀现象
黏粒	<0.005	透水性很小；湿时有黏性、可塑性，遇水膨胀大，干时收缩显著；毛细水上升高度大，且速度较慢

土中土粒大小及其组成情况，通常以土中各个粒组的相对含量（各粒组颗粒质量占土粒总质量的百分数）来表示，称为土的粒径级配。

土中各个粒组的相对含量可通过颗粒分析试验得到。

对于粒径大于 0.075mm 的粒组可用筛分法测定。试验将风干、分散试样，放入从上到下、筛孔由粗到细排列的标准筛（筛孔直径分别为 20mm、10mm、2mm、0.5mm、0.25mm 和 0.075mm）中进行筛分，充分振动后依次称出留在各个筛子上的颗粒重量（质量），便可计得相应各粒组的相对含量及小于某一粒径的土粒含量百分数。

对于粒径小于 0.075mm 的粒组则用密度计法或移液管法测定，基于斯托克斯定理，利用不同粒径的土在水中下沉速度不同的原理，将粒径小于 0.075mm 的细颗粒土进一步分组。

颗粒分析试验成果可用表或曲线来表示。用表表示的常见于土工试验成果表中（详见表 1-2）。图 1.3 所示为根据试验结果绘出的粒径级配累积曲线（级配曲线）。根据上述两个方法整理出来的成果便可确定土的分类名称。

表 1-2　筛分法颗粒分析表

试验项目	试样编号举例							
筛孔直径/mm	20	10	2	0.5	0.25	0.075	<0.075	总计
留筛土重/g	10	1	5	39	27	11	7	100
占全部土重的百分比/(%)	10	1	5	39	27	11	7	100
小于某筛孔径的土重百分比/(%)	90	89	84	45	18	7		

注：取风干试样 100g 进行试验。

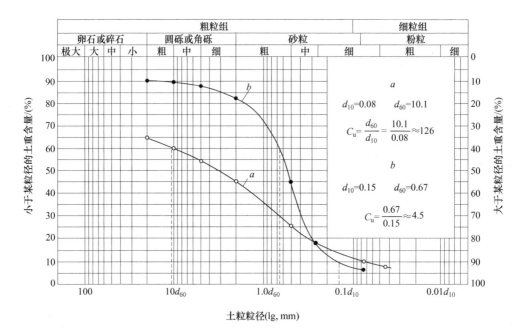

图 1.3　粒径级配累积曲线示例

用粒径级配累积曲线表示试样颗粒组成情况是一种比较完善的方法，它能表示土的粒径分布和级配。图 1.3 中纵坐标表示小于（或大于）某粒径的土重含量（以质量的百分比表示），横坐标表示土粒粒径。土的粒径相差悬殊，采用对数表示，可以把粒径相差几千倍、几万倍的颗粒的含量表达得更清楚。图 1.3 中曲线 a、b 分别表示两个试样颗粒的组成情况，由曲线的连续性特征及走势的陡缓可以大致判断土的颗粒粗细、分布均匀程度及颗粒级配的优劣。如曲线较陡（试样 b），则表示颗粒大小相差不多，土粒较均匀；反之，曲线平缓，则表示粒径相差悬殊，土粒级配良好。

工程上常用不均匀系数 C_u 与曲率系数 C_c 来反映粒径级配的不均匀程度。

$$C_u = \frac{d_{60}}{d_{10}} \qquad (1-1)$$

$$C_c = \frac{d_{30}^2}{d_{10} \times d_{60}} \qquad (1-2)$$

式中：d_{60}——小于某粒径的土粒质量累计百分数为 60% 时相应的粒径，又称为限制粒径；

d_{30}——小于某粒径的土粒质量累计百分数为 30% 时相应的粒径，又称为连续粒径；

d_{10}——小于某粒径的土粒质量累计百分数为 10% 时相应的粒径，又称为有效粒径。

C_u 是描述土粒的均匀性的，C_u 愈大，土粒分布愈不均匀。C_c 是描述土粒级配曲线的曲率情况的，$C_c > 3$ 时，说明曲线变化较快，土较均匀；$C_c < 1$ 时，说明曲线变化过于平缓，此平缓段内粒组含量过少，此段为水平时粒组含量等于 0。所以对于级配良好、工程性质优良的土，要求 $1 < C_c < 3$。

如果土粒的级配是连续的，那么 C_u 愈大，d_{60} 与 d_{10} 就相距愈远，表示土中含有粗细不同的粒组，所含颗粒的直径相差也就愈悬殊，土愈不均匀。这一点体现在级配曲线的形态上则是，C_u 愈大曲线就愈平缓；反之，曲线陡峭。级配曲线连续且 C_u 愈大，则细颗粒就可以填充粗颗粒的孔隙，容易形成良好的密实度，物理与力学性能优良。

通常把 $C_u < 5$ 的土，如 b 试样（$C_u \approx 4.5$），看作级配不良；把 $C_u > 10$ 的土，如 a 试样（$C_u \approx 126$），看作级配良好。在填土工程中，可根据不均匀系数 C_u 值来选择土料。若 C_u 值较大，则土粒较不均匀，这种土比粒径均匀的土（C_u 值较小）易于夯实。

2. 土粒的矿物成分

土是岩石的风化产物。土粒的矿物成分取决于母岩的成分及其所经受的风化作用，主要分为两大类。

一类是原生矿物，它是由岩石经过物理风化作用生成的，仅形状与大小发生改变，化学成分并未发生改变，其矿物成分与母岩相同，常见的有石英、长石和云母等。这些矿物的化学性质较为稳定，具有较强的抗水性和抗风化能力，亲水性较弱。粗的土粒通常由一种或几种原生矿物颗粒所组成。

另一类是次生矿物，它是原生矿物在进一步氧化、水化、水解及溶解等化学风化作用下形成的新矿物，其颗粒变得更细，甚至形成胶体，其矿物成分与母岩完全不同。土中的次生矿物主要是黏土矿物，如蒙脱石、伊里石和高岭石等。由于黏土矿物是很细小的扁平颗粒，能吸附大量水分子，亲水性强，因此具有显著的吸水膨胀、失水收缩的特性。按亲水性的强弱分，蒙脱石最强，高岭石最弱。

除此以外还含有部分水溶盐及有机质。水溶盐是可溶性次生矿物，主要指各种矿物化学性质活跃的钾、钠、钙、镁、氯、硫等元素，在呈阳离子及酸根离子溶于水后向外迁移的过程中，因蒸发等浓缩作用而形成的可溶性卤化物、硫化物及碳酸盐等。它们一般经结晶沉淀，充填于土粒间的孔隙中，构成不稳定的胶结物，将土粒胶结起来。

有机质是由土层中的动植物分解形成的，其含量对土的性质的影响比蒙脱石更大。一般认为，随着有机质含量的增加，土的分散性（指土在水中能够大部分或全部自行分散成原级颗粒土的性能）加大，含水率增高，干密度减小，胀缩性增加，压缩性增大，强度减小，承载力降低，故对工程极为不利。

1.2.2 土中的水

自然条件下，土中总是含有水分。土中水的类型划分如下。

1. 矿物中的结合水

矿物中的结合水存在于土粒的内部，又称矿物内部结合水或矿物成分水。它是矿物的组成部分，以不同的形式存在于矿物内部的不同位置上。其按水分子与结晶格架结合的牢固程度不同，可分为结构水、结晶水和沸石水。

结构水是以氧离子与氢氧根离子的形式存在于矿物结晶格架的固定位置上，是有固定位置的离子。高温条件下，这些离子能从结晶格架析出成水，原有的结晶格架也被破坏，原有矿物转变为另一种新的矿物。

结晶水是以水分子的形式存在于矿物结晶格架的固定位置上，具有一定的数量。这种水与结晶格架上离子结合的牢固程度较弱，加热不到400℃即能析出。结晶水与结构水一样，一旦析出，原来的结晶格架就被破坏，原有矿物转变为另一种新的矿物。

沸石水也以水分子的形式存在于矿物中，但其存在于矿物晶胞之间，无确定数量，即其含量多少不影响晶胞的结晶格架，析出时也不致使矿物的种类发生变化。

这三种类型的水都是土粒矿物的组成部分，故一般只通过矿物成分影响土体的性质。当其从原来矿物中析出后，又形成新的矿物时，土的性质也发生了变化。

2. 土孔隙中的水

土孔隙中的水可以分为结合水与非结合水两种。

（1）结合水。

结合水是指受电分子吸引力吸附于土粒表面的土中水，又称吸附水。结合水可以分为强结合水和弱结合水两种。

① 强结合水。

强结合水是指紧靠土粒表面的结合水。它没有溶解能力，不能传递静水压力，只有在105℃时才蒸发。这种水极其牢固地结合在土粒表面上，其性质接近固体，重力密度为12～24kN/m³，冰点为−78℃，具有极大的黏滞度、弹性和抗剪强度。

② 弱结合水。

弱结合水是指存在于强结合水外围的一层结合水。它仍不能传递静水压力，但水膜较厚的弱结合水能向邻近较薄水膜缓慢转移。当黏性土中含有较多的弱结合水时，土具有一定的可塑性。

（2）非结合水。

非结合水也就是自由水，可以为液态、固态和气态。自由水是存在于土粒表面电场影响范围以外的水。它的性质与普通水一样，服从重力定律，能传递静水压力，冰点为0℃，有溶解能力。

自由水按其移动时所受作用力的不同，可分为重力水和毛细水。

① 重力水。

重力水是指受重力或压力差作用而移动的自由水。它存在于地下水位以下的透水层中。

② 毛细水。

毛细水是指受到水与空气交界面处表面张力作用的自由水。它存在于潜水位以上的透水层中。当土孔隙中局部存在毛细水时，毛细水的弯液面和土粒接触处的表面张力反作用于土粒，使土粒之间由于这种毛细压力而挤紧（图1.4），土因而具有微弱的黏聚力，称为毛细黏聚力。在施工现场常常可以看到稍湿状态的砂堆，能保持垂直陡壁达几十厘米高而不坍落，就是因为砂粒间具有毛细黏聚力。在饱和的砂或干砂中，土粒之间的毛细压力消失。在工程中，毛细水的上升对建筑物地下部分的防潮措施和地基土的浸湿和冻胀有重要影响。碎石土中无毛细现象产生。

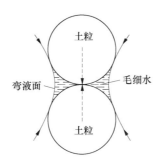

图1.4　毛细压力示意图

当土中温度在0℃以下时，土中水冻结成冰，形成冻土，其强度增大。但冻土融化后，强度急剧降低。至于土中的气态水，则对土的性质影响不大。

1.2.3　土中的气体

土中的气体存在于土孔隙中未被水所占据的空间。土中的气体按其所处的状态可以分为自由气体，四周为水和颗粒表面所封闭的气体（密闭气体），吸附于颗粒表面的气体，溶解于水中的气体。通常认为自由气体与大气连通，对土的性质无太大影响。密闭气体的体积与压力有关：压力增加则体积缩小；压力减小则体积膨胀。因此密闭气体对土的变形有影响，同时密闭气体还可阻塞土中的渗流通道，减小土的渗透性。其他两种气体研究不多，对土的性质的影响尚未完全清楚。

在粗粒的沉积土中常见到与大气相连通的空气，它对土的力学性质影响不大。在细粒土中则常存在与大气隔绝的密闭气体，它在外力作用下具有弹性，并使土的透水性减小。

1.3　土的三相比例指标

上面介绍了土的成因类型、颗粒组成、矿物成分等知识，这些是从本质方面了解土的性质的依据。一般来说，我们还需要从量的方面了解土的组成。土中的土粒、水和气体三部分的质量（或重力）与体积之间的比例关系，随着各种条件的改变而发生变化。土的疏密、轻重、软硬、干湿等性质，可通过某些表示其三相组成比例关系的指标（三相比例指标）反映出来。

土的三相比例指标有：土的质量密度（密度）、土的重力密度（重度）、土粒相对密度（比重）、土的含水量、土的干密度、土的干重度、土的饱和重度、土的有效重度、土的孔隙比、土的孔隙率和土的饱和度等。这些指标较多，初学时不易完全掌握，但首先必须理解各指标的定义和表达式，然后才能比较熟练地掌握各指标之间的换算关系。

指标的定义

以图 1.5 表示土的三相组成。

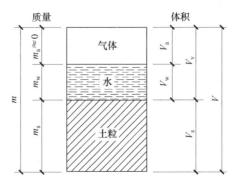

图 1.5　土的三相组成示意图

图的左边表示土中各相的质量，右边表示各相的体积，并以下列符号表示各相的质量和体积。

m_s——土粒的质量；

m_w——土中水的质量；

m_a——土中气体的质量（$m_a \approx 0$）；

m——土的质量，$m = m_s + m_w$；

V_s——土粒的体积；

V_v——土中孔隙的体积；

V_w——土中水的体积；

V_a——土中气体的体积；

V——土的体积，$V = V_s + V_w + V_a$。

土中各相的重力可由质量乘以重力加速度得到，即

土粒的重力：

$$G_s = m_s g \tag{1-3}$$

土中水的重力：

$$G_w = m_w g \tag{1-4}$$

土的重力：

$$G = m g \tag{1-5}$$

下面按各指标的定义，由上列各符号写出各指标的表达式。

（1）土的质量密度（密度）ρ。

单位体积土的质量称为土的质量密度，简称土的密度，并以 ρ 表示。

$$\rho = \frac{m}{V} \tag{1-6}$$

本指标须通过土工试验测定，一般用"环刀法"。试验时质量可以 g（克）为单位，体积以 cm³ 为单位。天然状态下土的密度（天然密度）值变化较大。通常砂土 $\rho = 1.6 \sim$

$2.0 g/cm^3$，黏性土和粉土 $\rho = 1.8 \sim 2.0 g/cm^3$。

（2）土的重力密度（重度）γ。

单位体积土所受的重力称为土的重力密度，简称土的重度，并以 γ 表示。

$$\gamma = \frac{G}{V} = \frac{m}{V} g = \rho g \qquad (1-7)$$

式中：g——重力加速度，$g \approx 10 m/s^2$。

土的重度单位常用 kN/m^3 表示，因此，通常砂土 $\gamma = 16 \sim 20 kN/m^3$，黏性土和粉土 $\gamma = 18 \sim 20 kN/m^3$。

（3）土粒相对密度（比重）d_s。

土粒密度（单位体积土粒的质量）与 $4℃$ 时纯水密度 ρ_{w1} 之比，称为土粒相对密度，或称土粒比重，并以 d_s 表示，土粒相对密度参考值见表 $1-3$。

$$d_s = \frac{m_s}{V_s} \frac{1}{\rho_{w1}} \qquad (1-8)$$

表 1-3　土粒相对密度参考值

土的类别	砂土	粉土	黏性土	
			粉质黏土	黏土
土粒相对密度	$2.65 \sim 2.69$	$2.70 \sim 2.71$	$2.72 \sim 2.73$	$2.73 \sim 2.74$

土粒相对密度可以用"比重瓶法"测定。

（4）土的含水量 w。

土中水的质量与土粒的质量之比（用百分数表示）称为土的含水量，并以 w 表示。

$$w = \frac{m_w}{m_s} \times 100\% \qquad (1-9)$$

含水量是表示土的湿度的一个指标，一般用"烘干法"测定。天然土的含水量变化范围很大。含水量越小，土越干；反之，土越湿。土的含水量对黏性土、粉土的性质影响较大，对粉砂、细砂稍有影响，而对碎石土等没有影响。

（5）土的干密度 ρ_d。

单位体积土中土粒的质量称为土的干密度，并以 ρ_d 表示。

$$\rho_d = \frac{m_s}{V} \qquad (1-10)$$

土的干密度值一般为 $1.3 \sim 1.8 g/cm^3$。

工程上常以土的干密度来评价土的密实程度，并常用这一指标来控制填土的施工质量。

（6）土的干重度 γ_d。

单位体积土中土粒所受的重力称为土的干重度，并以 γ_d 表示。

$$\gamma_d = \frac{G_s}{V} = \frac{m_s}{V} g = \rho_d g \qquad (1-11)$$

（7）土的饱和重度 γ_{sat}。

土中孔隙完全被水充满时土的重度称为土的饱和重度，并以 γ_{sat} 表示。

$$\gamma_{sat} = \frac{G_s + \gamma_w V_v}{V} \qquad (1-12)$$

式中：γ_w——水的重度。

$$\gamma_w = \rho_w g \qquad (1-13)$$

计算时可取水的密度 ρ_w 近似等于 4℃时纯水密度 ρ_{w1}，即

$$\rho_w \approx \rho_{w1} = 1g/cm^3$$

$$\gamma_w = 10kN/m^3$$

土的饱和重度一般为 $18 \sim 23kN/m^3$。

（8）土的有效重度 γ'。

地下水位以下的土受到水的浮力作用，扣除水浮力后单位体积土所受的重力称为土的有效重度（浮重度），并以 γ' 表示。

$$\gamma' = \frac{G_s - \gamma_w V_s}{V} \qquad (1-14)$$

或

$$\gamma' = \gamma_{sat} - \gamma_w \qquad (1-15)$$

（9）土的孔隙比 e。

土中孔隙的体积与土粒的体积之比称为土的孔隙比，并以 e 表示。

$$e = \frac{V_v}{V_s} \qquad (1-16)$$

本指标采用小数表示。孔隙比是表示土的密实程度的一个重要指标。黏性土和粉土的孔隙比变化较大。一般来说，$e < 0.6$ 的土是密实的，压缩性低；$e > 1.0$ 的土是疏松的，压缩性高。

（10）土的孔隙率 n。

土中孔隙的体积与总体积之比（用百分数表示）称为土的孔隙率，并以 n 表示。

$$n = \frac{V_v}{V} \times 100\% \qquad (1-17)$$

（11）土的饱和度 S_r。

土中水的体积与孔隙的体积之比（用百分数表示）称为土的饱和度，并以 S_r 表示。

$$S_r = \frac{V_w}{V_v} \times 100\% \qquad (1-18)$$

1.3.2　指标的换算

上述土的三相比例指标中，土的密度 ρ、土粒相对密度 d_s 和土的含水量 w 是通过试验测定的（这时由 ρ 值可得到土的重度 γ），其他指标可由 γ、d_s 和 w 换算得到。下面采用图 1.6 的形式（图中左边改用重力表示），假定土粒的体积 $V_s = 1cm^3$，并以此推导出土的孔隙比、干密度、干重度、饱和重度、有效重度、孔隙率和饱和度的计算公式。

因为 $V_s = 1cm^3$，所以 $V_v = e$ [根据式(1-16)]，$V = 1 + e$，$G_s = V_s \gamma_w d_s = \gamma_w d_s$，$G_w = w G_s = w \gamma_w d_s$，$G = G_s + G_w = \gamma_w d_s (1 + w)$，$V_w = G_w / \gamma_w = w d_s$。

由式（1-7）得：

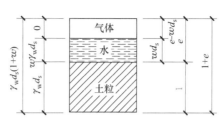

土的三相比例物理状态计算例题

图 1.6　土的三相比例指标换算

$$\gamma = \frac{G}{V} = \frac{\gamma_w d_s(1+w)}{1+e} \tag{1-19}$$

于是有：

$$e = \frac{\gamma_w d_s(1+w)}{\gamma} - 1 \tag{1-20}$$

上式右边各指标已测定，故可算出孔隙比 e。按各指标的定义，将图 1.6 中有关项代入便得：

$$\gamma_d = \frac{G_s}{V} = \frac{\gamma_w d_s}{1+e} \tag{1-21}$$

$$\gamma_{sat} = \frac{G_s + \gamma_w V_v}{V} = \frac{\gamma_w(d_s+e)}{1+e} \tag{1-22}$$

$$\gamma' = \frac{G_s - \gamma_w V_s}{V} = \frac{\gamma_w(d_s-1)}{1+e} \tag{1-23}$$

$$n = \frac{V_v}{V} = \frac{e}{1+e} \tag{1-24}$$

$$S_r = \frac{V_w}{V_v} = \frac{w d_s}{e} \tag{1-25}$$

将上面推导得到的各指标换算公式列于表 1-4 中。

表 1-4　土的三相比例指标换算公式

指标	符号	表达式	常用换算公式	常用单位
土粒相对密度	d_s	$d_s = \dfrac{m_s}{V_s \rho_{w1}}$	$d_s = \dfrac{S_r e}{w}$	
密度	ρ	$\rho = m/V$		g/cm^3
重度	γ	$\gamma = \rho g$ $\gamma = \dfrac{G}{V}$	$\gamma = \gamma_d(1+w)$ $\gamma = \dfrac{\gamma_w(d_s + S_r e)}{1+e}$	kN/m^3
含水量	w	$w = \dfrac{m_w}{m_s} \times 100\%$	$w = \dfrac{S_r e}{d_s}$ $w = \dfrac{\gamma}{\gamma_d} - 1$	
干密度	ρ_d	$\rho_d = \dfrac{m_s}{V}$	$\rho_d = \dfrac{\rho}{1+w}$ $\rho_d = \dfrac{d_s}{1+e}\rho_w$	g/cm^3

指标	符号	表达式	常用换算公式	常用单位
干重度	γ_d	$\gamma_d = \rho_d g$ $\gamma_d = \dfrac{G_s}{V}$	$\gamma_d = \dfrac{\gamma}{1+w}$ $\gamma_d = \dfrac{\gamma_w d_s}{1+e}$	kN/m^3
饱和重度	γ_{sat}	$\gamma_{sat} = \dfrac{G_s + V_v \gamma_w}{V}$	$\gamma_{sat} = \dfrac{\gamma_w(d_s+e)}{1+e}$	kN/m^3
有效重度	γ'	$\gamma' = \dfrac{G_s - V_s \gamma_w}{V}$ $\gamma' = \gamma_{sat} - \gamma_w$	$\gamma' = \dfrac{\gamma_w(d_s-1)}{1+e}$	kN/m^3
孔隙比	e	$e = \dfrac{V_v}{V_s}$	$e = \dfrac{\gamma_w d_s(1+w)}{\gamma} - 1$ $e = \dfrac{\gamma_w d_s}{\gamma_d} - 1$	
孔隙率	n	$n = \dfrac{V_v}{V} \times 100\%$	$n = \dfrac{e}{1+e}$ $n = 1 - \dfrac{\gamma_d}{\gamma_w d_s}$	
饱和度	S_r	$S_r = \dfrac{V_w}{V_v} \times 100\%$	$S_r = \dfrac{w d_s}{e}$ $S_r = \dfrac{w \gamma_d}{n \gamma_w}$	

注：① 在各换算公式中，含水量 w 可用小数代入计算。

② γ_w 可取 $10kN/m^3$。

③ 重力加速度 $g \approx 10 m/s^2$。

【例 1-1】某原状土样，试验测得土的密度 $\rho = 1.7 g/cm^3$（重度 $\gamma = 17.0 kN/m^3$），含水量 $w = 22.0\%$，土粒相对密度 $d_s = 2.72$。试求土的孔隙比 e、孔隙率 n、饱和度 S_r、干重度 γ_d、饱和重度 γ_{sat} 和有效重度 γ'。

【解】

(1) $e = \dfrac{\rho_w d_s(1+w)}{\rho} - 1 = \dfrac{1 \times 2.72 \times (1+0.22)}{1.7} - 1 = 0.952$

(2) $n = \dfrac{e}{1+e} = \dfrac{0.952}{1+0.952} \approx 0.488 = 48.8\%$

(3) $S_r = \dfrac{w d_s}{e} = \dfrac{0.22 \times 2.72}{0.952} \approx 0.629 = 62.9\%$

(4) $\gamma_d = \dfrac{\gamma_w d_s}{1+e} = \dfrac{10 \times 2.72}{1+0.952} \approx 13.93 \ (kN/m^3)$

(5) $\gamma_{sat} = \dfrac{\gamma_w(d_s+e)}{1+e} = \dfrac{10 \times (2.72+0.952)}{1+0.952} \approx 18.81 \ (kN/m^3)$

(6) $\gamma' = \dfrac{\gamma_w(d_s-1)}{1+e} = \dfrac{10\times(2.72-1)}{1+0.952} \approx 8.81$ （kN/m³）

【例1-2】用环刀切取一土样，测得该土样体积为60cm³，质量为114g。土样烘干后测得其质量为100g。若土粒相对密度$d_s=2.7$，试求土的密度ρ、含水量w和孔隙比e。

【解】

(1) $\rho = \dfrac{m}{V} = \dfrac{114}{60} = 1.9$ （g/cm³）

(2) $w = \dfrac{m_w}{m_s}\times100\% = \dfrac{114-100}{100}\times100\% = 14\%$

(3) $e = \dfrac{\rho_w d_s(1+w)}{\rho} - 1 = \dfrac{1\times2.7\times(1+0.14)}{1.9} - 1 = 0.62$

1.4　无黏性土的密实度

砂土和碎石土统称为无黏性土，无黏性土的密实度对其工程性质有重要的影响。当其处于密实状态时，结构较稳定，压缩性较小，强度较大，可作为建筑物的良好地基；而当处于疏松状态时（特别是对细、粉砂来说），稳定性差，压缩性大，强度偏低，属软弱土之列。砂土和碎石土的这些特性是由它们所具有的单粒结构所决定的。在对无黏性土进行评价时，必须说明它们所处的密实程度。

判别砂土的密实度的方法有下面几种。

采用天然孔隙比的大小来判别砂土的密实度，是一种较简捷的方法。但不足之处是它未反映砂土的级配和颗粒形状的影响。实践表明，有时较疏松的级配良好的砂土孔隙比，比较密实的颗粒均匀的砂土孔隙比要小。此外，现场采取原状不扰动的砂样较困难，尤其是位于地下水位以下或较深的砂层更是如此。

鉴于上述方法有局限性，故国内外不少单位都采用砂土相对密实度D_r作为砂土密实度的分类指标。

$$D_r = \frac{e_{max}-e}{e_{max}-e_{min}} \qquad (1-26)$$

式中：e_{max}——最大孔隙比，砂土最松散状态时的孔隙比，可取风干砂样，通过长颈漏斗轻轻地倒入容器来确定；

e_{min}——最小孔隙比，砂土最密实状态时的孔隙比，可将风干砂样分批装入容器，采用振动或锤击夯实的方法增加砂样的密实度，直至密度不变时确定其最小孔隙比；

e——砂土的天然孔隙比。

若砂土的天然孔隙比接近最小孔隙比e_{min}，则其相对密实度D_r较大，砂土处于较密实状态。若e接近e_{max}，D_r较小，则砂土处于较疏松状态。根据D_r值，可将砂土密实度划分为下列三种。

①$1\geqslant D_r>0.67$，密实的。②$0.67\geqslant D_r>0.33$，中密。③$0.33\geqslant D_r>0$，松散的。

如前所述，由于现场采取原状砂样较为困难，因此，这一判别方法多用于填方工程的质量控制。

在具体的工程中，天然砂土可以根据标准贯入试验锤击数 N 分为松散、稍密、中密及密实四种密实度，其划分标准见表 1-5。

表 1-5 砂土密实度的划分标准

密实度	松散	稍密	中密	密实
标准贯入试验锤击数 N	$N \leqslant 10$	$10 < N \leqslant 15$	$15 < N \leqslant 30$	$N > 30$

注：表中 N 值为未经杆长修正的实测标准贯入试验锤击数。

碎石土可以根据重型圆锥动力触探锤击数 $N_{63.5}$ 分为松散、稍密、中密及密实四种密实度，其划分标准见表 1-6。

表 1-6 碎石土密实度的划分标准

密实度	松散	稍密	中密	密实
重型圆锥动力触探锤击数 $N_{63.5}$	$N_{63.5} \leqslant 5$	$5 < N_{63.5} \leqslant 10$	$10 < N_{63.5} \leqslant 20$	$N_{63.5} > 20$

注：① 本表适用于平均粒径小于或等于 50mm 且最大粒径不超过 100mm 的卵石、碎石、圆砾、角砾。对于平均粒径大于 50mm 或最大粒径大于 100mm 的碎石土，可按野外鉴别方法鉴别其密实度。

② 表中 $N_{63.5}$ 为经综合修正后的平均值。

1.5 黏性土的物理特征

1.5.1 界限含水量

黏性土随着含水量的增加而分别处于固态、半固态、可塑状态及流动状态（图 1.7）。

图 1.7 黏性土物理状态与含水量的关系

这里所说的可塑状态，就是当黏性土在某含水量范围内，用外力塑造成任何形状而不发生裂纹，并当外力移去后仍能保持既得的形状，土的这种性能叫作可塑性。黏性土由一种状态转到另一种状态的分界含水量，称为界限含水量。土由可塑状态转到流动状态的界限含水量称为液限（即土呈可塑状态时的上限含水量），用符号 w_L 表示。土由半固态转到可塑状态的界限含水量称为塑限（即土呈可塑状态时的下限含水量），用符号 w_P 表示。土由固态转到半固态的界限含水量称为缩限，用符号 w_s 表示。上述这些指标都用百分数表示。

土的界限含水量和土粒组成及其矿物成分、土粒表面吸附阳离子的性质等有关。可以说，界限含水量的大小反映了这些因素的综合影响，因而对黏性土的分类和工程性质的评价有着重要意义。

我国标准已规定采用光电式液塑限联合测定仪进行液限和塑限联合试验，其结构如

图 1.8 所示。测定时，将调成不同含水量的试样（制备 3 个不同含水量试样）先后分别装满盛土杯，刮平杯口表面，将 76g 重圆锥（锥角 30°）放在试样表面中心，使其在重力作用下徐徐沉入试样，测定圆锥在 5s 时的下沉深度。在双对数坐标纸上绘出圆锥下沉深度和土样含水量的关系曲线（图 1.9），在直线上查得圆锥下沉深度为 10mm 所对应的含水量为液限，下沉深度为 2mm 所对应的含水量为塑限。取值至整数。

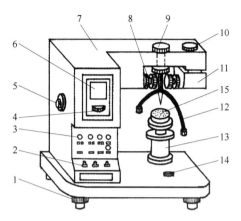

1—水平调节螺钉；2—控制开关；3—指示发光管；4—零线调节螺钉；5—反光镜调节螺钉；
6—屏幕；7—机壳；8—物镜调节螺钉；9—电磁装置；10—光源调节螺钉；
11—光源装置；12—圆锥仪；13—升降台；14—水平泡；15—盛土杯（内装试样）

图 1.8　光电式液塑限联合测定仪结构示意图

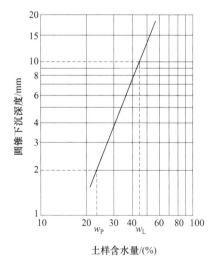

图 1.9　圆锥下沉深度和土样含水量的关系曲线

1.5.2　塑性指数和液性指数

液限和塑限是土处于可塑状态时的上限和下限含水量。省去百分号后的液限和塑限的差值称为塑性指数，用符号 I_P 表示，即

$$I_P = w_L - w_P \tag{1-27}$$

塑性指数 I_P 表示黏性土处于可塑状态的含水量变化范围。塑性指数愈大，说明该状态的含水量变化范围也愈大。由于塑性指数在一定程度上综合反映了影响黏性土特性的各种因素，故工程上常按塑性指数对黏性土进行分类。《建筑地基基础设计规范》（GB 50007—2011）规定黏性土按塑性指数 I_P 值划分为黏土和粉质黏土。

液性指数是黏性土的天然含水量和塑限的差值（省去百分号）与塑性指数之比，用符号 I_L 表示，即

$$I_L = \frac{w - w_P}{w_L - w_P} = \frac{w - w_P}{I_P} \tag{1-28}$$

液性指数是判别黏性土软硬状态的指标。从图 1.7 可见，当土的天然含水量 w 小于 w_P 时，I_L 小于 0，土处于坚硬状态；当 w 大于 w_L 时，I_L 大于 1，土处于流动状态；当 w 在 w_P 与 w_L 之间，即 I_L 在 0～1 变化时，则土处于可塑状态。

根据液性指数 I_L 值，可将黏性土划分为坚硬、硬塑、可塑、软塑及流塑五种状态，其划分标准见表 1-7。

表 1-7　黏性土状态的划分标准

状态	坚硬	硬塑	可塑	软塑	流塑
液性指数 I_L	$I_L \leqslant 0$	$0 < I_L \leqslant 0.25$	$0.25 < I_L \leqslant 0.75$	$0.75 < I_L \leqslant 1.0$	$I_L > 1.0$

【例 1-3】有两个黏性土原状试样，经测定其天然含水量 w、液限 w_L、塑限 w_P 见表 1-8，试确定黏性土的名称和状态。

【解】分别计算两个试样的塑性指数 I_P 和液性指数 I_L，然后按表 1-14 定试样名称，按表 1-7 定出试样所处状态。列表计算如下。

表 1-8　例 1-3 表

试样编号	天然含水量 $w/(\%)$	液限 $w_L/(\%)$	塑限 $w_P/(\%)$	塑性指数 I_P	液性指数 I_L	状态	名称
1	30.5	39	21	18	0.53	可塑	黏土
2	20	31	17	14	0.21	硬塑	粉质黏土

1.6　土的渗透性

存在于地表下面土和岩石的孔隙、裂隙或溶洞中的水，统称为地下水。地下水的存在，常给地基基础的设计和施工带来麻烦。在地下水位以下开挖基坑，需要考虑降低地下水位及基坑边坡的稳定性。建筑物有地下室时则还应考虑防水渗漏、抵抗水压力和浮力及地下水腐蚀性等问题。下面简要介绍地下水与工程建设密切相关的一些问题。

1.6.1　地下水的埋藏条件

人们常把透水的地层称为透水层，而相对不透水的地层称为隔水层。地下水按埋藏条

件可分为上层滞水、潜水和承压水三种类型（图 1.10）。

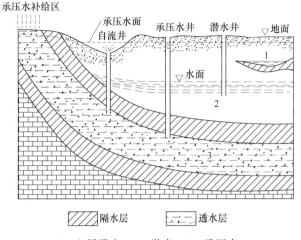

1—上层滞水；2—潜水；3—承压水

图 1.10　各种类型的地下水埋藏示意图

1. 上层滞水

上层滞水是指埋藏在地表浅处、局部隔水层（透镜体）的上部且具有自由水面的地下水。

上层滞水的来源主要是大气降水补给，其动态变化与气候等因素有关，只有在融雪后或大量降水时才能聚集较多的水量。

2. 潜水

埋藏在地表以下、第一个稳定隔水层以上的具有自由水面的地下水称为潜水。其自由水面称为潜水面。此面用高程表示称为潜水位。自地表至潜水面的距离为潜水的埋藏深度。

潜水的分布范围很广，它一般埋藏在第四纪松散沉积层和基岩风化层中。潜水直接由大气降水、地表江河水流渗入补给，同时也通过蒸发或流入河流而排泄。潜水位的高低随气候条件而变化。

3. 承压水

承压水是指充满于两个稳定隔水层之间的含水层中的地下水。它承受一定的静水压力。在地面打井至承压水层时，水便在井中上升，有时甚至喷出地表，形成自流井（图 1.10）。由于承压水的上面存在隔水顶板的作用，它的埋藏区与地表补给区不一致，因此，承压水的动态变化受局部气候因素影响不明显。

1.6.2　渗透性

1. 达西定律

土的渗透性（透水性）是指水流通过土中孔隙的难易程度。地下水的补给（流入）与排泄（流出）条件及土中水的渗透速度都与土的渗透性有关。在考虑地基土的沉降速率和地下水的涌水量时都需要了解土的渗透性指标。

为了说明水在土中渗流时的一个重要规律，可进行如图 1.11 所示的砂土渗透试验。试验时将土样装在长度为 l 的圆柱形容器中，水从土样上端注入并保持水头不变。

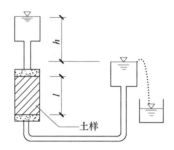

图 1.11 砂土渗透试验示意图

由于土样两端存在着水头差 h，故水在土样中产生渗流。试验证明，水在土中的渗透速度与水头差 h 成正比，而与水流过土样的距离 l 成反比，即

$$v = k \frac{h}{l} = ki \qquad (1-29)$$

式中：v——水在土中的渗透速度，单位为 mm/s（s 为秒），它不是地下水在孔隙中流动的实际速度，而是在单位时间（s）内流过土的单位截面积（mm^2）的水量（mm^3）；

i——水力梯度，或称水力坡降，$i = h/l$，即土中两点的水头差 h 与水流过的距离 l 的比值；

k——土的渗透系数（mm/s），表示土的透水性质的常数。

在式（1-29）中，当 $i = 1$ 时，$k = v$，即土的渗透系数的数值等于水力梯度为 1 时的地下水的渗透速度。k 值的大小反映了土透水性的强弱。

式（1-29）是达西（H. Darcy）根据砂土渗透试验得出的，故称为达西定律或直线渗透定律。

土的渗透系数可以通过室内渗透试验或现场抽水试验来测定。从试验原理来看，室内渗透试验可以分为常水头法和变水头法，前者适合测量透水性较大的砂性土，后者适合测量透水性较大的黏性土。而现场抽水试验又包括井孔抽水试验或井孔注水试验。

各种土的渗透系数参考值见表 1-9。

表 1-9 各种土的渗透系数参考值

土的名称	渗透系数/(cm/s)	土的名称	渗透系数/(cm/s)
致密黏土	$< 10^{-7}$	粉砂、细砂	$10^{-2} \sim 10^{-4}$
粉质黏土	$10^{-6} \sim 10^{-7}$	中砂	$10^{-1} \sim 10^{-2}$
粉土、裂隙黏土	$10^{-4} \sim 10^{-6}$	粗砂、砾石	$10^{2} \sim 10^{-1}$

2. 达西定律的适用范围

研究表明，达西定律所表示渗透速度与水力梯度成正比关系是在特定的水力条件下的试验结果。实际上水在土中渗流时服从达西定律存在一个界限问题。现在来讨论一下达西定律的上限值，如水在粗粒土中渗流时，随着渗透速度的增加，水在土中的运动状态可以分成以下 3 种情况。

① 水流速度很小，为黏滞力占优势的层流，达西定律适用，这时雷诺数 Re（雷诺数是流体力学中表征黏性影响的相似准则数，$Re = \dfrac{\rho v L}{\mu}$，其中 ρ、μ 为流体密度和动力黏性系数，v、L 为流场的特征速度和特征长度。雷诺数越小意味着黏性力影响越显著，越大意味着惯性影响越显著）小于 1～10 之间的某一值。

② 水流速度增加到惯性力占优势的层流和层流向紊流过渡时，达西定律不再适用，这时雷诺数 Re 在 10～100 之间。

③ 随着雷诺数 Re 的增大，水流进入紊流状态，达西定律完全不适用。

另外，在黏性土中由于土粒周围结合水膜的存在而使土体呈现一定的黏滞性。因此，一般认为黏性土中自由水的渗流必然会受到结合水膜黏滞阻力的影响，只有当水力梯度达到一定值后渗流才会发生，这一水力梯度称为黏性土的起始水力梯度 i_0，即存在一个达西定律的下限值。

3. 影响渗透系数的因素

土的渗透系数与土和水两方面的多种因素有关，下面分别就这两个方面的因素进行讨论。

（1）土粒的粒径、级配和矿物成分。

土中孔隙通道大小直接影响到土的渗透性。一般情况下，细粒土的孔隙通道比粗粒土小，其渗透系数也较小；级配良好的土，粗粒土间的孔隙被细粒土所填充，它的渗透系数比级配均匀的土小；在黏性土中，黏粒表面结合水膜的厚度与颗粒的矿物成分有很大关系，结合水膜的厚度越大，土粒间的孔隙通道越小，其渗透性也就越小。

（2）土的孔隙比。

同一种土，孔隙比越大，则土中过水断面越大，渗透系数也就越大。渗透系数与孔隙比之间的关系是非线性的，与土的性质有关。

（3）土的结构和构造。

当孔隙比相同时，絮凝结构的黏性土，其渗透系数比分散结构的大；宏观构造上的成层土及扁平黏粒土在水平方向的渗透系数远大于垂直方向的。

（4）土的饱和度。

土中的封闭气泡不仅减小了土的过水断面，而且可以堵塞一些孔隙通道，使土的渗透系数降低，同时可能会使渗透速度与水力梯度之间的关系不符合达西定律。

（5）渗流水的性质。

水的流速与其动力黏滞度有关，动力黏滞度越大流速越小，动力黏滞度随温度的增加而减小，因此温度升高一般会使土的渗透系数增加。

1.6.3 动水力和渗流破坏现象

1. 动水力计算

地下水的渗流对单位体积土内的骨架所产生的力称为动水力，或称为渗透力。它是一

49

种体积力,单位为 kN/m³。

动水力可按下式计算。

$$j = r_w i \qquad\qquad (1-30)$$

式中:j——动水力,kN/m³;

　　　γ_w——水的重度;

　　　i——水力梯度。

2. 渗流破坏

当渗透水自下而上运动时,动水力方向与重力方向相反,土粒间的压力将减小。当动水力等于或大于土的有效重度 γ' 时,土粒间的压力被抵消,于是土粒处于悬浮状态,土粒随水流动,这种现象称为流砂。

动水力等于土的有效重度时的水力梯度叫作临界水力梯度 i_{cr},$i_{cr} = \dfrac{\gamma'}{\gamma_w}$。土的有效重度 γ' 一般为 8~12kN/m³,因此 i_{cr} 可近似地取 1。

在地下水位以下开挖基坑时,如从基坑中直接抽水,将导致地下水从下向上流动,从而产生向上的动水力。当水力梯度大于临界值时,就会出现流砂现象。这种现象在细砂、粉砂、粉土中较常发生,给施工带来很大的困难,严重的还将影响邻近建筑物地基的稳定。

防治流砂的方法为:①沿基坑四周设置连续的截水帷幕,阻止地下水流入基坑内;②减小或平衡动水力,例如将板桩打入坑底一定深度,增加地下水从坑外流入坑内的渗流路线,减小水力梯度,从而减小动水力;③使动水力方向向下,例如采用井点降低地下水位,地下水向下渗流,使动水力方向向下,增大了土粒间的压力,从而有效地防止流砂现象的发生。

当土中渗流的水力梯度小于临界水力梯度时,虽不致诱发流砂现象,但土中细小颗粒仍有可能穿过粗粒土之间的孔隙被渗流挟带而去,时间长了,在土层中将形成管状空洞。这种现象称为管涌或潜蚀。

水的渗流会造成土的渗透变形,土的渗透变形的发生和发展主要取决于以下两个原因。

(1) 几何条件。

土体颗粒若要在渗流条件下产生松动和悬浮,就必须克服土粒之间的黏聚力和内摩擦力,土的黏聚力和内摩擦力与土粒的组成和结构有密切关系。渗透变形产生的几何条件是指土粒的组成和结构等特征。

(2) 水力条件。

产生渗透变形的水力条件指的是作用在土体上的渗透力,其是产生渗透变形的外部因素和主动条件。只有当渗流水头作用下的渗透力,即水力梯度大到足以克服土粒之间的黏聚力和内摩擦力时,也就是说水力梯度大于临界水力梯度时,土体才可能发生渗透变形。

1.7　地基岩土的工程分类

不同的土类,其性质相差甚大。对土分类就是根据用途和土的各种性质的差异将其划分为一定的类别。根据分类名称和所处的状态可以大致判断土的工程特性，从而评价其作为建筑物地基的适宜性。

土的分类方法很多。作为建筑物地基的土，按《建筑地基基础设计规范》（GB 50007—2011）可分为岩石、碎石土、砂土、粉土、黏性土和特殊土等。

1.7.1　岩石

作为建筑物地基的岩石，是根据它的坚硬程度和风化程度来进行分类的。岩石按坚硬程度可分为坚硬岩、较硬岩、较软岩、软岩和极软岩，其划分见表 1-10。

表 1-10　岩石坚硬程度的划分

坚硬程度类别		饱和单轴抗压强度标准值 f_{rk}/MPa	定性鉴定	代表性岩石
硬质岩	坚硬岩	$f_{rk}>60$	锤击声清脆，有回弹，震手，难击碎 基本无吸水反应	未风化-微风化的花岗岩、闪长岩、辉绿岩、玄武岩、安山岩、片麻岩、石英岩、硅质砾岩、石英砂岩、硅质石灰岩等
	较硬岩	$60 \geqslant f_{rk}>30$	锤击声较清脆，有轻微回弹，稍震手，较难击碎 有轻微吸水反应	1. 微风化的坚硬岩； 2. 未风化-微风化的大理岩、板岩、石灰岩、钙质砂岩等
软质岩	较软岩	$30 \geqslant f_{rk}>15$	锤击声不清脆，无回弹，较易击碎 指甲可刻出印痕	1. 中等风化的坚硬岩和较硬岩； 2. 未风化-微风化的凝灰岩、千枚岩、砂质泥岩、泥灰岩等
	软岩	$15 \geqslant f_{rk}>5$	锤击声哑，无回弹，有凹痕，易击碎 浸水后，可捏成团	1. 强风化的坚硬岩和较硬岩； 2. 中等风化的较软岩； 3. 未风化-微风化的泥质砂岩、泥岩等
极软岩		$f_{rk} \leqslant 5$	锤击声哑，无回弹，有较深凹痕，手可捏碎 浸水后，可捏成团	1. 风化的软岩； 2. 全风化的各种岩石； 3. 各种半成岩

岩石按风化程度可分为未风化、微风化、中等风化、强风化和全风化，其划分见表 1-11。

表 1-11　岩石风化程度的划分

风化程度	野外特征
未风化	岩质新鲜，偶见风化痕迹
微风化	结构基本未变，仅节理面有渲染或略有变色，有少量风化裂隙
中等风化	结构部分破坏，沿节理面有次生矿物，风化裂隙发育，岩体被切割成岩块，用镐难挖，岩心钻机方可钻进

风化程度	野外特征
强风化	结构大部分破坏，矿物成分显著变化，风化裂隙很发育，岩体破碎，用镐可挖，干钻不易钻进
全风化	结构基本破坏，但尚可辨认，有残余结构强度，可用镐挖，干钻可钻进

1.7.2 碎石土

碎石土是指粒径大于 2mm 的颗粒含量超过总质量 50% 的土。

碎石土根据粒组含量及颗粒形状分为漂石、块石、卵石、碎石、圆砾、角砾，其分类见表 1-12。

表 1-12 碎石土的分类

土的名称	颗粒形状	粒组含量
漂石 块石	圆形及亚圆形为主 棱角形为主	粒径大于 200mm 的颗粒含量超过总质量的 50%
卵石 碎石	圆形及亚圆形为主 棱角形为主	粒径大于 20mm 的颗粒含量超过总质量的 50%
圆砾 角砾	圆形及亚圆形为主 棱角形为主	粒径大于 2mm 的颗粒含量超过总质量的 50%

注：定名时，应根据粒径分组，由大到小以最先符合者确定。

1.7.3 砂土

砂土是指粒径大于 2mm 的颗粒含量不超过总质量的 50%，而粒径大于 0.075mm 的颗粒超过总质量 50% 的土。

砂土按粒组含量分为砾砂、粗砂、中砂、细砂和粉砂，其分类见表 1-13。

表 1-13 砂土的分类

土的名称	粒组含量
砾砂	粒径大于 2mm 的颗粒含量占总质量的 25%～50%
粗砂	粒径大于 0.5mm 的颗粒含量超过总质量的 50%
中砂	粒径大于 0.25mm 的颗粒含量超过总质量的 50%
细砂	粒径大于 0.075mm 的颗粒含量超过总质量的 85%
粉砂	粒径大于 0.075mm 的颗粒含量超过总质量的 50%

注：定名时，应根据粒径分组，由大到小以最先符合者确定。

【例 1-4】 某土样的颗粒分析试验成果，见表 1-2，试确定该土样的名称。

【解】 按表 1-2 颗粒分析资料，先判别土样是碎石土还是砂土。现因粒径大于 2mm 的颗粒占总质量的 (10+1+5)%=16%，而小于 50%，故该土样不属于碎石土。又因粒径大于 0.075mm 的颗粒占总质量的 (100-7)%=93%>50%，故该土样属于砂土。然后按表 1-13 将粒组从大到小进行鉴别。由于粒径大于 2mm 的颗粒只占总质量的 16%，小于 25%，故该土样不是砾砂。而粒径大于 0.5mm 的颗粒占总质量的 (10+1+5+39)%=55%，此值超过 50%，因此该土样应定名为粗砂。

1.7.4　粉土

粉土是指塑性指数 I_P 小于或等于 10、粒径大于 0.075mm 的颗粒含量不超过总质量 50% 的土。

粉土含有较多的粒径为 0.075～0.005mm 的粉粒，其工程性质介于黏性土和砂土之间，但又不完全与黏性土或砂土相同。粉土的性质与其粒径级配、包含物、密实度和湿度等有关。

1.7.5　黏性土

黏性土是指塑性指数 I_P 大于 10 的土。这种土中含有相当数量的黏粒（<0.005mm 的颗粒）。黏性土的工程性质不仅与粒组含量和黏土矿物的亲水性等有关，而且也与成因类型及沉积环境等因素有关。

黏性土按塑性指数 I_P 分为粉质黏土和黏土，其分类见表 1-14。

表 1-14　黏性土的分类

土的名称	粉质黏土	黏土
塑性指数	$10<I_P\leqslant17$	$I_P>17$

1.7.6　特殊土

分布在一定地理区域、有工程意义上的特殊成分、状态和结构特征的土称为特殊土。我国特殊土的类别较多，例如淤泥和淤泥质土、人工填土、红黏土、黄土、膨胀土、残积土、冻土等。

1. 淤泥和淤泥质土

在静水或缓慢的流水环境中沉积，并经生物化学作用形成，天然含水量大于液限，天然孔隙比大于或等于 1.5 的黏性土称为淤泥；当天然含水量大于液限而天然孔隙比小于 1.5 但大于或等于 1.0 的黏性土或粉土称为淤泥质土。当土的有机质含量大于 5% 时称为有机质土，大于 60% 时则称为泥炭。

淤泥和淤泥质土的压缩性高而强度低，常具有灵敏的结构性，在我国沿海地区分布较广，内陆平原和山区也存在。

2. 人工填土

人工填土是指人类各种活动而形成的堆积物。其物质成分较杂乱，均匀性较差。按组成物质及成因，人工填土可分为素填土、压实填土、杂填土和冲填土，其分类见表1-15。

表1-15 人工填土的分类

土的名称	组成物质
素填土	由碎石土、砂土、粉土、黏性土等组成的填土
压实填土	经过压实或夯实的素填土
杂填土	含有建筑垃圾、工业废料、生活垃圾等杂物的填土
冲填土	由水力冲填泥砂形成的填土

3. 红黏土

由碳酸盐岩系出露的岩石，经红土化作用形成棕红、褐黄色等的高塑性黏土称为红黏土。其液限一般大于50%，上硬下软，具有明显的收缩性，裂隙发育。土层经再搬运后仍保留红黏土基本特性，液限大于45%，但小于50%的土则称为次生红黏土。红黏土在我国大体上分布于北纬33°以南的地区。

4. 黄土

黄土是一种在第四纪时期形成的黄色粉状土。受风力搬运堆积，又未经次生扰动，不具有层理的黄土为原生黄土；而由风成以外的其他成因堆积而成的，常具有层理和砂或砾石夹层的黄土，则称为次生黄土或黄土状土。

黄土是在干旱或半干旱的气候条件下形成的。在天然状态下，其强度一般较高，压缩性较低。有的黄土在一定压力作用下，受水浸湿，结构迅速破坏而发生显著附加沉陷，导致建筑物被破坏，具此特征的黄土称为湿陷性黄土；不具此特征的黄土则称为非湿陷性黄土。湿陷性黄土分为非自重湿陷性和自重湿陷性两种。非自重湿陷性黄土在土自重应力下受水浸湿后不发生湿陷；自重湿陷性黄土在土自重应力下受水浸湿后发生湿陷。

5. 膨胀土

膨胀土是指土中黏粒成分主要由亲水性矿物组成，同时具有显著的吸水膨胀和失水收缩两种变形特性的黏性土。

膨胀土在通常的情况下强度较高，压缩性低，很容易被误认为是良好的地基，然而它是一种具有较大和反复胀缩变形的高塑性黏土。

6. 残积土

岩石完全风化后未经搬运过的残积物，称为残积土。残积土没有层理构造，孔隙比较大，均质性差，其物理力学性质各处不一。在我国东南沿海的各类残积土中，花岗岩残积土分布的面积广、厚度大。

花岗岩残积土按土中大于2mm的颗粒含量划分为三种：当土中大于2mm的颗粒含量

超过总质量20％的，称为砾质黏性土；不超过20％的称为砂质黏性土；不含的称为黏性土。现场原位测试成果表明，花岗岩残积土的承载力较高，压缩性较低。

7. 冻土

当土的温度降至0℃以下时，土中部分孔隙水将冻结而形成冻土。冻土可分为季节性冻土和多年冻土两类。季节性冻土在冬季冻结而在夏季融化，每年冻融交替一次；多年冻土则常年处于冻结状态。

习　题

一、单项选择题

1. 若粒径级配累积曲线较为陡峭，则表示（　　　）。

　　A. 颗粒大小较均匀　　　　　　B. 不均匀系数较大

　　C. 级配良好　　　　　　　　　D. 填土易于夯实

2. 已知砂土的天然孔隙比 $e = 0.303$，最大孔隙比 $e_{max} = 0.762$，最小孔隙比 $e_{min} = 0.114$，则该砂土处于（　　　）状态。

　　A. 密实　　　　　B. 中密　　　　　C. 松散　　　　D. 稍密

3. 对无黏性土的工程性质影响最大的因素是（　　　）。

　　A. 含水量　　　　B. 密实度　　　　C. 矿物成分　　　D. 颗粒均匀程度

4. 下列关于影响土的渗透系数的因素中描述正确的为：①粒径大小和级配；②结构与孔隙比；③饱和度；④矿物成分；⑤渗透水的性质。（　　　）

　　A. ①②对渗透系数有影响

　　B. ①②③对渗透系数有影响

　　C. ①②③④⑤对渗透系数有影响

　　D. ④⑤对渗透系数有影响

5. 土体渗流研究的主要问题不包括（　　　）。

　　A. 渗流量问题　　　　　　　　B. 渗透变形问题

　　C. 渗流控制问题　　　　　　　D. 地基承载力问题

二、填空题

1. 土粒粒径之间大小悬殊越大，粒径级配累积曲线越＿＿＿＿＿＿＿＿，不均匀系数越＿＿＿＿＿，颗粒级配越＿＿＿＿＿＿＿＿。为了获得较大的密实度，应选择级配＿＿＿＿＿＿＿＿的土料作为填方或砂垫层的土料。

2. 反映无黏性土工程性质的主要指标是土的＿＿＿＿＿＿＿＿，工程上常用＿＿＿＿＿＿＿指标结合＿＿＿＿＿＿＿指标来衡量。

3. 土的物理状态，对于无黏性土，一般指其＿＿＿＿＿＿＿＿；而对于黏性土，则是指它的＿＿＿＿＿＿＿＿。

4. 土由可塑状态转到流动状态的界限含水量叫作＿＿＿＿＿＿＿＿，可用＿＿＿＿＿＿＿测定；土由半固态转到可塑状态的界限含水量叫作＿＿＿＿＿＿＿，可用＿＿＿＿＿＿＿测定。

5. 一般来讲，室内渗透试验有两种，即＿＿＿＿＿＿＿＿和＿＿＿＿＿＿＿＿。

三、名词解释题

1. 风化作用。

2. 不均匀系数。

3. 界限含水量。

4. 液性指数。

5. 渗透力。

四、简答题

1. 土的物理性质指标有几个？哪些是直接测定的？如何测定？

2. 结合水对土的工程性质产生哪些影响？

3. 工程上防治流砂和管涌的有效措施有哪些？

4. 试述流砂现象和管涌现象的异同。

5. 两层土竖向渗流时的渗透系数怎么考虑？

五、计算题

1. 从一原状土样中取出一试样，由试验测得其湿土质量 $m=120\text{g}$，体积 $V=64\text{cm}^3$，天然含水量 $w=30\%$，土粒相对密度 $d_s=2.68$。试求天然重度 γ、孔隙比 e、孔隙率 n、饱和度 S_r、干重度 γ_d、饱和重度 γ_{sat} 和有效重度 γ'。

2. 某砂土土样的天然密度 $\rho=1.77\text{g/cm}^3$，天然含水量 $w=9.8\%$，土粒相对密度 $d_s=2.67$，土样烘干后测定最小孔隙比 $e_{min}=0.461$，最大孔隙比 $e_{max}=0.943$，试求天然孔隙比 e 和相对密实度 D_r，并评定该砂土的密实度。

在线答题

拓展习题

第2章
地基中的应力

知识结构图

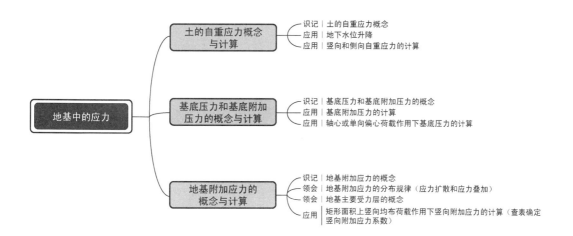

地基中的应力
- 土的自重应力概念与计算
  - 识记｜土的自重应力概念
  - 应用｜地下水位升降
  - 应用｜竖向和侧向自重应力的计算
- 基底压力和基底附加压力的概念与计算
  - 识记｜基底压力和基底附加压力的概念
  - 应用｜基底附加压力的计算
  - 应用｜轴心或单向偏心荷载作用下基底压力的计算
- 地基附加应力的概念与计算
  - 识记｜地基附加应力的概念
  - 领会｜地基附加应力的分布规律（应力扩散和应力叠加）
  - 领会｜地基主要受力层的概念
  - 应用｜矩形面积上竖向均布荷载作用下竖向附加应力的计算（查表确定竖向附加应力系数）

第2章电子
课件

2.1 概　　述

土的自重应力与地基附加应力概念

为了计算地基沉降以及对地基进行承载力和稳定性分析，必须知道地基中应力的分布。

地基中的应力按其产生的原因，可分为土的自重应力和地基附加应力。由土的自重在地基内所产生的应力称为土的自重应力；由建筑物的荷载或其他外载（如车辆、堆放在地面的材料重量等）在地基内所产生的应力称为地基附加应力。对于形成年代比较久远的土，在土的自重应力作用下，其变形已经稳定，因此，除新近沉积或堆积的土层外，一般来说，土的自重应力不再引起地基沉降。而地基附加应力则不同，它是地基中新增加的应力，会引起地基沉降。

在计算地基附加应力时，一般先假定地基为均质的线性变形半空间（"线性变形"是指应力与应变的关系成直线关系，"半空间"是指地基土体在水平方向和深度方向的尺寸为无限大），再应用弹性力学公式来求解地基中的附加应力。由于一般建筑物荷载作用下地基中应力的变化范围不太大，故上述简化计算所引起的误差，一般不会超过工程所许可的范围。

在土力学中，规定压应力为正，拉应力为负。

饱和土中的有效应力概念

先让我们来想象一下这样一种情况。有甲、乙两个完全一样刚把水抽干的池塘，现将甲塘充水、乙塘填土，但所加水、土的重量相同，即施加于塘底的压力 σ 是相等的。过了较长的一段时间后，两个塘底软土的状态是否发生变化？显然，甲塘没有什么变化，塘底软土依然是那么软。但乙塘则不同，在填土压力作用下，塘底软土将产生压缩变形，同时土的强度提高，即产生了固结。为什么在同样压力作用下，两者的表现会不相同呢？这就要从有效应力原理中寻找答案。

饱和土的有效应力原理表达式为

$$\sigma' = \sigma - u \tag{2-1}$$

或

$$\sigma = \sigma' + u \tag{2-2}$$

式中：σ'——通过土粒承受和传递的粒间应力，又称为有效应力；

　　　σ——总应力；

　　　u——孔隙中的水压力。

上式说明，饱和土中的总应力 σ 由土骨架和孔隙水两者共同分担，即总应力 σ 等于土骨架承担的有效应力 σ' 与孔隙水承担的孔隙水压力 u 之和。孔隙水压力对各个方向的作用是相等的，它只能使土粒本身产生压缩（压缩量很小，可以略去不计），不能使土粒产生移动，故不会使土体产生体积变形（压缩）。孔隙水压力虽然承担了一部分正应力，但承担不了剪应力。只有通过土粒传递的粒间应力，才能同时承担正应力和剪应力，并使土粒彼此挤紧，从而引起土体的体积变化。粒间应力是影响土体强度的一个重要因素，所以粒间应力又称为有效应力。式（2-1）、式（2-2）和上述概念称为有效应力原理，这一原理是由太沙基（K. Terzaghi）首先提出的，并经后来的试验所证实。这是土力学有别于其他力学（如固体力学）的重要原理之一。

至此，我们可以来回答刚才提出的问题了。在甲塘中，由于充的是水，压力为 σ，相应地，塘底土中孔隙水压力也增加了 σ，而有效应力没有增加，故软土不产生新的体积变形，强度也没有变化。在乙塘中，填土的压力 σ 由有效应力 σ' 和孔隙水压力 u 共同承担，且随着时间的推移，有效应力所占的比重越来越大（这一概念将在第 3 章第四节中详细介绍），在新增加的有效应力作用下，塘底软土产生了体积变形，强度亦随之提高。

土体孔隙中的水压力有静水压力和超静孔隙水压力之分。前者是由水的自重引起的，其大小取决于水位的高低；后者一般是由附加应力引起的，在土体固结过程中会不断地转化为有效应力。超静孔隙水压力通常简称为孔隙水压力，以后各章中所提到的孔隙水压力一般均指这一部分。

在饱和土中，无论是自重应力还是附加应力，均应满足式（2-1）或式（2-2）的要求。对自重应力而言，σ 为水与土粒的总自重应力，u 为静水压力，σ' 为土的有效自重应力。对附加应力而言，σ 为附加应力，u 为孔隙水压力，σ' 为有效应力增量。

式（2-1）式（2-2）表面上看起来很简单，但它的内涵十分重要。以下凡涉及土的体积变形或强度变化的应力均是有效应力 σ'，而不是总应力 σ。这个概念对含有气体的非饱和土同样适用。但在非饱和土的情况下，粒间应力、孔隙水压力、孔隙气压力的关系较为复杂，这里不再阐述。

2.2　土的自重应力

2.2.1　土的自重应力计算

在计算土的自重应力时，假设天然地面为一无限大的水平面，因而任意竖直面可视作对称面，对称面上的剪应力均为零。按照剪应力互等定理，可知任意水平面上的剪应力也等于零。因此竖直面和水平面上只有正应力（为主应力）存在，竖直面和水平面为主平面。

（1）均质土的自重应力。

对于天然重度为 γ 的均质土层，在天然地面下任意深度 z 处的竖向自重应力 σ_{cz}，可取作用于该深度水平面上任意单位面积的土柱体自重 $\gamma z \times 1$ 计算（图 2.1），即

$$\sigma_{cz} = \gamma z \qquad (2-3)$$

σ_{cz} 沿水平面呈均匀分布，且与 z 成正比，即随深度线性增大。

由于 σ_{cz} 沿任意水平面均匀地无限分布，因此地基土在自重作用下只能产生竖向变形，

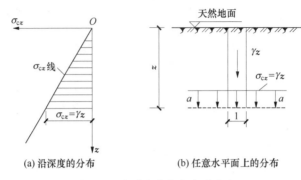

(a) 沿深度的分布   (b) 任意水平面上的分布

图 2.1　均质土中竖向自重应力

而不能有侧向变形和剪切变形。从这个条件出发，根据弹性力学，侧向（水平向）自重应力 σ_{cx} 和 σ_{cy} 应与 σ_{cz} 成正比，而剪应力均为零，即

$$\sigma_{cx} = \sigma_{cy} = K_0 \sigma_{cz} \qquad (2-4)$$

$$\tau_{xy} = \tau_{yz} = \tau_{zx} = 0 \qquad (2-5)$$

式中：K_0——土的静止侧压力系数或静止土压力系数，可通过试验测定，或采用表 2-1 所列的经验值。

表 2-1　K_0 的经验值

土的种类和状态		K_0
碎石土		0.18～0.33
砂土		0.33～0.43
粉土		0.43
粉质黏土	坚硬状态	0.33
	可塑状态	0.43
	软塑及流塑状态	0.53
黏土	坚硬状态	0.33
	可塑状态	0.53
	软塑及流塑状态	0.72

假设土体为线弹性体，则

$$K_0 = \frac{v}{1-v} \qquad (2-6)$$

式中：v——泊松比，但由于土并不是线弹性体，所以 K_0 与土的种类、状态和应力历史等因素有关。

在上述公式中，土的竖向和侧向自重应力一般均指有效自重应力，因此，对处于地下水位以下的土层必须以有效重度 γ' 代替天然重度 γ。同样，式（2-4）中的 K_0 应为侧向与竖向有效自重应力之比值。为了简便起见，以后各章节中把常用的竖向有效自重应力 σ'_{cz} 简称为自重应力，并改用符号 σ_c 表示。

（2）成层土的自重应力。

地基土往往是成层的，各层土具有不同的重度。如地下水位位于同一土层中，在计算自重应力时，地下水位面也应作为分层的界面。设天然地面下深度 z 范围内有 n 个土层，将每一层土的自重应力分别求出，然后相加，即可得到成层土的自重应力，成层土中自重应力沿深度的分布如图 2.2 所示，其计算公式为

$$\sigma_c = \sum_{i=1}^{n} \gamma_i h_i \qquad (2-7)$$

式中：σ_c——天然地面下任意深度 z 处土的自重应力，kPa；

　　　n——深度 z 范围内的土层总数；

　　　h_i——第 i 层土的厚度，m；

　　　γ_i——第 i 层土的天然重度，对地下水位以下的土层取有效重度 γ_i'，kN/m³。

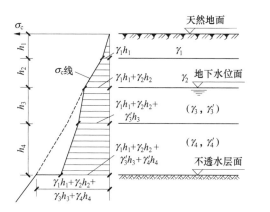

图 2.2　成层土中自重应力沿深度的分布

（3）有地下水时土的自重应力。

当地层中有不透水层（不透水的基岩或致密黏土层）时，不透水层中的静水压力为零，该层的重度取饱和重度，层顶面处的自重应力为上面各土层的土水总重。

$$\sigma_c = \sum_{i=1}^{n} \gamma_i h_i + \gamma_w h_w \qquad (2-8)$$

式中：γ_w——水的重度，通常取 $\gamma_w = 10 \text{kN/m}^3$；

　　　h_w——地下水位至不透水层顶面的距离，m。

【例 2-1】试计算图 2.3 中各土层界面处及地下水位处土的自重应力，并绘出自重应力分布图。

【解】粉土层底处：$\sigma_{c1} = \gamma_1 h_1 = 18 \times 3 = 54$（kPa）

地下水位处：$\sigma_{c2} = \sigma_{c1} + \gamma_2 h_2 = 54 + 18.4 \times 2 = 90.8$（kPa）

黏土层底处：$\sigma_{c3} = \sigma_{c2} + \gamma_2' h_3 = 90.8 + (19-10) \times 3 = 117.8$（kPa）

基岩层面处：$\sigma_c = \sigma_{c3} + \gamma_w h_w = 117.8 + 10 \times 3 = 147.8$（kPa）

绘自重应力分布图如图 2.3 所示。

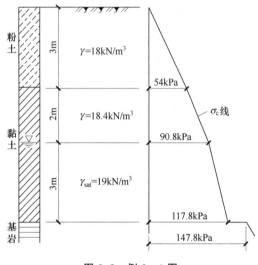

图 2.3 例 2-1 图

2.2.2 地下水位升降

形成年代很久的天然土层在自重应力作用下的变形早已稳定，但当地下水位发生下降或土层为新近沉积或地面有大面积人工填土时，土中的自重应力会增大（图2.4），这时应考虑土体在自重应力增量作用下的变形（此处自重应力的增量部分属于附加应力）。

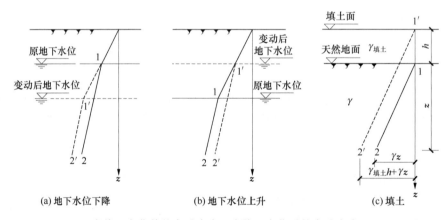

（实线：变化前的自重应力；虚线：变化后的自重应力）

图 2.4 由于地下水位升降或填土引起自重应力的变化

造成地下水位下降的原因主要是城市超量开采地下水及基坑开挖时的降水，其直接后果是地面下沉。地下水位下降后，新增加的自重应力会引起土体本身的体积变形。由于这部分自重应力的影响深度很大，故所引起的地面沉降往往是不可忽视的。我国相当一部分城市由于超量开采地下水，出现了地表大面积沉降、地面塌陷等严重问题。在进行基坑开挖时，若降水过深、时间过长，则常引起坑外地表下沉而导致邻近建筑物开裂、倾斜。解决这一问题的方法是，在坑外设置端部进入不透水层或弱透水层、平面上呈封闭状的截水帷幕或地下连续墙（防渗墙），以便将坑内外的地下水分隔开。此外，还可以在邻近建筑物的基坑一侧设置回灌沟或回灌井，通过水的回灌来维持邻近建筑物下方的地下水位不变。

地下水位上升也会带来一些不利影响。在人工抬高蓄水水位的地区，滑坡现象常增多。在基础工程完工之前，如停止基坑降水工作而使地下水位回升，则可能导致基坑边坡坍塌，或使新浇筑、强度尚低的基础底板断裂。一些地下结构（如水池等）可能因水位上升而上浮，并带来新的问题。例如，某地一泵房水池，其平面尺寸为 10m×20m，埋深近6m。施工时正处于冬季，地下水位较低，故未采取抗浮措施。到春季后，地下水位上升，结果水池一端被上抬 1m 多，另一端则略有下沉，无法使用。

有关这部分的自重应力计算例题可参见例 3-3。

2.3 基底压力

建筑物荷载通过基础传递至地基，在基底与地基之间便产生了接触应力。它既是基础作用于地基表面的压力（基底压力），又是地基反作用于基础底面的反力（基底反力）。因此，在计算地基中的附加应力及确定基础的底面尺寸时，都必须了解基底压力的分布规律。

基底压力的分布与基础的大小和刚度、作用于基础上的荷载大小和分布、地基土的力学性质、地基的均匀程度及基础的埋深等许多因素有关。一般情况下，基底压力呈非线性分布。对于具有一定刚度及尺寸较小的柱下独立基础和墙下条形基础等，其基底压力可看成呈直线或平面分布，并可按下述材料力学公式进行简化计算。

2.3.1 基底压力的简化计算

1. 轴心荷载作用下的基底压力

在轴心荷载作用下，假定基底压力为均匀分布，其基底压力分布图如图 2.5 所示，计算公式为

$$p=\frac{F+G}{A} \tag{2-9}$$

式中：p——基底平均压力，kPa。

F——上部结构作用在基础上的竖向力，kN。

G——基础及基础上回填土的总重量，kN。$G=\gamma_G Ad$，其中 γ_G 为基础及回填土的平均重度，一般取 $20kN/m^3$，但在地下水位以下部分应扣去浮力 $10kN/m^3$；d 为基础平均埋深，m，必须从室内外设计地面 [图 2.5 (a)、(b)] 或平均设计地面算起。

A——基底面积，m^2。矩形基础 $A=lb$，l 和 b 分别为矩形基础的长度和宽度，m。

当基础埋深范围内有地下水时 [图 2.5 (c)]，$G=\gamma_G Ad-\gamma_w Ah_w=20Ad-10Ah_w$，代入式(2-9)，得

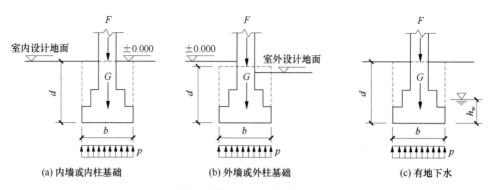

图 2.5　轴心荷载作用下的基底压力分布图

$$p=\frac{F}{A}+20d-10h_{\mathrm{w}} \tag{2-10}$$

式中：h_{w}——基底至地下水位的距离，m。若地下水位在基底以下，则取 $h_{\mathrm{w}}=0$。在具体计算时，用式（2-10）会比用式（2-9）来得简单。

对于荷载沿长度方向均匀分布的条形基础，可沿长度方向截取一单位长度（取 $l=1\mathrm{m}$）的截条进行计算，此时式（2-9）、式（2-10）为

$$p=\frac{F+G}{b}=\frac{F}{b}+20d-10h_{\mathrm{w}} \tag{2-11}$$

式中：F、G——基础截条内的相应值，kN/m。

2. 偏心荷载作用下的基底压力

对于单向偏心荷载作用下的矩形基础，通常将基底长边方向取与偏心方向一致，单向偏心荷载作用下的矩形基础基底压力分布图如图 2.6 所示。假定基底压力为线性分布，则此时两短边边缘最大压力值 $p_{\max}$（kPa）与最小压力值 $p_{\min}$（kPa）按材料力学短柱偏心受压公式计算。

$$\left.\begin{array}{c}p_{\max}\\p_{\min}\end{array}\right\}=\frac{F+G}{lb}\pm\frac{M}{W} \tag{2-12}$$

式中：M——用于矩形基础基底的力矩，kN·m；

W——基底的抵抗矩，$W=\dfrac{bl^2}{6}$，m^3。

将式（2-9）、式（2-10）及偏心荷载的偏心距 $e=\dfrac{M}{F+G}$ 分别代入式（2-12），便得该式的其他表达形式。

$$\left.\begin{array}{c}p_{\max}\\p_{\min}\end{array}\right\}=\frac{F+G}{lb}\pm\frac{6M}{bl^2}=p\pm\frac{6M}{bl^2}=\frac{F}{lb}+20d-10h_{\mathrm{w}}\pm\frac{6M}{bl^2}=p\left(1\pm\frac{6e}{l}\right) \tag{2-13}$$

由上式可见，当 $e=0$ 时，$p_{\max}=p_{\min}=p$，基底压力呈均匀分布，即此时为轴心受压情况；当 $0<e<\dfrac{l}{6}$ 时，基底压力呈梯形分布；当 $e=\dfrac{l}{6}$ 时，$p_{\min}=0$，基底压力呈三角形分布；当 $e>\dfrac{l}{6}$ 时，$p_{\min}<0$，由于基底与地基之间不能承受拉力，此时基底与地基局部脱开，而使基底压力重新分布。根据偏心荷载应与基底反力相平衡的条件，荷载合力 $F+G$

应通过三角形反力分布图的形心 [图 2.6（c）]，由此可得基底边缘的最大压力为

$$p_{\max}=\frac{2(F+G)}{3bk} \qquad (2-14)$$

式中：k——偏心荷载作用点至基底边缘的距离，$k=\dfrac{l}{2}-e$。

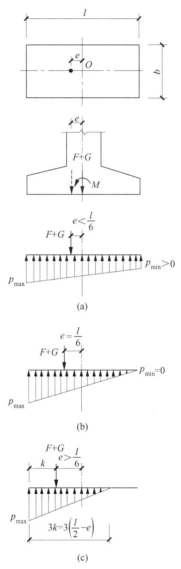

图 2.6　单向偏心荷载作用下的矩形基础基底压力分布图

2.3.2　基底附加压力

在建筑物建造之前，土中早已存在着自重应力，一般天然土层在自重应力作用下的变形也早已稳定。因此，从建筑物建造后的基底压力中扣除基底标高处原有土的自重应力后，才是基底平面处新增加于地基表面的压力，即基底附加压力。基底附加压力在地基中

产生附加应力并引起地基沉降。基底平均附加压力分布图如图 2.7 所示，其值可按下式计算。

$$p_0 = p - \sigma_{cd} = p - \gamma_m d \qquad (2-15)$$

式中：p_0——基底平均附加压力，kPa；

      p——基底平均压力，kPa，按式（2-9）计算；

      σ_{cd}——基底处土的自重应力，kPa；

      γ_m——基底标高以上天然土层的加权平均重度，$\gamma_m = \dfrac{\sigma_{cd}}{d} = \dfrac{\gamma_1 h_1 + \gamma_2 h_2 + \cdots}{d}$，kN/m³，

        其中地下水位以下的重度取有效重度；

      d——基础埋深，m，必须从天然地面算起，新填土场地则应从老天然地面算起。

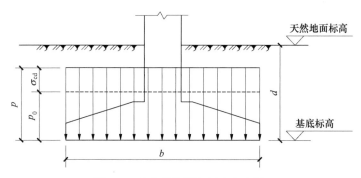

图 2.7　基底平均附加压力分布图

从式（2-9）和式（2-15）可以看出，在荷载 F 不变的情况下，若能将建筑物的基础或地下部分做成中空或封闭的形式（例如地下室），那么就可以大大减小基底平均附加压力 p_0，即被挖去的土重可以用来抵消上部结构的部分甚至全部重量。这样，即使地基极其软弱，地基的稳定性和沉降也能很容易得到保障。

按式（2-15）计算基底平均附加压力时，并未考虑坑底土体的回弹变形。实际上，当基坑的平面尺寸及深度较大，且土又较软时，坑底回弹是不可忽略的。因此，在计算地基沉降时，为了适当考虑这种坑底回弹和再压缩而增加的沉降，通常做法是对基底平均附加压力进行调整，即取 $p_0 = p - \alpha\sigma_{cd}$，其中 α 为 0~1 的系数。对小基坑，取 $\alpha=1$；对宽度超过 10m 的大基坑，一般取 $\alpha=0$。

【例 2-2】 一墙下条形基础底宽 1m，埋深 1m，承重墙传来的竖向力为 150kN/m，试求基底平均压力 p。

【解】 $p = \dfrac{F}{b} + 20d = \dfrac{150}{1} + 20 \times 1 = 170$（kPa）

【例 2-3】 图 2.8 中的柱下独立基础底面尺寸为 3m×2m，柱传给基础的竖向力 $F=1000$kN，弯矩 $M=180$kN·m，试按图中所给资料计算 p、p_{max}、p_{min}、p_0，并画出基底压力分布图。

【解】 $d = \dfrac{1}{2} \times (2 + 2.6) = 2.3$（m）

$p = \dfrac{F}{A} + 20d - 10h_w = \dfrac{1000}{2 \times 3} + 20 \times 2.3 - 10 \times 1.1 \approx 201.7$（kPa）

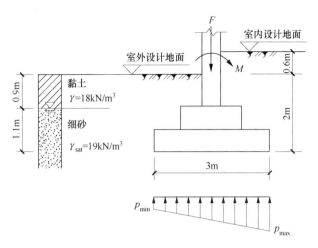

图 2.8　例 2-3 图

$$p_{max} = p + \frac{6M}{bl^2} = 201.7 + \frac{6 \times 180}{2 \times 3^2} = 261.7 \ (\text{kPa})$$

$$p_{min} = p - \frac{6M}{bl^2} = 201.7 - \frac{6 \times 180}{2 \times 3^2} = 141.7 \ (\text{kPa})$$

$$p_0 = p - \sigma_{cd} = 201.7 - [18 \times 0.9 + (19 - 10) \times 1.1] = 175.6 \ (\text{kPa})$$

基底压力分布图绘于图 2.8 中。

2.3.3　基底压力分布规律

精确地确定基底压力的大小与分布形式是一个很复杂的问题，涉及上部结构、基础、地基三者间的共同作用问题，且与三者的变形特性（如建筑物和基础的刚度，土层的应力-应变关系等）有关，影响因素很多，这里仅对其分布规律及主要影响因素作定性的讨论与分析。为将问题简化，暂不考虑上部结构的影响。

1. 基础刚度的影响

为了便于分析，假设基础直接放在地面上，并把各种基础按照与地基土的相对抗弯刚度 EI 分成三种类型。

（1）弹性地基上的完全柔性基础（EI＝0）。

当完全柔性基础上作用着如图 2.9（a）所示的均布荷载时，由于该基础不能承受任何弯矩，因此基础上下的外力分布必须完全一致，如果上部荷载是均布的，经过基础传至基底的压力也是均布的。基础由于完全柔性，抗弯刚度 EI＝0，像个放在地上的柔软橡皮板，可以完全适应地基的变形。这种均布荷载在半无限弹性地基表面上引起的沉降为中间大、两端小的锅底形凹曲线，如图 2.9（c）所示。

当然，实际上没有 EI＝0 的完全柔性基础，工程中，常把土坝（堤）及以钢板做成的储油罐底板等视为柔性基础，因此在计算土坝底部由土坝自重引起的接触压力分布时，可认为底部压力与土坝的外形轮廓相同，其大小等于各点以上的土柱重量，如图 2.10 所示。

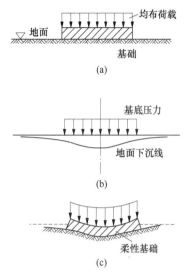

图 2.9　完全柔性基础的基底压力分布图

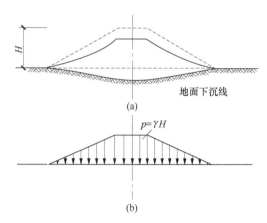

图 2.10　土坝（堤）的接触压力分布图

（2）弹性地基上的绝对刚性基础（EI＝∞）。

由于基础刚度与土相比通常很大，可假设基础为绝对刚性，在均布荷载作用下基础只能保持平面下沉而不能弯曲。这时假设地基上基底压力也是均匀的，地基将产生不均匀沉降，如图 2.11（a）中的虚线所示，其结果是基础变形与地基变形不相协调，基底中部将会与地面脱开，出现架桥现象。为使基础与地基的变形保持协调相容［图 2.11（c）］，必然要重新调整基底压力的分布形式，使两端压力加大，中间压力减小，从而使地面保持均匀下沉，以适应绝对刚性基础的变形而不致二者脱离。如果地基是完全弹性体，根据弹性理论解得的基底压力分布图如图 2.11（b）中实线所示，基础边缘处的压力趋于无穷大。

通过以上分析可以看出，对于绝对刚性基础，基底压力的分布形式与作用在它上面的荷载分布形式不一致。

（3）弹塑性地基上的有限刚性基础。

这是工程实践中最常见的情况。由于绝对刚性基础只是一种理想情况，地基也不是完全弹性体，因此上述弹性理论解得的基底压力分布图实际上是不可能出现的。因为当基底两端的压力足够大，超过土体的强度后，土体就会达到塑性状态，这时基底两端处地基土所承受的压力不能再增大，多余的应力自行调整向中间转移；又因基础并不是绝对刚性，可以稍为弯曲，故基底压力分布可以为各种更加复杂的形式，例如马鞍形分布，这时基底两端压力不会是无穷大，而中间部分压力将比理论值大些，如图 2.11（b）中虚线所示。具体的压力分布形状与地基、基础的材料特性及基础尺寸、荷载分布形状、荷载大小等因素有关。

2. 荷载特性的影响

实测资料表明，刚性基础底面上的压力分布形状大致有图 2.12 所示的几种情况。当荷载较小时，基底压力分布形状如图 2.12（a）所示，接近于弹性理论解；荷载增大后，基底压力可呈马鞍形［图 2.12（b）］；荷载再增大时，边缘塑性区逐渐扩大，所增加的荷

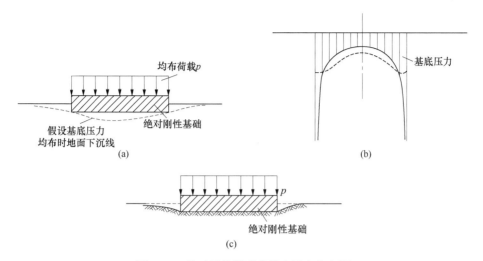

图 2.11　绝对刚性基础的基底压力分布图

载必须靠基底中部应力的增大来平衡，基底压力图形变为抛物线形［图2.12（d）］或倒钟形分布［图2.12（c）］。

　　实测资料还表明，当刚性基础放在砂土地基表面时，由于砂粒之间无黏结力，浅埋基础边缘处砂土的强度很低，其基底压力分布更易发展成如图2.12（d）所示的抛物线形，而在黏性土地基表面上的刚性基础，其基底压力分布易成如图2.12（b）所示的马鞍形。从以上分析可见，基底压力分布形式是十分复杂的，但由于基底压力都是作用在地基表面附近，根据弹性理论中的圣维南原理可知，其具体分布形式对地基中应力计算的影响将随深度的增加而减少，到一定深度后，地基中应力分布几乎与基底压力分布形状无关，而只决定于荷载合力的大小和位置。因此，目前在基础工程的地基计算中，允许采用简化方法即假定基底压力按直线分布的材料力学方法。但要注意，简化方法用于计算基础内力会引起较大的误差。

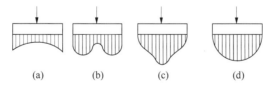

图 2.12　刚性基础底面上的压力分布形状

2.4　地基附加应力

　　在建筑物荷载作用下，地基中必然产生应力和变形。我们把由建筑物等荷载在土体中引起的应力增量称为附加应力。计算地基附加应力时通常假定地基土是均质的线性变形半空间（弹性半空间）。将基底附加压力或其他外荷载作为作用在弹性半空间表面的局部荷载，应用弹性力学公式便可求出地基中的附加应力。

2.4.1 竖向集中力作用下的地基附加应力

在弹性半空间表面上作用一个竖向集中力时，半空间内任意点处所引起的应力和位移的弹性力学解答是由法国布辛奈斯克（J. Boussinesq, 1885）作出的。如图 2.13 所示，在半空间（相当于地基）内任意点 $M(x, y, z)$ 处的六个应力分量和三个位移分量中，对工程计算意义最大的是竖向正应力 σ_z。其解答如下。

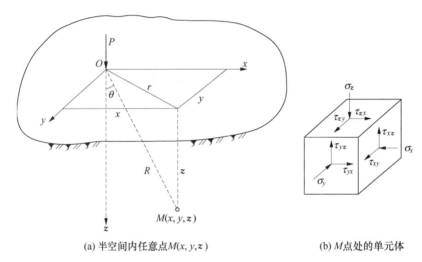

(a) 半空间内任意点 $M(x, y, z)$ (b) M 点处的单元体

图 2.13 弹性半空间在竖向集中力作用下的竖向附加应力

$$\sigma_z = \frac{3P}{2\pi}\frac{z^3}{R^5} = \frac{3P}{2\pi R^2}\cos^3\theta \qquad (2-16)$$

式中：P——作用于坐标原点 O 的竖向集中力；

$\quad\quad R$——M 点至坐标原点 O 的距离，$R = \sqrt{x^2 + y^2 + z^2} = \sqrt{r^2 + z^2} = z/\cos\theta$，$r$ 为 M 点与竖向集中力作用点的水平距离；

$\quad\quad \theta$——R 线与 z 坐标轴间的夹角。

在上式中，若 $R = 0$，则所得结果为无限大，因此，所选择的计算点不应过于接近竖向集中力作用点。

角点法应用
例题

2.4.2 矩形面积上竖向均布荷载作用下的地基附加应力

1. 矩形面积角点下的竖向附加应力

轴心受压柱基础的基底附加压力即属于矩形面积上竖向均布荷载（简称均布矩形荷载）这一情况。这类问题的求解方法一般是先以积分法求得矩形面积角点下的竖向附加应力，然后运用角点法求得矩形面积下任意点的竖向附加应力。如图 2.14 所示，矩形的长度和宽度分别为 l 和 b，竖向均布荷载为 p_0。从荷载面内取一微面积 $\mathrm{d}x\mathrm{d}y$，并将其上的分布荷载以集中力 $p_0\mathrm{d}x\mathrm{d}y$ 来代替，则由此集中力所产生的角点 O 下任意深度 z 处 M 点的竖向附加应力 $\mathrm{d}\sigma_z$，可由式（2-17）求得。

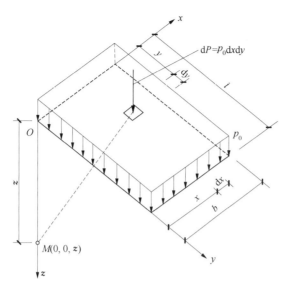

图 2.14 矩形面积角点下的竖向附加应力

$$d\sigma_z = \frac{3}{2\pi} \frac{p_0 z^3}{(x^2 + y^2 + z^2)^{5/2}} dxdy \qquad (2-17)$$

对整个矩形面积积分后，得

$$\sigma_z = K_c p_0 \qquad (2-18)$$

式中：K_c——矩形面积上竖向均布荷载作用下角点的竖向附加应力系数，按 $m=l/b$ 及 $n=z/b$ 值由表 2-2 查得。当 $m=l/b>10$ 时，可以将均布矩形荷载视为均布条形荷载，相应的竖向附加应力系数可以查表中最右侧"条形"一栏。

表 2-2 矩形面积上竖向均布荷载作用下角点的竖向附加应力系数 K_c

z/b	l/b											
	1.0	1.2	1.4	1.6	1.8	2.0	3.0	4.0	5.0	6.0	10.0	条形
0.0	0.2500	0.2500	0.2500	0.2500	0.2500	0.2500	0.2500	0.2500	0.2500	0.2500	0.2500	0.2500
0.2	0.2486	0.2489	0.2490	0.2491	0.2491	0.2491	0.2492	0.2492	0.2492	0.2492	0.2492	0.2492
0.4	0.2401	0.2420	0.2429	0.2434	0.2437	0.2439	0.2442	0.2443	0.2443	0.2443	0.2443	0.2443
0.6	0.2229	0.2275	0.2300	0.2315	0.2324	0.2329	0.2339	0.2341	0.2342	0.2342	0.2342	0.2342
0.8	0.1999	0.2075	0.2120	0.2147	0.2160	0.2176	0.2196	0.2200	0.2202	0.2202	0.2202	0.2203
1.0	0.1752	0.1851	0.1911	0.1950	0.1981	0.1999	0.2034	0.2042	0.2044	0.2040	0.2046	0.2046
1.2	0.1516	0.1626	0.1705	0.1758	0.1793	0.1818	0.1870	0.1882	0.1885	0.1887	0.1888	0.1889
1.4	0.1308	0.1423	0.1508	0.1569	0.1613	0.1644	0.1712	0.1730	0.1735	0.1738	0.1740	0.1740
1.6	0.1123	0.1241	0.1329	0.1396	0.1445	0.1482	0.1567	0.1590	0.1598	0.1601	0.1604	0.1605
1.8	0.0969	0.1083	0.1172	0.1241	0.1294	0.1334	0.1434	0.1463	0.1474	0.1478	0.1482	0.1483
2.0	0.0840	0.0947	0.1034	0.1103	0.1158	0.1202	0.1314	0.1350	0.1363	0.1368	0.1374	0.1370

z/b	l/b											
	1.0	1.2	1.4	1.6	1.8	2.0	3.0	4.0	5.0	6.0	10.0	条形
2.2	0.0732	0.0830	0.0917	0.0984	0.1039	0.1084	0.1205	0.1248	0.1264	0.1271	0.1277	0.1279
2.4	0.0642	0.0734	0.0813	0.0879	0.0934	0.0979	0.1108	0.1156	0.1175	0.1184	0.1192	0.1194
2.6	0.0566	0.0651	0.0720	0.0788	0.0842	0.0887	0.1020	0.1073	0.1095	0.1106	0.1116	0.1118
2.8	0.0502	0.0580	0.0649	0.0709	0.0761	0.0800	0.0942	0.0999	0.1024	0.1036	0.1048	0.1050
3.0	0.0447	0.0519	0.0583	0.0640	0.0690	0.0732	0.0870	0.0931	0.0959	0.0973	0.0987	0.0990
3.2	0.0401	0.0467	0.0526	0.0580	0.0627	0.0668	0.0806	0.0870	0.0900	0.0916	0.0933	0.0935
3.4	0.0361	0.0421	0.0477	0.0527	0.0571	0.0611	0.0747	0.0814	0.0847	0.0864	0.0882	0.0886
3.6	0.0326	0.0382	0.0433	0.0480	0.0523	0.0561	0.0694	0.0763	0.0799	0.0816	0.0837	0.0842
3.8	0.0296	0.0348	0.0395	0.0439	0.0479	0.0516	0.0646	0.0717	0.0753	0.0773	0.0796	0.0802
4.0	0.0270	0.0318	0.0362	0.0403	0.0441	0.0474	0.0603	0.0674	0.0712	0.0733	0.0758	0.0760
4.2	0.0247	0.0291	0.0333	0.0371	0.0407	0.0439	0.0563	0.0634	0.0674	0.0696	0.0724	0.0731
4.4	0.0227	0.0268	0.0306	0.0343	0.0376	0.0407	0.0527	0.0597	0.0639	0.0662	0.0692	0.0700
4.6	0.0209	0.0247	0.0283	0.0317	0.0348	0.0378	0.0493	0.0564	0.0606	0.0630	0.0663	0.0671
4.8	0.0193	0.0229	0.0262	0.0294	0.0324	0.0352	0.0463	0.0533	0.0576	0.0601	0.0635	0.0640
5.0	0.0179	0.0212	0.0243	0.0274	0.0302	0.0328	0.0430	0.0504	0.0547	0.0573	0.0610	0.0620
6.0	0.0127	0.0151	0.0174	0.0196	0.0218	0.0238	0.0325	0.0388	0.0431	0.0460	0.0506	0.0521
7.0	0.0094	0.0112	0.0130	0.0147	0.0164	0.0180	0.0251	0.0306	0.0346	0.0376	0.0428	0.0449
8.0	0.0073	0.0087	0.0101	0.0114	0.0127	0.0140	0.0198	0.0246	0.0283	0.0311	0.0367	0.0394
9.0	0.0058	0.0069	0.0080	0.0091	0.0102	0.0112	0.0161	0.0202	0.0235	0.0262	0.0319	0.0351
10.0	0.0047	0.0056	0.0065	0.0074	0.0083	0.0092	0.0132	0.0168	0.0198	0.0222	0.0280	0.0316
12.0	0.0033	0.0039	0.0046	0.0052	0.0058	0.0064	0.0094	0.0121	0.0145	0.0165	0.0219	0.0264
14.0	0.0024	0.0029	0.0034	0.0038	0.0043	0.0048	0.0070	0.0091	0.0110	0.0127	0.0175	0.0227
16.0	0.0019	0.0022	0.0026	0.0029	0.0033	0.0037	0.0054	0.0071	0.0086	0.0100	0.0143	0.0198
18.0	0.0010	0.0018	0.0020	0.0023	0.0026	0.0029	0.0043	0.0056	0.0069	0.0081	0.0118	0.0176
20.0	0.0012	0.0014	0.0017	0.0019	0.0021	0.0024	0.0035	0.0046	0.0057	0.0067	0.0099	0.0159

2. 任意点下的竖向附加应力

实际计算中，常会遇到计算点不位于矩形面积角点之下的情况，这时可以通过作辅助线把荷载面分成若干个矩形面积，而计算点则必须正好位于这些矩形面积的角点之下，这样就可以应用式(2−18)及力的叠加原理来求解。这种方法称为角点法。

下面分四种情况（图2.15，计算点在图中 O 点以下任意深度处）说明角点法的具体应用。

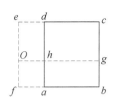
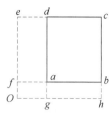

(a) O点在荷载面边缘　　(b) O点在荷载面内　　(c) O点在荷载面边缘外侧　　(d) O点在荷载面角点外侧

图 2.15　以角点法计算任意点 O 下的竖向附加应力

（1）O 点在荷载面边缘。

过 O 点作辅助线 Oe，将荷载面分成Ⅰ、Ⅱ两块，由叠加原理，有

$$\sigma_z = (K_{cⅠ} + K_{cⅡ})p_0$$

式中：$K_{cⅠ}$、$K_{cⅡ}$——分别按两块小矩形Ⅰ和Ⅱ，由 $(l_Ⅰ/b_Ⅰ，z/b_Ⅰ)$、$(l_Ⅱ/b_Ⅱ，z/b_Ⅱ)$ 查得的角点的竖向附加应力系数。注意 $b_Ⅰ$、$b_Ⅱ$ 分别是小矩形Ⅰ、Ⅱ的短边边长。

（2）O 点在荷载面内。

作两条辅助线，将荷载面分成Ⅰ、Ⅱ、Ⅲ和Ⅳ共四块面积，于是

$$\sigma_z = (K_{cⅠ} + K_{cⅡ} + K_{cⅢ} + K_{cⅣ})p_0$$

如果 O 点位于荷载面中心，则 $K_{cⅠ} = K_{cⅡ} = K_{cⅢ} = K_{cⅣ}$，可得 $\sigma_z = 4K_{cⅠ}p_0$，此即为利用角点法求基底中心点下 σ_z 的解，亦可直接查中心点附加应力系数表（略）。

（3）O 点在荷载面边缘外侧。

此时荷载面 $abcd$ 可看成是由Ⅰ（$Ofbg$）与Ⅱ（$Ofah$）之差和Ⅲ（$Oecg$）与Ⅳ（$Oedh$）之差合成的，所以

$$\sigma_z = (K_{cⅠ} - K_{cⅡ} + K_{cⅢ} - K_{cⅣ})p_0$$

（4）O 点在荷载面角点外侧。

把荷载面看成Ⅰ（$Ohce$）－Ⅱ（$Ohbf$）－Ⅲ（$Ogde$）＋Ⅳ（$Ogaf$），则

$$\sigma_z = (K_{cⅠ} - K_{cⅡ} - K_{cⅢ} + K_{cⅣ})p_0$$

【例 2-4】试以角点法分别计算图 2.16 所示的甲、乙两个基础基底中心点下不同深度处的竖向附加应力 σ_z 值，并绘分布图，考虑相邻基础的影响。基础埋深范围内天然土层的重度 $\gamma_m = 18kN/m^3$。

【解】① 两个基础的基底附加压力如下。

甲基础：
$$p_0 = p - \sigma_{cd} = \frac{F}{A} + 20d - \sigma_{cd}$$

$$= \frac{392}{2 \times 2} + 20 \times 1 - 18 \times 1 = 100 \text{（kPa）}$$

乙基础：
$$p_0 = \frac{98}{1 \times 1} + 20 \times 1 - 18 \times 1 = 100 \text{（kPa）}$$

② 计算两个基础基底中心点下由本基础荷载引起的 σ_z 时，过基底中心点将基底分成相等的四块，以角点法计算之，计算过程列于表 2-3 中。

表 2－3　例 2－4 表

z/m	甲基础				z/m	乙基础		
	l/b	z/b	K_{cI}	$\sigma_z = 4K_{cI}\,p_0$ /kPa		z/b	K_{cI}	$\sigma_z = 4K_{cI}\,p_0$ /kPa
0		0	0.2500	$4 \times 0.2500 \times 100 = 100$	0	0	0.2500	$4 \times 0.2500 \times 100 = 100$
1		1	0.1752	70		2	0.0840	34
2	$\dfrac{1}{1}=1$	2	0.0840	34	$\dfrac{0.5}{0.5}=1$	4	0.0270	11
3		3	0.0447	18		6	0.0127	5
4		4	0.0270	11		8	0.0073	3

③ 计算本基础基底中心点下由相邻基础荷载引起的 σ_z 时，可按前述的计算点在荷载面边缘外侧的情况以角点法计算。甲基础对乙基础 σ_z 影响的计算过程见表 2－4，乙基础对甲基础 σ_z 影响的计算过程见表 2－5。

表 2－4　甲基础对乙基础 σ_z 影响的计算过程

z/m	l/b		z/b	K_c		$\sigma_z = 2\,(K_{cI} - K_{cII})\,p_0$ /kPa
	I $(abfO')$	II $(dcfO')$		K_{cI}	K_{cII}	
0			0	0.2500	0.2500	$2 \times (0.2500 - 0.2500) \times 100 = 0$
1			1	0.2034	0.1752	$2 \times (0.2034 - 0.1752) \times 100 = 5.6$
2	$\dfrac{3}{1}=3$	$\dfrac{1}{1}=1$	2	0.1314	0.0840	9.5
3			3	0.0870	0.0447	8.5
4			4	0.0603	0.0270	6.7

表 2－5　乙基础对甲基础 σ_z 影响的计算过程

z/m	l/b		z/b	K_c		$\sigma_z = 2\,(K_{cI} - K_{cII})\,p_0$ /kPa
	I $(gheO)$	II $(ijeO)$		K_{cI}	K_{cII}	
0			0	0.2500	0.2500	$2 \times (0.2500 - 0.2500) \times 100 = 0$
1			2	0.1363	0.1314	$2 \times (0.1363 - 0.1314) \times 100 = 1.0$
2	$\dfrac{2.5}{0.5}=5$	$\dfrac{1.5}{0.5}=3$	4	0.0712	0.0603	2.2
3			6	0.0431	0.0325	2.1
4			8	0.0283	0.0198	1.7

④ σ_z 的分布图如图 2.16 所示，图中阴影部分表示相邻基础荷载对本基础基底中心点下 σ_z 的影响。

比较图中两个基础下的 σ_z 分布图可见，基底尺寸大的基础下的竖向附加应力比尺寸小的收敛得慢，影响深度大，同时，对相邻基础的影响也较大。可以预见，在基底附加压

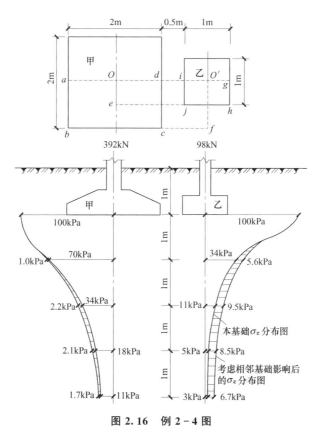

图 2.16　例 2－4 图

力相等的条件下，基底尺寸越大的基础沉降也越大。这是在基础设计时应当注意的问题。

　　对条形面积上竖向均布荷载下的竖向附加应力计算，可参见其他参考书，也可视为 $l/b>10$ 的均布矩形荷载，用角点法进行求解。

2.4.3　矩形面积上竖直三角形荷载作用下的地基附加应力

　　在矩形面积上作用着三角形分布荷载，最大荷载强度为 p_t，如图 2.17 所示。把荷载强度为零的一个角点 O 作为坐标原点，同样可利用式（2－16）和积分法求出角点 O 下任意深度处的附加应力 σ_z。在受荷面积内，任取微小面 $dA=dxdy$，以集中力 $dP=\dfrac{p_t x}{b}dxdy$ 代替作用在其上的分布荷载，则 dP 在 O 点下任意点 M 处引起的竖向附加应力 $d\sigma_z$ 为

$$d\sigma_z=\frac{3p_t}{2\pi b}\frac{xz^3}{(x^2+y^2+z^2)^{5/2}}dxdy \qquad (2-19)$$

　　将式（2－19）沿矩形面积积分后，可得出整个矩形面积受竖直三角形荷载时在零角点 O 下任意深度 z 处所引起的竖向附加应力为

$$\sigma_z=K_t p_t \qquad (2-20)$$

式中：K_t——矩形面积上竖直三角形荷载作用下角点的竖向附加应力系数，其值可由表 2－6

　　　　查得，$K_t=\dfrac{mn}{2\pi}\left[\dfrac{1}{\sqrt{m^2+n^2}}-\dfrac{n^2}{(1+n^2)\sqrt{1+m^2+n^2}}\right]$。

注意 b 是沿三角形荷载变化方向的矩形边长（不一定是矩形的短边）。另外，该表给出的是角点 O 下不同深度处的竖向附加应力系数，如果要求图 2.17 中角点 O 下的竖向附加应力时，可用竖直均布荷载与竖直三角形荷载叠加得到。

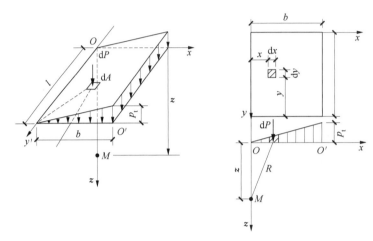

图 2.17 矩形面积上竖直三角形荷载作用下角点的竖向附加应力

表 2-6 矩形面积上竖直三角形荷载作用下角点的竖向附加应力系数 K_t

$n=$ z/b	$m=l/b$														
	0.2	0.4	0.6	0.8	1.0	1.2	1.4	1.6	1.8	2.0	3.0	4.0	6.0	8.0	10.0
0.0	0.0000	0.0000	0.0000	0.0000	0.0000	0.0000	0.0000	0.0000	0.0000	0.0000	0.0000	0.0000	0.0000	0.0000	0.0000
0.2	0.0223	0.0280	0.0296	0.0301	0.0304	0.0305	0.0305	0.0306	0.0306	0.0306	0.0306	0.0306	0.0306	0.0306	0.0306
0.4	0.0269	0.0420	0.0487	0.0517	0.0531	0.0539	0.0543	0.0545	0.0546	0.0547	0.0548	0.0549	0.0549	0.0549	0.0549
0.6	0.0259	0.0448	0.0560	0.0621	0.0654	0.0673	0.0684	0.0690	0.0694	0.0696	0.0701	0.0702	0.0702	0.0702	0.0702
0.8	0.0232	0.0421	0.0553	0.0637	0.0688	0.0720	0.0739	0.0751	0.0759	0.0764	0.0773	0.0776	0.0776	0.0776	0.0776
1.0	0.0201	0.0375	0.0508	0.0602	0.0666	0.0708	0.0735	0.0735	0.0766	0.0774	0.0790	0.0794	0.0795	0.0796	0.0796
1.2	0.0171	0.0324	0.0450	0.0546	0.0615	0.0664	0.0698	0.0721	0.0738	0.0749	0.0774	0.0779	0.0782	0.0783	0.0783
1.4	0.0145	0.0278	0.0392	0.0483	0.0554	0.0606	0.0644	0.0672	0.0692	0.0707	0.0739	0.0748	0.0752	0.0752	0.0753
1.6	0.0123	0.0238	0.0339	0.0424	0.0492	0.0545	0.0586	0.0616	0.0639	0.0656	0.0697	0.0708	0.0714	0.0715	0.0715
1.8	0.0105	0.0204	0.0294	0.0371	0.0435	0.0487	0.0528	0.0560	0.0585	0.0604	0.0652	0.0666	0.0673	0.0675	0.0675
2.0	0.0090	0.0176	0.0255	0.0324	0.0384	0.0434	0.0474	0.0507	0.0533	0.0553	0.0607	0.0624	0.0634	0.0636	0.0636
2.5	0.0063	0.0125	0.0183	0.0236	0.0284	0.0326	0.0362	0.0393	0.0419	0.0440	0.0504	0.0529	0.0543	0.0547	0.0548
3.0	0.0046	0.0092	0.0135	0.0176	0.0214	0.0249	0.0280	0.0307	0.0331	0.0352	0.0419	0.0449	0.0469	0.0474	0.0476
5.0	0.0018	0.0036	0.0054	0.0071	0.0088	0.0104	0.0120	0.0135	0.0148	0.0161	0.0214	0.0248	0.0283	0.0296	0.0301
7.0	0.0009	0.0019	0.0028	0.0038	0.0047	0.0056	0.0064	0.0073	0.0081	0.0089	0.0124	0.0152	0.0186	0.0204	0.0212
10.0	0.0005	0.0009	0.0014	0.0019	0.0023	0.0028	0.0033	0.0037	0.0041	0.0046	0.0066	0.0084	0.0111	0.0128	0.0139

2.4.4 地基附加应力的分布规律

图 2.18 为地基中的附加应力等值线。所谓等值线就是地基中具有相同附加应力数值

的点的连线（类似于地形等高线）。由图 2.18（a）、（b）并结合例 2-4 的计算结果可见，地基中的竖向附加应力 σ_z 具有如下的分布规律。

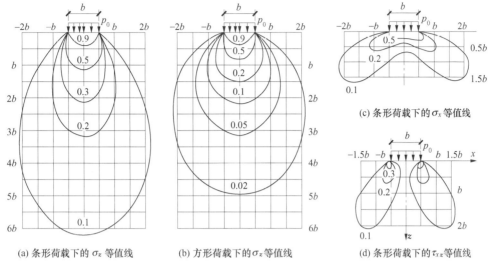

(a) 条形荷载下的 σ_z 等值线 　(b) 方形荷载下的 σ_z 等值线 　(c) 条形荷载下的 σ_x 等值线 　(d) 条形荷载下的 τ_{xz} 等值线

图 2.18　地基中的附加应力等值线

① σ_z 的分布范围相当大，它不仅分布在荷载面积之内，而且还分布在荷载面积之外，这就是所谓的附加应力扩散现象。

② 在离基底（地基表面）不同深度 z 处的各个水平面上，以基底中心点下轴线处的 σ_z 为最大；离中心轴线愈远的点，σ_z 愈小。

③ 在荷载分布范围内任意点竖直线上的 σ_z 值，随着深度增大逐渐减小。

④ 方形荷载所引起的 σ_z，其影响深度要比条形荷载小得多。例如，在方形荷载中心点下 $z = 2b$ 处，$\sigma_z \approx 0.1 p_0$，而在条形荷载下的 $\sigma_z = 0.1 p_0$ 等值线则约在中心点下 $z = 6b$ 处通过。这一等值线反映了附加应力在地基中的影响范围。在后面某些章节中还会提到地基主要受力层这一概念，它指的是基底至 $\sigma_z = 0.2 p_0$ 深度处（对条形荷载，该深度约为 $3b$，方形荷载约为 $1.5b$）的这部分土层。建筑物荷载主要由地基主要受力层承担，且地基沉降的绝大部分是由这部分土层的压缩所形成的。

⑤ 当两个或多个荷载距离较近时，扩散到同一区域的竖向附加应力会彼此叠加起来（图 2.16），使该区域的附加应力比单个荷载作用时明显增大。这就是所谓的附加应力叠加现象。

由条形荷载下的 σ_x 和 τ_{xz} 等值线可见，σ_x 的影响范围较浅，所以基础下地基土的侧向变形主要发生于浅层；而 τ_{xz} 的最大值出现于荷载边缘，所以位于基础边缘下的土容易发生剪切破坏。

由上述分布规律可知，当地面上作用有大面积荷载（或地下水位大范围下降）时，附加应力 σ_z 随深度增加而衰减的速率将变缓，其影响深度将会相当大，因此往往会引起不可忽视的地面沉降。

当岩层或坚硬土层上可压缩土层的厚度小于或等于荷载面积宽度的一半时，荷载面积下的 σ_z 几乎不扩散，此时可认为荷载面中心点下的 σ_z 不随深度变化，可压缩土层厚度 ≤

$0.5b$ 时的 σ_z 分布如图 2.19 所示。

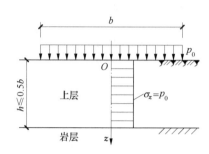

图 2.19　可压缩土层厚度 $\leqslant 0.5b$ 时的 σ_z 分布

一、单项选择题

1. 地基附加应力的计算可应用（　　）。

    A. 材料力学公式　　　　　　B. 条分法

    C. 角点法　　　　　　　　　D. 分层总和法

2. 计算地基附加应力采用的外荷载为（　　）。

    A. 基底压力　　　　　　　　B. 基底附加压力

    C. 地基压力　　　　　　　　D. 地基净反力

3. 某柱下方形基础边长 2m，埋深 $d=1.5\text{m}$，柱传给基础的竖向力 $F=800\text{kN}$，地下水位在地表下 0.5m 处，则基底压力等于（　　）。

    A. 210kPa　　　　B. 215kPa　　　　C. 220kPa　　　　D. 230kPa

4. 竖向集中力作用下沿集中力作用线上的地基附加应力随深度增加而（　　）。

    A. 减小　　　　B. 增大　　　　C. 不变　　　　D. 以上都不对

5. 单向偏心荷载作用在矩形基础上，偏心距 e 满足条件（　　）时，基底压力呈梯形分布。（l 为矩形基础偏心方向边长）

    A. $e>l/6$　　　　B. $e=l/6$　　　　C. $e<l/6$　　　　D. 以上都不对

二、填空题

1. 宽度相同的条形基础和方形基础，其基底附加压力均为 200kPa，在深度 $z=5\text{m}$ 处，条形基础的附加应力比方形基础的附加应力_____。

2. 在荷载分布范围内，随着土的深度增加，土中的自重应力将_____，其附加应力将_____。

3. 计算处于地下水位以下土的自重应力时，应采用土的_____重度。

4. 基础及其台阶上回填土的平均重度取_____ kN/m^3。

5. 土中某点的应力按产生的原因，可分为_____和_____两种。

三、名词解释题

1. 地基附加应力。

2. 土的自重应力。

3. 基底附加压力。

4. 总应力。

5. 有效应力。

四、简答题

1. 简述竖向集中力作用下地基附加应力的分布特征。

2. 地基附加应力的分布有哪些规律？

3. 地下水位的变化对土的自重应力有何影响？当地下水位突然降落和缓慢降落时，对土的自重应力影响是否相同？为什么？

4. 何谓土的自重应力和地基附加应力？两者沿深度的分布有什么特点？

5. 基底压力的实际分布受哪些因素的影响？

五、计算题

某建筑场地的地层分布均匀，第一层杂填土厚 1.5m，$\gamma = 17 \text{kN/m}^3$；第二层粉质黏土厚 4m，$\gamma = 19 \text{kN/m}^3$，$\gamma_{sat} = 19.2 \text{kN/m}^3$，地下水位在地面下 2m 深处；第三层淤泥质土厚 8m，$\gamma_{sat} = 18.2 \text{kN/m}^3$；第四层粉土厚 3m，$\gamma_{sat} = 19.2 \text{kN/m}^3$；第五层砂岩未钻穿。试计算各层交界处的自重应力 σ_c，并绘出 σ_c 沿深度的分布图。

在线答题

拓展习题

第3章
土的压缩性及地基沉降

📚 知识结构图

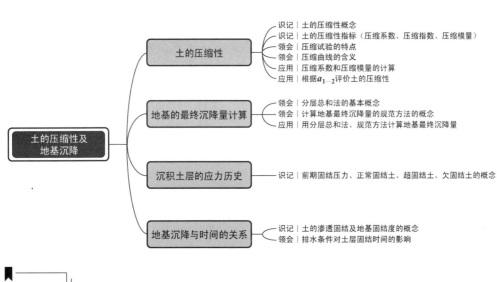

土的压缩性及地基沉降

- 土的压缩性
  - 识记｜土的压缩性概念
  - 识记｜土的压缩性指标（压缩系数、压缩指数、压缩模量）
  - 领会｜压缩试验的特点
  - 领会｜压缩曲线的含义
  - 应用｜压缩系数和压缩模量的计算
  - 应用｜根据 a_{1-2} 评价土的压缩性

- 地基的最终沉降量计算
  - 领会｜分层总和法的基本概念
  - 领会｜计算地基最终沉降量的规范方法的概念
  - 应用｜用分层总和法、规范方法计算地基最终沉降量

- 沉积土层的应力历史
  - 识记｜前期固结压力、正常固结土、超固结土、欠固结土的概念

- 地基沉降与时间的关系
  - 识记｜土的渗透固结及地基固结度的概念
  - 领会｜排水条件对土层固结时间的影响

第3章电子
课件

3.1 土的压缩性

基本概念

由于地基土的非均质性和土性状的复杂性，由附加应力引起的地基沉降一般不宜直接按弹性力学公式求解，而应从土的压缩性着手，通过试验取得土的压缩性指标，然后用简化计算方法进行计算。

土在压力作用下体积缩小的特性称为土的压缩性。在一般压力作用下，土粒和水的压缩量与土的总压缩量相比是很微小的，可以忽略不计。因此，可以认为，土的压缩就是土中孔隙体积的减小。在这一压缩过程中，颗粒间产生相对移动、重新排列并互相挤紧，同时，土中一部分孔隙水和气体被挤出（对饱和土而言，则仅有一部分孔隙水被挤出）。

土体完成压缩过程所需的时间与土的透水性有很大的关系。无黏性土因透水性较大，其压缩变形可在短时间内趋于稳定；而透水性小的饱和黏性土，其压缩稳定所需的时间则可长达几个月、几年甚至几十年。土的压缩随时间而增长的过程，称为土的固结。对于饱和黏性土来说，土的固结问题是十分重要的。

土的变形性能及试验方法

1. 土的压缩试验

土的压缩性指标可通过室内压缩试验或原位试验来测定。试验时应力求试验条件与土的天然状态及其在外荷作用下的实际应力条件相适应。

（1）侧限压缩试验。

在一般工程中，常用不允许土样产生侧向变形（侧限条件）的室内压缩试验（又称侧限压缩试验或固结试验）来测定土的压缩性指标，其试验条件虽未能完全符合土的实际工作情况，但操作简便，试验时间短，故有实用价值。

室内压缩试验是用侧限压缩仪（又称固结仪）进行的。试验时，用金属环刀切取保持天然结构的原状土样，并置于圆筒形压缩容器（图 3.1）的压缩环内，土样上下各垫有一块透水石，使土样受压后土中水可以自由地从上下两面排出。由于金属环刀和压缩环的限制，土样在压力作用下只可能发生竖向压缩，而无侧向变形（土样横截面积不变）。土样在天然状态或经人工饱和后，进行逐级加压固结，求出在各级压力作用下土样压缩稳定后的孔隙比，便可绘制土的压缩曲线。

如图 3.2 所示，设土样的初始高度为 h_0，受压后的高度为 h，s 为压力 p 作用下土样压缩稳定后的下沉量。根据孔隙比的定义，假设土样的土粒体积 $V_s = 1\text{cm}^3$（不变），则土样在受压前的体积为 $1+e_0$，受压后的体积为 $1+e$（e_0 为土的初始孔隙比，e 为受压稳定后的孔隙比）。根据受压前后土粒体积不变和土样横截面积不变这两个条件，可得：

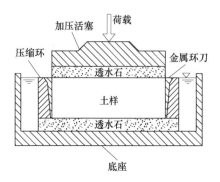

图 3.1 压缩容器

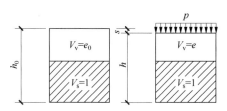

图 3.2 侧限压缩试验中的土样孔隙比变化（土样横截面积不变）

$$\frac{1+e_0}{h_0}=\frac{1+e}{h}=\frac{1+e}{h_0-s} \tag{3-1}$$

由此，土样压缩稳定后的孔隙比计算公式为

$$e=e_0-\frac{s}{h_0}(1+e_0) \tag{3-2}$$

式中：$e_0=\frac{\gamma_w d_s(1+w_0)}{\gamma_0}-1$，其中 d_s、w_0、γ_0 分别为土粒相对密度、土样的初始含水量和初始重度。这样，只要测定土样在各级压力 p 作用下的稳定压缩量 s，就可按上式算出相应的孔隙比 e，从而绘制压力和孔隙比关系曲线，即压缩曲线。

土的压缩曲线有两种绘制方式，如图 3.3 所示。常用的一种是采用普通直角坐标系绘制的 $e-p$ 曲线，压力 p 按 50kPa、100kPa、200kPa、400kPa 四级加荷；另一种的横坐标则取 p 的常用对数值，即采用半对数直角坐标系绘制的 $e-\lg p$ 曲线，压力等级宜为12.5kPa、25kPa、50kPa、100kPa、200kPa、400kPa、800kPa、1600kPa 和 3200kPa。

（2）常规三轴压缩试验。

常规三轴压缩试验是测定土的应力-应变关系和强度的一种常用的室内压缩试验方法。与上述侧限压缩试验不同的是，在常规三轴压缩试验时土样侧向可以变形（侧向应变 $\varepsilon\neq0$）。常规三轴压缩试验装置简称三轴仪，是土力学中一种常见的、很有用的试验仪器，如图 3.4所示。常用的试样尺寸为直径 38～100mm，高 75～200mm，对于碎石料，试样可达直径 150～300mm，高 300～700mm 甚至更大。试样用薄乳胶膜套起来，装在密闭压力室里，通过由阀门 V_1 进入压力室的压液体（水或油）使试样表面承受周围压力 σ_3，简称围压，也可表示为 σ_c。然后通过活塞杆对试样顶面逐渐施加竖向附加偏差应力（$\sigma_1-\sigma_3=P/A$，σ_1 为试件轴向应力，P 为作用于活塞杆上的竖向压力，A 为试样的平均截面积）。与此同时，测读压力 P 作用下的竖向变形，并计算出竖向应变 ε_1。试验中可以变化围压

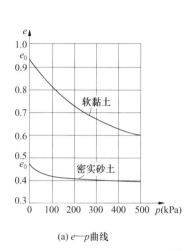

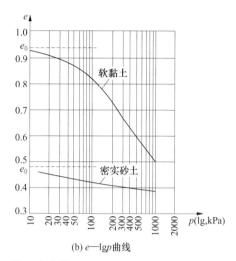

(a) e—p曲线　　　　　　　　　　(b) e—lgp曲线

图 3.3　土的压缩曲线

σ_3 和竖向附加偏差应力 $\sigma_1 - \sigma_3$，进行不同应力路径的试验。试验过程中，另外两个中主应力和小主应力总是相同，等于围压，其中如果围压 σ_3 不变，一直增加竖向压力及竖向附加偏差应力，直至试样破坏的轴试验则称为常规三轴压缩试验。

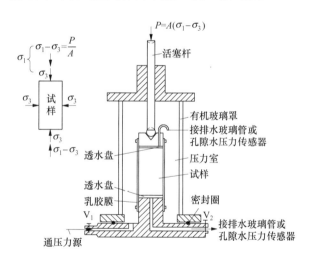

图 3.4　常规三轴压缩试验装置

2. 土的变形特性

（1）压缩系数。

由图 3.3（a）可见，密实砂土的 e—p 曲线比较平缓，而压缩性较大的软黏土的 e—p 曲线则较陡，这表明压缩性不同的土，其 e—p 曲线的形状是不一样的。曲线愈陡，说明随着压力的增加，土孔隙比的减小愈显著，因而土的压缩性愈高。土的压缩性可用图 3.5 中割线 M_1M_2 的斜率来表示，即

$$a = \tan\alpha = \frac{\Delta e}{\Delta p} = \frac{e_1 - e_2}{p_2 - p_1} \qquad (3-3)$$

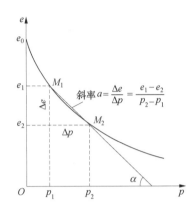

图 3.5　以 e—p 曲线确定土的压缩系数 a

a 为土的压缩系数，单位为 MPa⁻¹。显然，a 越大，土的压缩性越高。由于地基土在自重应力作用下的变形通常已经稳定，只有附加应力才会产生新的地基沉降，因此上式中 p_1 一般是指地基计算深度处土的自重应力 σ_c，p_2 为地基计算深度处的总应力，即自重应力 σ_c 与附加应力 σ_z 之和，而 e_1、e_2 则分别为 e—p 曲线上相应于 p_1、p_2 的孔隙比。

不同类别与处于不同状态的土，其压缩性可能相差较大。为了便于比较，通常采用由 $p_1 = 100\text{kPa}$ 和 $p_2 = 200\text{kPa}$ 求出的压缩系数 a_{1-2} 来评价土的压缩性的高低。

当 $a_{1-2} < 0.1\text{MPa}^{-1}$ 时，属低压缩性土。当 $0.1\text{MPa}^{-1} \leqslant a_{1-2} < 0.5\text{MPa}^{-1}$ 时，属中压缩性土。当 $a_{1-2} \geqslant 0.5\text{MPa}^{-1}$ 时，属高压缩性土。

（2）压缩指数。

侧限压缩试验的结果还可用 e—$\lg p$ 曲线表示，如图 3.6 所示。用这种形式曲线的特点之一是，在压力较大部分 e—$\lg p$ 关系接近直线，直线段的斜率称为土的压缩指数 C_c，其接近于一个常量，不随 p 而变，即

$$C_c = \frac{\Delta e}{\Delta (\lg p)} \tag{3-4}$$

C_c（无量纲）表示压力 p 每变化一个对数周（10 倍）随引起的孔隙比的变化。卸载段和再加载段的平均斜率称为土的回弹指数或再压缩指数 C_e。C_e 也基本不随压力 p 的变化而变化，且 C_e 远小于 C_c，一般黏性土 $C_e \approx (1/10 \sim 1/5)C_c$。

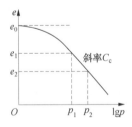

图 3.6　e—$\lg p$ 曲线确定压缩指数 C_c

（3）压缩模量（侧限压缩模量）。

通过 e—p 曲线，还可求得土的另一个压缩性指标——压缩模量 E_s。它的定义是，土在完全侧限条件下的竖向附加应力 σ_z 与相应的竖向应变 ε_z 的比值，即

$$E_s = \frac{\sigma_z}{\varepsilon_z} \qquad (3-5)$$

如前所述，计算时通常取 $p_1 = \sigma_c$，$p_2 = \sigma_c + \sigma_z$，故有 $\sigma_z = p_2 - p_1$。同时，由图 3.7 可知，在完全侧限条件下，土的竖向应变可表达为

$$\varepsilon_z = \frac{\Delta h}{h_i} = \frac{h_1 - h_2}{h_1} = 1 - \frac{h_2}{h_1} = 1 - \frac{1+e_2}{1+e_1} = \frac{e_1 - e_2}{1+e_1} \qquad (3-6)$$

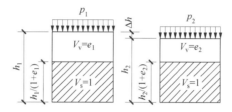

图 3.7　完全侧限条件下土样高度变化与孔隙比变化的关系（土样横截面积不变）

所以

$$E_s = \frac{\sigma_z}{\varepsilon_z} = \frac{p_2 - p_1}{e_1 - e_2}(1+e_1) \qquad (3-7)$$

将 $a = \dfrac{e_1 - e_2}{p_2 - p_1}$ 代入上式，得

$$E_s = \frac{1+e_1}{a} \qquad (3-8)$$

土的变形系数和最终沉降量计算例题

式中：E_s——土的压缩模量，MPa；

　　　a——土的压缩系数，MPa^{-1}，按式（3-3）计算；

　　　e_1——自重应力所对应的孔隙比。

压缩模量 E_s 也可用来表达土的压缩性的高低，E_s 越小，则表示土的压缩性越高。

3.2　地基的最终沉降量计算

地基最终沉降量是指地基在建筑物荷载作用下，地基表面的最终稳定沉降量。对偏心荷载作用下的基础，则以基底中心点沉降作为其平均沉降。计算地基最终沉降量的目的，在于确定建筑物的最大沉降量、沉降差或倾斜等，并控制在允许范围以内，以保证建筑物的安全和正常使用。

常用的计算地基最终沉降量的方法有分层总和法及《建筑地基基础设计规范》（GB 50007—2011）推荐方法。

3.2.1　土的压缩性与地基沉降的关系

根据对黏性土地基在局部（基础）荷载作用下的实际变形特性的观察和分析可知，黏性土地基的沉降 s 可以认为是由三部分不同的沉降组成的，即

$$s = s_d + s_c + s_s \qquad (3-9)$$

式中：s_d——瞬时沉降（也称初始沉降）；

  s_c——固结沉降（也称主固结沉降）；

  s_s——次固结沉降（也称蠕变沉降）。

瞬时沉降是指加载后地基瞬时发生的沉降，由于地基加载面积为有限尺寸，在宽广的地基上加载后地基中会有剪应变产生，特别是在靠近基础边缘应力集中部位。对于饱和或接近饱和的黏性土，加载瞬间土中水来不及排出，在不排水和恒体积状况下，侧向挤出变形几乎在加载的瞬时发生，所以称为瞬时沉降。固结沉降是指饱和与接近饱和的黏性土在基础荷载作用下，随着超静孔隙水压力的消散，土骨架产生变形所造成的沉降（固结压密）。固结沉降速率取决于孔隙水的排出速率。次固结沉降是指主固结过程（超静孔隙水压力消散过程）结束后，在有效应力不变的情况下，土骨架仍随时间继续发生变形所造成的沉降。这种变形的速率已与孔隙水的排出速率无关，而是取决于土骨架本身的蠕变性质。次固结沉降既包括剪切变形，又包括体积变化。

上述三部分沉降并非在不同时刻截然分开发生的，如次固结沉降实际上在固结过程一开始就产生了，只不过数量相对很小而已，而主要沉降量是固结沉降。但超静孔隙水压力消散殆尽时，固结沉降基本完成，而次固结沉降越来越显著，逐渐成为沉降增量的主要部分。

3.2.2　一维压缩基本问题

在厚度为 H 的土层上面施加大面积连续均布荷载 p，这时土层主要在竖直方向发生压缩变形，而侧向变形可以忽略，这与上述的侧限压缩试验中的情况一样，属于一维压缩问题。

对于整个土层来说，施加外荷载前后存在土层的平均竖向应力分别为 $p_1 = \gamma H/2$（在地下水位以下 γ 用有效重度）和 $p_2 = p_1 + p$。从土的侧限压缩试验 e—p 曲线可以看出竖向应力从 p_1 增加到 p_2，将引起土的孔隙比从 e_1 减小到 e_2。可求得均质土地基最终沉降量公式为

$$s = \frac{e_1 - e_2}{1 + e_1} H \tag{3-10}$$

3.2.3　分层总和法

为了简化计算，做出如下基本假定。

（1）基底压力为线性分布。

（2）用弹性理论计算基底中心点下附加应力。

（3）地基只发生单向沉降，即土处于侧限应力状态。

（4）只计算固结沉降，不计算瞬时沉降和次固结沉降。

（5）将地基分为若干层，分别计算基底中心点下地基各个分层土的压缩变形量，认为地基的沉降量等于各层沉降量的总和。

（6）适当考虑上述假定引入的误差，根据荷载和地基条件对计算沉降量进行修正。

采用分层总和法计算地基最终沉降量时，通常假定地基土压缩时不发生侧向变形，即采用侧限条件下的压缩性指标。为了弥补这样计算得到的沉降量偏小的缺点，通常取基底中心点下的附加应力 σ_z 进行计算。

将地基沉降计算深度 z_n 范围的土划分为若干个分层（图 3.8），按侧限条件分别计算各分层的压缩量，其总和即为地基最终沉降量。具体的计算步骤如下。

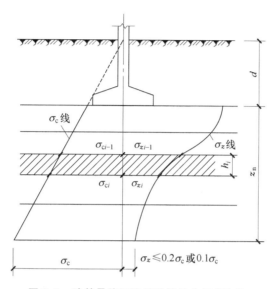

图 3.8　地基最终沉降量计算的分层总和法

（1）按分层厚度 $h_i \leqslant 0.4b$（b 为基础宽度）或 $1 \sim 2\mathrm{m}$ 将基础下土层分成若干薄层，成层土的层面和地下水面是当然的分层面。

（2）计算基底中心点下各分层界面处的自重应力 σ_c 和附加应力 σ_z。当有相邻荷载影响时，σ_z 应包含此影响（参见例 $2-4$）。

（3）确定地基沉降计算深度 z_n。地基沉降计算深度是指基底以下需要计算压缩变形的土层总厚度，也称为地基压缩层深度。在该深度以下的土层变形较小，可略去不计。确定 z_n 的方法是，该深度处应符合 $\sigma_z \leqslant 0.2\sigma_c$ 的要求，若其下方还存在高压缩性土，则要求 $\sigma_z \leqslant 0.1\sigma_c$。

（4）计算各分层土的自重应力平均值 $p_{1i} = \dfrac{\sigma_{ci-1} + \sigma_{ci}}{2}$ 和附加应力平均值 $\Delta p_i = \dfrac{\sigma_{zi-1} + \sigma_{zi}}{2}$，且取 $p_{2i} = p_{1i} + \Delta p_i$。

（5）从 $e\text{—}p$ 曲线上查得与 p_{1i}、p_{2i} 相对应的孔隙比 e_{1i}、e_{2i}。

（6）计算各分层土在侧限条件下的压缩量。计算公式如下。

$$\Delta s_i = \varepsilon_i h_i = \frac{e_{1i} - e_{2i}}{1 + e_{1i}} h_i \qquad (3-11)$$

式中：Δs_i——第 i 分层土的压缩量，mm；

$\quad\quad\ \varepsilon_i$——第 i 分层土的平均竖向应变；

$\quad\quad\ h_i$——第 i 分层土的厚度，mm。

又因为

$$\varepsilon_i = \frac{e_{1i} - e_{2i}}{1 + e_{1i}} = \frac{a_i(p_{2i} - p_{1i})}{1 + e_{1i}} = \frac{\Delta p_i}{E_{si}} \quad (3-12)$$

所以又有

$$\Delta s_i = \frac{a_i(p_{2i} - p_{1i})}{1 + e_{1i}} h_i = \frac{\Delta p_i}{E_{si}} h_i \quad (3-13)$$

式中：a_i、E_{si}——第 i 分层土的压缩系数和压缩模量。

（7）计算地基最终沉降量。

$$s = \sum_{i=1}^{n} \Delta s_i \quad (3-14)$$

式中：n——地基沉降计算深度范围内所划分的土层数。

【例 3-1】试用分层总和法计算图 3.9 所示柱下方形独立基础的最终沉降量。自地表起各土层的重度为：粉土 $\gamma = 18 \text{kN/m}^3$；粉质黏土 $\gamma = 19 \text{kN/m}^3$，$\gamma_{sat} = 19.5 \text{kN/m}^3$；黏土 $\gamma_{sat} = 20 \text{kN/m}^3$。分别从粉质黏土层和黏土层中取土样做室内压缩试验，其 e—p 曲线如图 3.10 所示。柱传给基础的轴心荷载 $F = 2000 \text{kN}$，方形独立基础底面边长为 4m。

【解】（1）计算基底附加压力。

基底压力：

$$p = \frac{F}{A} + 20d = \frac{2000}{4 \times 4} + 20 \times 1.5 = 155 \text{（kPa）}$$

基底处土的自重应力：

$$\sigma_{cd} = 18 \times 1.5 = 27 \text{（kPa）}$$

基底附加压力：

$$p_0 = p - \sigma_{cd} = 155 - 27 = 128 \text{（kPa）}$$

（2）对地基分层，取分层厚度为 1m。

（3）计算各分层层面处土的自重应力 σ_c。基底、天然土层层面和地下水位处各点的自重应力为

0 点 $\qquad \sigma_c = 18 \times 1.5 = 27 \text{（kPa）}$

2 点 $\qquad \sigma_c = 27 + 19 \times 2 = 65 \text{（kPa）}$

4 点 $\qquad \sigma_c = 65 + (19.5 - 10) \times 2 = 84 \text{（kPa）}$

各分层层面处的 σ_c 计算结果见图 3.9 和表 3-1。

（4）计算基底中心点下各分层层面处的附加应力 σ_z。基底中心点可看成四个相等的小方形面积的公共角点，其长宽比 $l/b = 2/2 = 1$，用角点法得到的 σ_z 计算结果列于表 3-1 中。

（5）确定地基沉降计算深度 z_n。在 6m 深处（6 点），$\sigma_z/\sigma_c = 23/104 \approx 0.22 > 0.20$（不行），在 7m 深处（7 点），$\sigma_z/\sigma_c = 18/114 \approx 0.16 < 0.20$（可以）。

（6）计算各分层土的自重应力平均值 p_{1i} 和附加应力平均值 Δp_i，以及 $p_{2i} = p_{1i} + \Delta p_i$。例如，对 0—1 分层：$p_{1i} = \frac{\sigma_{ci-1} + \sigma_{ci}}{2} = \frac{27 + 46}{2} \approx 37 \text{（kPa）}$，$\Delta p_i = \frac{\sigma_{zi-1} + \sigma_{zi}}{2} = \frac{128 + 119}{2} \approx 124 \text{（kPa）}$，$p_{2i} = p_{1i} + \Delta p_i = 37 + 124 = 161 \text{（kPa）}$。

（7）确定各分层受压前后的孔隙比 e_{1i} 和 e_{2i}。按各分层的 p_{1i} 及 p_{2i} 值从粉质黏土或黏土的压缩曲线（图 3.10）上查取孔隙比。例如，对 0—1 分层：按 $p_{1i} = 37 \text{kPa}$ 从粉质黏土

的压缩曲线上得 $e_{1i}=0.960$，按 $p_{2i}=161\text{kPa}$ 则得 $e_{2i}=0.858$。其余各分层孔隙比的确定结果列于表 3-1 中。

（8）计算各分层土的压缩量 Δs_i。例如，对 0—1 分层：$\Delta s_i=\dfrac{e_{1i}-e_{2i}}{1+e_{1i}}h_i=\dfrac{0.960-0.858}{1+0.960}\times$ $1000\approx52.0$（mm）。

（9）计算基础的最终沉降量。从表 3-1 中得：

$$s=\sum_{i=1}^{n}\Delta s_i=52.0+39.8+29.7+20.4+11.3+8.5+6.2=167.9(\text{mm})$$

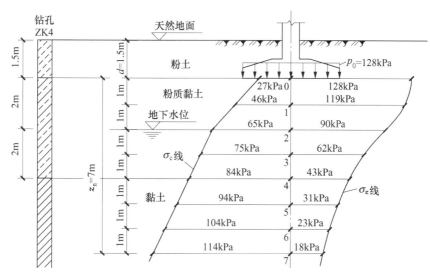

图 3.9　例 3-1 图

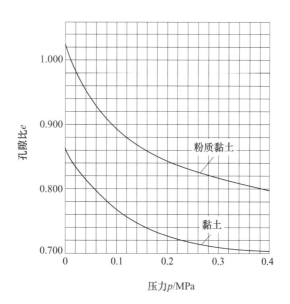

图 3.10　例 3-1 e—p 曲线

表 3-1　用分层总和法计算基础的最终沉降量

点	自基底算起的深度 z/m	自重应力 σ_c /kPa	角点法求附加应力 l/b	z/b	K_c	$\sigma_z = 4K_c p_0$ /kPa	σ_z/σ_c	分层	层厚 h_i/m	σ_c 平均值 $p_{1i}=\dfrac{\sigma_{ci-1}+\sigma_{ci}}{2}$ /kPa	σ_z 平均值 $\Delta p_i=\dfrac{\sigma_{zi-1}+\sigma_{zi}}{2}$ /kPa	$p_{2i}=p_{1i}+\Delta p_i$ /kPa	压缩曲线	受压前孔隙比 e_{1i}	受压后孔隙比 e_{2i}	压缩量 $\Delta s_i=\dfrac{e_{1i}-e_{2i}}{1+e_{1i}}h_i$ /mm
0	0	27		0	0.2500	128										
1	1.0	46		0.5	0.2315	119		0—1	1.0	37	124	161	粉质黏土	0.960	0.858	52.0
2	2.0	65	2/2=1	1.0	0.1752	90		1—2	1.0	56	105	161		0.935	0.858	39.8
3	3.0	75		1.5	0.1216	62		2—3	1.0	70	76	146		0.921	0.864	29.7
4	4.0	84		2.0	0.0840	43		3—4	1.0	80	53	133		0.912	0.873	20.4
5	5.0	94		2.5	0.0604	31		4—5	1.0	89	37	126	黏土	0.777	0.757	11.3
6	6.0	104		3.0	0.0447	23	0.22	5—6	1.0	99	27	126		0.772	0.757	8.5
7	7.0	114		3.5	0.0344	18	0.16<0.20	6—7	1.0	109	21	130		0.765	0.754	6.2

3.2.4　规范方法

《建筑地基基础设计规范》（GB 50007—2011）推荐的计算地基最终沉降量的方法，其实质是在分层总和法的基础上，采用平均附加应力面积的概念，按天然土层界面分层（以简化由于过多分层所引起的繁琐计算），并结合大量工程沉降观测值的统计分析，以沉降计算经验系数 ψ_s 对地基最终沉降量计算值加以修正。

1. 采用平均附加应力系数计算沉降量的基本公式

按式（3-13），图3.11中第 i 分层土的压缩量可按下式计算。

$$\Delta s'_i = \frac{\Delta p_i}{E_{si}} h_i = \frac{\Delta A_i}{E_{si}} = \frac{A_i - A_{i-1}}{E_{si}} \tag{3-15}$$

式中：$\Delta A_i = \Delta p_i h_i$ 为第 i 分层土附加应力图形面积（图中面积5643），故规范方法亦称为应力面积法；A_i 和 A_{i-1} 分别为从基底起至 z_i 和 z_{i-1} 深度处的附加应力图形面积（图中面积1243和1265）。将应力面积 A_i、A_{i-1} 分别等代成高度仍为 z_i、z_{i-1} 的矩形，该等代矩形的宽度可用 $\bar{\alpha}_i p_0$ 和 $\bar{\alpha}_{i-1} p_0$（平均附加应力，如图3.11所示）表示，则 $A_i = \bar{\alpha}_i p_0 z_i$、$A_{i-1} = \bar{\alpha}_{i-1} p_0 z_{i-1}$。将式代入式（3-15），得

$$\Delta s'_i = \frac{p_0}{E_{si}} (z_i \bar{\alpha}_i - z_{i-1} \bar{\alpha}_{i-1}) \tag{3-16}$$

上式为规范方法计算第 i 分层土压缩量的基本公式，式中 $\bar{\alpha}_i$ 和 $\bar{\alpha}_{i-1}$ 分别为深度 z_i、z_{i-1} 范围内的平均附加应力系数。

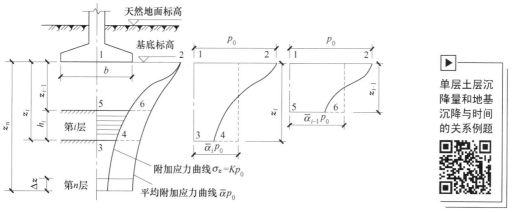

图3.11　采用平均附加应力系数反计算沉降量的分层示意图

2. 地基沉降计算深度

从图3.11可以看出，附加应力随深度递减，根据自重应力 $\sigma_{cz} = \gamma z$ 概念可知，自重应力随深度递增，到一定深度后，附加应力相对原有的自重应力已经很小，加之土的压缩性低，附加应力引起的变形可以忽略，因此在沉降计算时，到此深度即可。一般取附加应力与自重应力的比值为0.2（一般土）或0.1（软土）的深度处作为计算深度的界限。

与分层总和法不同，《建筑地基基础设计规范》（GB 50007—2011）规定所采用的计算

深度 z_n 应符合下式要求。

$$\Delta s'_n \leqslant 0.025 \sum_{i=1}^{n} \Delta s'_i \qquad (3-17)$$

式中：$\Delta s'_i$——在计算深度范围内，第 i 分层土的计算压缩量，mm；

$\Delta s'_n$——由计算深度处向上取厚度为 Δz（图 3.11）的土层的计算压缩量，mm，Δz 按表 3-2 确定。

表 3-2 Δz 值

b/m	$b \leqslant 2$	$2 < b \leqslant 4$	$4 < b \leqslant 8$	$b > 8$
$\Delta z/m$	0.3	0.6	0.8	1.0

按上式确定的地基沉降计算深度下如有较软土层，尚应向下继续计算，直至软弱土层中所取规定厚度 Δz 的计算压缩量满足上式要求。

当无相邻荷载影响，基础宽度在 1～30m 范围内时，规范规定，基础中点的地基沉降计算深度也可按下列简化公式计算。

$$z_n = b(2.5 - 0.4\ln b) \qquad (3-18)$$

式中：b——基础宽度，m。

在地基沉降计算深度范围内存在基岩时，z_n 可取至基岩表面；当存在较厚的坚硬黏性土层，其孔隙比小于 0.5、压缩模量大于 50MPa，或存在较厚的密实砂卵石层，其压缩模量大于 80MPa 时，z_n 可取至该层土表面。

3. 地基最终沉降量

规范推荐的地基最终沉降量计算公式如下。

$$s = \psi_s s' = \psi_s \sum_{i=1}^{n} \Delta s'_i = \psi_s \sum_{i=1}^{n} \frac{p_0}{E_{si}}(z_i \bar{\alpha}_i - z_{i-1} \bar{\alpha}_{i-1}) \qquad (3-19)$$

式中：s——地基最终沉降量，mm；

s'——按分层总和法计算出的地基沉降量（包括考虑相邻荷载的影响），mm；

n——地基沉降计算深度范围内所划分的土层数，一般可按天然土层划分；

p_0——基底附加压力，kPa；

E_{si}——基底下第 i 层土的压缩模量，MPa，按实际应力范围取值；

z_i、z_{i-1}——基底至第 i 层土、第 $i-1$ 层土底面的距离，m；

$\bar{\alpha}_i$、$\bar{\alpha}_{i-1}$——基底计算点至第 i 层土、第 $i-1$ 层土底面范围内平均附加应力系数，可按表 3-4 查取；

ψ_s——沉降计算经验系数，根据地区沉降观测资料及经验确定，也可采用表 3-3 中的数值，表中 $\bar{E}_s$ 为深度 z_n 范围内土的压缩模量的当量值，按式（3-20）计算。

$$\bar{E}_s = \frac{A_n}{s'} = \frac{p_0 z_n \bar{\alpha}_n}{s'} \qquad (3-20)$$

式中：$\bar{\alpha}_n$——基底计算点至第 n 层土底面范围内平均附加应力系数；

A_n——深度 z_n 范围内的附加应力图形面积。

表 3-3　沉降计算经验系数 ψ_s

基底附加压力	$\overline{E}_s/\mathrm{MPa}$				
	2.5	4.0	7.0	15.0	20.0
$p_0 \geqslant f_{ak}$	1.4	1.3	1.0	0.4	0.2
$p_0 \leqslant 0.75 f_{ak}$	1.1	1.0	0.7	0.4	0.2

注：表中 f_{ak} 为地基承载力特征值。

表 3-4　矩形面积上均布荷载作用下角点的平均附加应力系数 $\overline{\alpha}$

z/b	l/b												
	1.0	1.2	1.4	1.6	1.8	2.0	2.4	2.8	3.2	3.6	4.0	5.0	10.0
0.0	0.2500	0.2500	0.2500	0.2500	0.2500	0.2500	0.2500	0.2500	0.2500	0.2500	0.2500	0.2500	0.2500
0.2	0.2496	0.2497	0.2497	0.2498	0.2498	0.2498	0.2498	0.2498	0.2498	0.2498	0.2498	0.2498	0.2498
0.4	0.2474	0.2479	0.2481	0.2483	0.2483	0.2484	0.2485	0.2485	0.2485	0.2485	0.2485	0.2485	0.2485
0.6	0.2423	0.2437	0.2444	0.2448	0.2451	0.2452	0.2454	0.2455	0.2455	0.2455	0.2455	0.2455	0.2456
0.8	0.2346	0.2372	0.2387	0.2395	0.2400	0.2403	0.2407	0.2408	0.2409	0.2409	0.2410	0.2410	0.2410
1.0	0.2252	0.2291	0.2313	0.2326	0.2335	0.2340	0.2346	0.2349	0.2351	0.2352	0.2352	0.2353	0.2353
1.2	0.2149	0.2199	0.2229	0.2248	0.2260	0.2268	0.2278	0.2282	0.2285	0.2286	0.2287	0.2288	0.2289
1.4	0.2043	0.2102	0.2140	0.2164	0.2180	0.2191	0.2204	0.2211	0.2215	0.2217	0.2218	0.2220	0.2221
1.6	0.1939	0.2006	0.2049	0.2079	0.2099	0.2113	0.2130	0.2138	0.2143	0.2146	0.2148	0.2150	0.2152
1.8	0.1840	0.1912	0.1960	0.1994	0.2018	0.2034	0.2055	0.2066	0.2073	0.2077	0.2079	0.2082	0.2084
2.0	0.1746	0.1822	0.1875	0.1912	0.1938	0.1958	0.1982	0.1996	0.2004	0.2009	0.2012	0.2015	0.2018
2.2	0.1659	0.1737	0.1793	0.1833	0.1862	0.1883	0.1911	0.1927	0.1937	0.1943	0.1947	0.1952	0.1955
2.4	0.1578	0.1657	0.1715	0.1757	0.1789	0.1812	0.1843	0.1862	0.1873	0.1880	0.1885	0.1890	0.1895
2.6	0.1503	0.1583	0.1642	0.1686	0.1719	0.1745	0.1779	0.1799	0.1812	0.1820	0.1825	0.1832	0.1838
2.8	0.1433	0.1514	0.1574	0.1619	0.1654	0.1680	0.1717	0.1739	0.1753	0.1763	0.1769	0.1777	0.1784
3.0	0.1369	0.1449	0.1510	0.1556	0.1592	0.1619	0.1658	0.1682	0.1698	0.1708	0.1715	0.1725	0.1733
3.2	0.1310	0.1390	0.1450	0.1497	0.1533	0.1562	0.1602	0.1628	0.1645	0.1657	0.1664	0.1675	0.1685
3.4	0.1256	0.1334	0.1394	0.1441	0.1478	0.1508	0.1550	0.1577	0.1595	0.1607	0.1616	0.1628	0.1639
3.6	0.1205	0.1282	0.1342	0.1389	0.1427	0.1456	0.1500	0.1528	0.1548	0.1561	0.1570	0.1583	0.1595
3.8	0.1158	0.1234	0.1293	0.1340	0.1378	0.1408	0.1452	0.1482	0.1502	0.1516	0.1526	0.1541	0.1554
4.0	0.1114	0.1189	0.1248	0.1294	0.1332	0.1362	0.1408	0.1438	0.1459	0.1474	0.1485	0.1500	0.1516
4.2	0.1073	0.1147	0.1205	0.1251	0.1289	0.1319	0.1365	0.1396	0.1418	0.1434	0.1445	0.1462	0.1479
4.4	0.1035	0.1107	0.1164	0.1210	0.1248	0.1279	0.1325	0.1357	0.1379	0.1396	0.1407	0.1425	0.1444
4.6	0.1000	0.1070	0.1127	0.1172	0.1209	0.1240	0.1287	0.1319	0.1342	0.1359	0.1371	0.1390	0.1410

z/b	l/b												
	1.0	1.2	1.4	1.6	1.8	2.0	2.4	2.8	3.2	3.6	4.0	5.0	10.0
4.8	0.0967	0.1036	0.1091	0.1136	0.1173	0.1204	0.1250	0.1283	0.1307	0.1324	0.1337	0.1357	0.1379
5.0	0.0935	0.1003	0.1057	0.1102	0.1139	0.1169	0.1216	0.1249	0.1273	0.1291	0.1304	0.1325	0.1348
6.0	0.0805	0.0866	0.0916	0.0957	0.0991	0.1021	0.1067	0.1101	0.1126	0.1146	0.1161	0.1185	0.1216
7.0	0.0705	0.0761	0.0806	0.0844	0.0877	0.0904	0.0949	0.0982	0.1008	0.1028	0.1044	0.1071	0.1109
8.0	0.0627	0.0678	0.0720	0.0755	0.0785	0.0811	0.0853	0.0886	0.0912	0.0932	0.0948	0.0976	0.1020
10.0	0.0514	0.0556	0.0592	0.0622	0.0649	0.0672	0.0710	0.0739	0.0763	0.0783	0.0799	0.0829	0.0880
12.0	0.0435	0.0471	0.0502	0.0529	0.0552	0.0573	0.0606	0.0634	0.0656	0.0674	0.0690	0.0719	0.0774
16.0	0.0322	0.0361	0.0385	0.0407	0.0425	0.0442	0.0469	0.0492	0.0511	0.0527	0.0540	0.0567	0.0625
20.0	0.0269	0.0292	0.0312	0.0330	0.0345	0.0359	0.0383	0.0402	0.0418	0.0432	0.0444	0.0468	0.0524

注：b、l 分别为基础的宽度和长度。

【例 3-2】 试按规范方法计算例 3-1 中基础的最终沉降量。设 $f_{ak}=180kPa$。

【解】（1）计算 p_0。

见例 3-1，$p_0=128kPa$。

（2）确定分层厚度。

按天然土层分层，地下水面亦按分层面处理。这样，地基共分三层：第一层粉质黏土层厚 2m；第二层粉质黏土层（有地下水）厚 2m；第三层为黏土层，厚度为该层层面至地基沉降计算深度处。

（3）确定 z_n。

由于无相邻荷载影响，地基沉降计算深度 z_n 可按式（3-18）计算，即

$$z_n=b(2.5-0.4\ln b)=4\times(2.5-0.4\ln4)\approx7.8 \text{ (m)}$$

取 $z_n=8m$。

（4）计算 E_{si}。

以各分层中点处的应力作为该分层的平均应力。由于表 3-1 中点 1、3、6 正好是现各分层的中点，故可将有关计算结果摘录过来，从压缩曲线上查出相应的 e_{1i}、e_{2i}，再按式（3-7）计算 E_{si}，见表 3-5。

表 3-5 E_{si} 值

分层	层厚/m	分层中点编号	自重应力 $\sigma_{ci}=p_{1i}$ /kPa	附加应力 $\sigma_{zi}=\Delta p_i$ /kPa	$p_{2i}=$ $\sigma_{ci}+\sigma_{zi}$ /kPa	压缩曲线	受压前孔隙比 e_{1i}	受压后孔隙比 e_{2i}	$E_{si}=(1+e_{1i})\times$ $\dfrac{\Delta p_i}{e_{1i}-e_{2i}}$ /MPa
0—2	2.0	1	46	119	165	粉质黏土	0.947	0.855	2.52
2—4	2.0	3	75	62	137	粉质黏土	0.916	0.868	2.47
4—8	4.0	6	104	23	127	黏土	0.768	0.756	3.39

（5）计算 $\bar{\alpha}_i$。

计算基底中心点下的 $\bar{\alpha}_i$ 时，应过中心点将基底划分为四块相同的小面积，其长宽比 $l/b=2/2=1$，按角点法查表 3-4，查出的数值还需按叠加原理乘以 4（四块相同的小面积）。计算结果见表 3-6。

表 3-6 $\bar{\alpha}_i$、$\Delta s_i'$ 值

点	z/m	l/b	z/b	$\bar{\alpha}_i$	$z_i\bar{\alpha}_i$ /m	分层	$z_i\bar{\alpha}_i-z_{i-1}\bar{\alpha}_{i-1}$ /m	E_{si} /MPa	$\Delta s_i'$ /mm	$\sum \Delta s_i'$ /mm
0	0		0	4×0.2500 $=1.0000$	0	0—2	1.802	2.52	91.5	
2	2.0	$2/2=1$	1.0	4×0.2252 $=0.9008$	1.802					
4	4.0		2.0	4×0.1746 $=0.6984$	2.794	2—4	0.992	2.47	51.4	
8	8.0		4.0	4×0.1114 $=0.4456$	3.565	4—8	0.771	3.39	29.1	172

（6）计算 $\Delta s_i'$。

按式（3-16）计算 $\Delta s_i'$，例如，对 0—2 分层：

$$\Delta s_i'=\frac{p_0}{E_{si}}(z_i\bar{\alpha}_i-z_{i-1}\bar{\alpha}_{i-1})=\frac{128}{2.52}\times(2\times0.9008-0\times1)\approx91.5\ (\text{mm})$$

其余计算见表 3-6。

（7）确定 ψ_s。

$$\overline{E}_s=\frac{p_0 z_n\bar{\alpha}_n}{s'}=\frac{128\times3.565}{172}\approx2.65\ (\text{MPa})$$

由 $p_0<0.75f_{ak}$，查表 3-3，得

$$\psi_s=1.1+\frac{2.65-2.5}{4.0-2.5}\times(1.0-1.1)=1.09$$

（8）计算地基最终沉降量。

$$s=\psi_s s'=\psi_s\sum_{i=1}^{n}\Delta s_i'=1.09\times172\approx187(\text{mm})$$

3.2.5 三种特殊情况下的地基沉降计算

在实际工程中，常常会遇到薄压缩层地基、大范围地下水位下降或地面大面积堆载（如填土）引起的沉降计算问题。在这三种情况下，地基附加应力 σ_z 随深度呈线性分布，土层压缩时只出现很少的侧向变形，因而它们与侧限压缩仪中土样的受力和变形条件很接近，故地基最终沉降量的计算可直接利用侧限条件下的计算公式，即式（3-11）或式（3-13）及式（3-14）来计算。同时，地基的分层可按天然土层划分。

1. 薄压缩层地基

当基底以下可压缩土层的厚度 h 小于或等于基底宽度 b 的 1/2 时（图 3.12），由于基底摩阻力和岩层层面摩阻力对可压缩土层的约束作用，基底中心点下的附加应力几乎不扩散，即 $\sigma_z \approx p_0$，土层压缩时只有竖向变形而侧向变形很小，故根据侧限条件，地基最终沉降量为

$$s = \frac{e_1 - e_2}{1 + e_1}h = \frac{a\sigma_z}{1 + e_1}h = \frac{\sigma_z}{E_s}h \qquad (3-21)$$

式中：h——薄压缩层的厚度；

σ_z——附加应力平均值，近似等于基底附加压力 p_0；

e_1、e_2——根据薄压缩层的自重应力平均值 σ_c（p_1）、σ_c 与 σ_z 之和（p_2），从土的压缩曲线上得到的相应孔隙比；

a、E_s——薄压缩层的压缩系数和压缩模量。

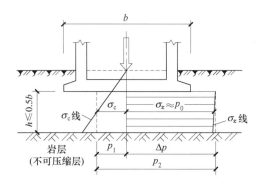

图 3.12　薄压缩层地基的沉降计算

2. 大范围地下水位下降

上一章已讨论过，地下水位长时间下降会导致土的自重应力增大 [图 2.4（a）]。新增加的这部分自重应力可视为附加应力 σ_z，在原水位与新水位之间，σ_z 呈三角形分布，在新水位以下，σ_z 为一常量。在 σ_z 的作用之下，地基将产生新的压缩变形。可用式（3-21）计算原地下水位下某一土层的压缩量，或在各土层的压缩量求出后，求其总和即为地面的下沉量。

3. 地面大面积堆载

最常见的地面堆载形式是大面积地面填土。设填土厚度为 h，重度为 γ，则作用于天然地面上的堆土荷载为 $p_0 = \gamma h$。在天然地面以下，堆土荷载产生附加应力 $\sigma_z = p_0$，在填土层本身，σ_z 呈三角形分布 [图 2.4（c）]。由 σ_z 所产生的地基沉降可按式（3-21）计算，但须注意，计算自重应力时应从天然地面起算。此外，由于填土的厚度和范围往往很大，地基沉降计算深度很深，故地面的下沉量可能是不可忽视的。

【例 3-3】在天然地面上填筑大面积填土，厚 3m，重度 $\gamma = 18\text{kN/m}^3$。天然土层为两层，第一层为粗砂，第二层为黏土，地下水位在天然地面下 1.0m 深处（图 3.13）。试根据所给黏土层的压缩试验资料（表 3-7），计算：（1）在填土压力作用下黏土层的沉降量

是多少？（2）当上述沉降稳定后，地下水位突然下降到黏土层顶面，由此而产生的黏土层附加沉降是多少？

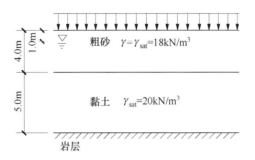

图 3.13　例 3-3 图

表 3-7　黏土层的压缩试验资料

p/kPa	0	50	100	200	400
e	0.852	0.758	0.711	0.651	0.635

【解】（1）填土压力为

$$p_0 = \gamma h = 18 \times 3 = 54 \text{（kPa）}$$

黏土层自重应力平均值（以黏土层中部为计算点）为

$$p_1 = \sigma_c = \sum \gamma_i h_i = 18 \times 1 + (18-10) \times 3 + (20-10) \times 2.5 = 67 \text{(kPa)}$$

黏土层附加应力平均值为

$$\Delta p = \sigma_z = p_0 = 54 \text{（kPa）}$$

由 $p_1 = 67kPa$，$p_2 = p_1 + \Delta p = 121kPa$，查黏土层的压缩试验资料，得相应的孔隙比为

$$e_1 = 0.758 + \frac{67-50}{100-50} \times (0.711-0.758) \approx 0.742$$

$$e_2 = 0.711 + \frac{121-100}{200-100} \times (0.651-0.711) \approx 0.698$$

黏土层的沉降量为

$$s = \frac{e_1-e_2}{1+e_1}h = \frac{0.742-0.698}{1+0.742} \times 5000 \approx 126 \text{（mm）}$$

（2）当上述沉降稳定后，填土压力所引起的附加应力已全部转化为土的自重应力，因此，水位下降前黏土层的自重应力平均值为

$$p_1 = \sigma_c = 121 \text{（kPa）}$$

水位下降到黏土层顶面时，黏土层的自重应力平均值 p_2 为（p_2 与 p_1 之差即为新增加的自重应力）

$$p_2 = 18 \times 3 + 18 \times 4 + (20-10) \times 2.5 = 151 \text{（kPa）}$$

与 p_1、p_2 相应的孔隙比为

$$e_1 = 0.698$$

$$e_2 = 0.711 + \frac{151-100}{200-100} \times (0.651-0.711) \approx 0.680$$

黏土层的附加沉降为

$$s = \frac{e_1 - e_2}{1+e_1} h = \frac{0.698-0.680}{1+0.698} \times (5000-126) \approx 51.7 \text{ (mm)}$$

3.3 沉积土层的应力历史

土层的应力历史是指土层从形成至今所受应力的变化情况。应力历史不同的土，其工程性质也不相同。天然土层在历史上所经受过的最大固结压力（指土体在固结过程中所受的最大有效压力），称为前（先）期固结压力 p_c。前期固结压力 p_c 与现有自重应力 p_1 的比值（p_c/p_1）称为超固结比 OCR。根据超固结比，可将沉积土层分为正常固结土、超固结土和欠固结土三类。

3.3.1 正常固结土 （OCR= 1）

天然土层逐渐沉积到现在地面，经历了漫长的地质年代，在土的自重作用下已经达到固结稳定状态，则其前期固结压力 p_c 等于现有土自重应力 $p_1 = \gamma h$（γ 为土的重度，h 为现在地面下的计算点深度），这类土称为正常固结土，如图 3.14 （a）所示。

3.3.2 超固结土 （OCR> 1）

若正常固结土受流水、冰川或人为开挖等的剥蚀作用而形成现在的地面，则前期固结压力 $p_c = \gamma h_c$（h_c 为剥蚀前地面下的计算点深度）就超过了现有土自重应力 p_1 ［图 3.14 (b)］。这类历史上曾经受过大于现有土自重应力的前期固结压力的土称为超固结土。与正常固结土相比，超固结土的强度较高，压缩性较低，静止侧压力系数较大（可大于 1）。软弱地基处理方法之一的堆载预压法就是通过堆载预压使软弱土成为超固结土，从而提高强度，降低压缩性的。

3.3.3 欠固结土 （OCR< 1）

欠固结土主要有新近沉积黏性土、人工填土及地下水位下降后原水位以下的黏性土。这类土层在自重作用下还没有完全固结 ［图 3.14 （c）中虚线表示将来固结完毕后的地面］，土中孔隙水压力仍在继续消散，因此，土的前期固结压力 p_c 必然小于现有土自重应力 p_1（这里 p_1 指的是土层固结完毕后的自重应力）。由于欠固结土层的沉降还未稳定，因此当地基主要受力层范围内有欠固结土层时，必须慎重处理。

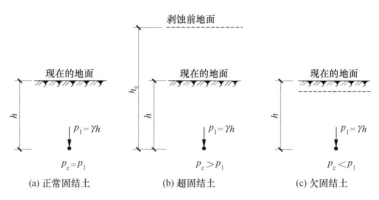

图 3.14　沉积土层按前期固结压力 p_c 分类

3.4　地基沉降与时间的关系

前面已经讨论了地基最终沉降量的计算问题，但在工程实践中，还往往需要了解建筑物在施工期间或竣工以后某一时间的基础沉降量，以便控制施工速度，或确定建筑物有关部分之间的预留净空或连接方法。

无黏性土的透水性很好，其固结稳定所需的时间很短，通常在外荷载施加完毕时（如建筑物竣工），沉降已经稳定；对于黏性土和粉土，因其透水性差，完成固结所需的时间往往很长，有的需要几年甚至几十年才能完成。因此，下面将要讨论的地基沉降与时间的关系是对黏性土和粉土而言的。

3.4.1　饱和土的渗透固结

在工程应用上，饱和土一般是指饱和度 $S_r > 80\%$ 的土。此时，土中虽有少量气体存在，但大多为封闭气体，故可视为饱和土。饱和土在压力作用下，孔隙中的一部分水将随时间的推移而逐渐被挤出，同时孔隙体积随之缩小，这一过程称为饱和土的渗透固结或主固结。

现以图 3.15 所示的弹簧活塞模型来说明饱和土的渗透固结过程。在一个盛满水的圆筒中装着一个带有弹簧的活塞，弹簧上下端连接着活塞和筒底，活塞上有许多透水小孔。施加外压力之前，弹簧不受力，圆筒内的水只有静水压力。在活塞上施加外压力的一瞬间，水还来不及从活塞上的小孔排出，水的体积不变，活塞不下降，因而弹簧没有变形（不受力），全部压力由圆筒内的水所承担。水受到孔隙水压力后开始经活塞小孔逐渐排出，受压活塞随之下降，此时弹簧长度缩短而承受压力且压力逐渐增加，直至外压力全部由弹簧承担。

设想以弹簧来模拟土骨架，圆筒内的水相当于孔隙水，活塞上的小孔代表土的透水性，则此模型可以用来说明饱和土在渗透固结中，土骨架和孔隙水对外压力（附加应力）的分担作用，即施加在饱和土上的外压力开始时全部由土中水承担，随着土孔隙中一些自由水的挤出，外压力逐渐转嫁给土骨架，直至全部由土骨架承担。

根据饱和土的有效应力原理，在饱和土的固结过程中任一时间 t，土骨架承担的有效应力 σ' 与孔隙水承担的孔隙水压力 u 之和总是等于作用在土中的附加应力 σ_z，即

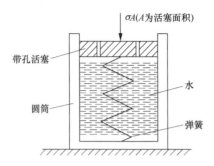

图 3.15 土骨架和土中水分担应力变化的简单模型

$$\sigma' + u = \sigma_z \tag{3-22}$$

由上式可知，在加压的那一瞬间，因为 $u = \sigma_z$，所以 $\sigma' = 0$，而在固结变形完全稳定时，$u = 0$，$\sigma' = \sigma_z$。因此，只要土中孔隙水压力还存在，就意味着土的渗透固结尚未完成。换句话说，饱和土的固结过程就是孔隙水压力的消散和有效应力相应增长的过程。

3.4.2 沉降与时间的关系

下面讨论地基在一维固结中的沉降与时间的关系。所谓一维固结，是指饱和黏土层在渗透固结过程中，孔隙水只沿一个方向渗流，同时土粒也只朝一个方向位移。例如，当荷载面积远大于压缩土层的厚度时，地基中的孔隙水主要沿竖向渗流，此即为一维固结问题。对于堤坝及其地基，孔隙水主要沿两个方向渗流，属于二维固结问题；对于房屋地基，则一般属于三维固结问题。

采用太沙基提出的一维固结理论可以求得地基在任一时间的固结沉降。此时，通常需要用到地基固结度 U 这个指标，其定义为

$$U = \frac{s_t}{s} \tag{3-23}$$

式中：s_t——地基在某一时刻 t 的沉降量；

s——地基的最终沉降量。

地基固结度的实质是反映地基中孔隙水压力 u 的消散程度或有效应力 σ' 的增长程度。在外荷载施加的瞬间，孔隙水压力还来不及消散，$u = \sigma_z$，$\sigma' = 0$，故 $U = 0$；在地基固结过程中，$0 < U < 1$；当地基固结完成后，$u = 0$，$\sigma' = \sigma_z$，$U = 1$（或 $U = 100\%$）。

地基固结度 U 可按下式计算（推导过程略）。

$$U = 1 - \frac{8}{\pi^2} \sum_{m=1,3}^{\infty} \frac{1}{m^2} e^{-\pi^2 m^2 T_v / 4} \tag{3-24}$$

$$T_v = \frac{C_v t}{h^2} \tag{3-25}$$

$$C_v = \frac{k(1+e)}{\gamma_w a} \tag{3-26}$$

式中：T_v——时间因数；

C_v——土的竖向固结系数，$cm^2/$年；

k——土的渗透系数，$cm/$年；

m——正的奇数；

e——固结开始时土的孔隙比；

a——土的压缩系数；

γ_w——水的重度；

t——固结时间，年；

h——压缩土层最远的排水距离，mm，当土层为单面（上面或下面）排水时，h 取土层厚度；双面排水时，水由土层中心分别向上下两个方向排出，此时 h 应取土层厚度的一半。

式(3-24)的级数收敛很快，当 $U > 30\%$ 时，可近似地取其第一项，即

$$U = 1 - \frac{8}{\pi^2} e^{-\pi^2 T_v / 4} \qquad (3-27)$$

为了便于应用，将式(3-24)绘制成如图 3.16 所示的 U—T_v 关系曲线。该曲线适用于附加应力上下均匀分布的情况，也适用于双面排水情况。对于地基为单面排水且上下面附加应力又不相等的情况，可由 $\alpha = \dfrac{排水面附加应力}{不排水面附加应力} = \dfrac{\sigma'_z}{\sigma''_z}$ 查图中相应的曲线。土层的排水面可以这样来判别：当土层的某一面为地面或砂层时，该面为排水面；若另一面也为砂层，则该土层为双面排水。

根据 U—T_v 关系曲线，可以求出某一时间 t 所对应的固结度，从而计算出相应的沉降 s_t；也可以按照某一固结度（相应的沉降为 s_t），推算出所需的时间 t。

【例 3-4】某饱和黏土层的厚度为 10m，在大面积荷载 $p_0 = 120\text{kPa}$ 作用下，设该土层的初始孔隙比 $e = 1$，压缩系数 $a = 0.3\text{MPa}^{-1}$，渗透系数 $k = 1.8\text{cm/年}$。按黏土层在单面排水或双面排水条件下，分别求：(1) 加荷后一年时的沉降量；(2) 沉降量达 144mm 时所需的时间。

【解】(1) 求 $t = 1$ 年时的沉降量。

黏土层中附加应力沿深度为均匀分布，故 $\sigma_z = p_0 = 120$（kPa）。

黏土层的最终（固结）沉降量为

$$s = \frac{a\sigma_z}{1+e} h = \frac{0.3 \times 0.12}{1+1} \times 10000 = 180 \text{（mm）}$$

由 $k = 1.8\text{cm/年} = 1.8 \times 10^{-2}\text{m/年}$，$a = 0.3\text{MPa}^{-1} = 3 \times 10^{-4}\text{kPa}^{-1}$，$\gamma_w = 10\text{kN/m}^3$ 及 $e = 1$ 计算土的竖向固结系数。

$$C_v = \frac{k(1+e)}{a\gamma_w} = \frac{1.8 \times 10^{-2} \times (1+1)}{3 \times 10^{-4} \times 10} = 12 \text{（m}^2\text{/年）}$$

在单面排水条件下：$T_v = \dfrac{C_v t}{h^2} = \dfrac{12 \times 1}{10^2} = 0.12$，查图 3.16 中曲线 $\alpha = 1$，得到相应的固结度 $U = 39\%$，因此 $t = 1$ 年时的沉降量为

$$s_t = Us = 0.39 \times 180 = 70.2 \text{（mm）}$$

在双面排水条件下：$T_v = \dfrac{12 \times 1}{5^2} = 0.48$，查图 3.16 中曲线 $\alpha = 1$，得 $U = 75\%$，$t = 1$ 年时的沉降量为

$$s_t = 0.75 \times 180 = 135 \text{（mm）}$$

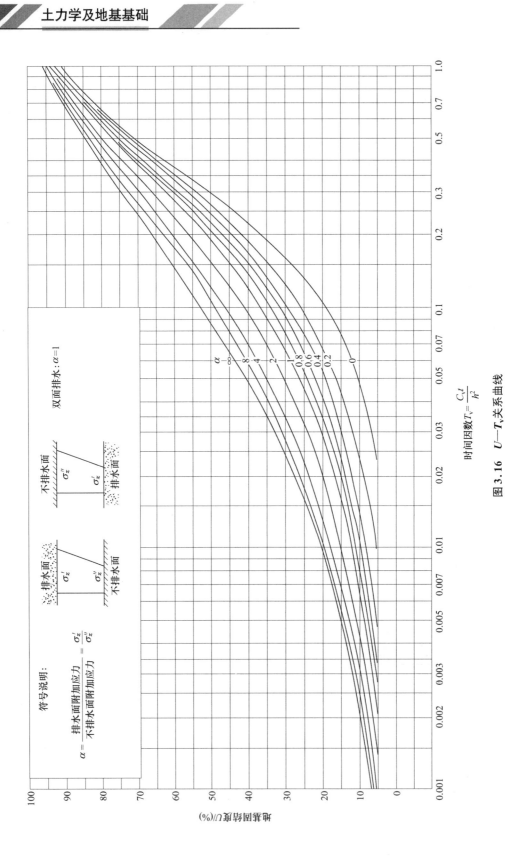

图 3.16 U—T_v 关系曲线

（2）求沉降量达 144mm 时所需的时间。

固结度 $U = s_t/s = 144/180 = 80\%$

由图 3.16 查曲线 $\alpha = 1$，得 $T_v = 0.57$。

在单面排水条件下：

$$t = \frac{T_v h^2}{C_v} = \frac{0.57 \times 10^2}{12} = 4.75 \text{（年）}$$

在双面排水条件下：

$$t = \frac{0.57 \times 5^2}{12} \approx 1.19 \text{（年）}$$

习　题

一、单项选择题

1. 土的压缩变形是由下述（　　）造成的。
　　A. 土孔隙的体积压缩变形　　　B. 土粒的体积压缩变形
　　C. 土粒中除土粒外的变形　　　D. 土孔隙和土粒的体积压缩变形之和

2. 土体压缩性 $e—p$ 曲线是在（　　）下试验得到的。
　　A. 完全侧限条件　　　　　　　B. 无侧限条件
　　C. 部分侧限条件　　　　　　　D. 以上条件均可

3. 当土为欠固结状态时，其前期固结压力与目前上覆压力 γh 的关系为（　　）。
　　A. $p_c > \gamma h$　　　　　　　B. $p_c < \gamma h$
　　C. $p_c = \gamma h$　　　　　　　D. 无关系

4. 在室内压缩试验中，土样的应力状态与实际中（　　）作用下的应力状态一致。
　　A. 无限均布荷载　　　　　　　B. 条形均布荷载
　　C. 矩形均布荷载　　　　　　　D. 三角形荷载

5. 在基底以下压缩层范围内，存在一层压缩模量很大的硬土层，按弹性理论计算附加应力分布时，有何影响？（　　）
　　A. 未知　　　　　　　　　　　B. 附加应力变大
　　C. 附加应力变小　　　　　　　D. 附加应力不变

二、填空题

1. 随着压力的_____，土孔隙比的_____愈显著，因而土的压缩性愈高。

2. 天然土层在历史上所经受过的最大固结压力（指土体在固结过程中所受的最大有效压力），称为_____。

3. 堤坝及其地基，孔隙水主要沿两个方向渗流，属于_____固结问题。

4. 与正常固结土相比，超固结土的强度_____，压缩性_____，静止侧压力系数较大。

5. 当土层的某一面为地面或砂层时，该面为_____；若另一面也为砂层，则该土层为_____。

三、名词解释题

1. 超固结土。

2. 一维固结。

3. 固结沉降。

4. 土层的应力历史。

5. 压缩模量。

四、简答题

1. 室内压缩试验有何特点？如何确定土的压缩系数 a 和 a_{1-2}？

2. 有效应力与孔隙水压力的物理意义是什么？在固结过程中两者是怎样变化的？

3. 利用分层总和法进行地基沉降量计算时，为简化计算进行了哪些基本假定？

4. 根据超固结比可将土层分为哪三类？试述它们的定义。

5. 利用规范方法进行地基沉降量计算时，到一定深度后，为何可以忽略附加应力引起的变形。

五、计算题

1. 某矩形基础底面尺寸为 2.5m×4.0m，上部结构传到地面的竖向荷载 $F=1500$kN。土层厚度、地下水位等如图 3.17 所示，各土层的孔隙比见表 3-8。试求以下内容。

(1) 粉土的压缩系数 a、相应的压缩模量 E_s，并评定其压缩性。

(2) 绘制黏土、粉质黏土和粉砂的压缩曲线。

(3) 用分层总和法计算基础的最终沉降量。

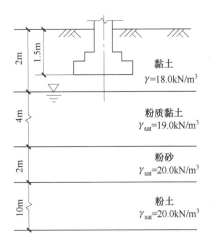

图 3.17 计算题 1 图

表 3-8 各土层的孔隙比

土层	p/kPa				
	0	50	100	200	300
黏土	0.827	0.779	0.750	0.722	0.708
粉质黏土	0.744	0.704	0.679	0.653	0.641
粉砂	0.889	0.850	0.826	0.803	0.794
粉土	0.875	0.813	0.780	0.740	0.726

2. 某地基中一饱和黏土层厚度为 4m，顶面、底面均为粗砂层，黏土层的竖向固结系数 $C_v = 9.64 \times 10^3 \, \text{cm}^2/$年，压缩模量 $E_s = 4.82 \text{MPa}$。若在地面上作用大面积均布荷载 $p_0 = 200 \text{kPa}$，试求：（1）黏土层的最终沉降量；（2）达到最终沉降量一半所需的时间；（3）若该黏土层下卧不透水层，则达到最终沉降量一半所需的时间又是多少？

在线答题

拓展习题

第4章

土的抗剪强度

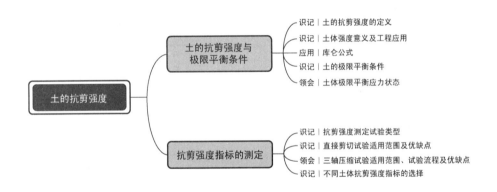

土的抗剪强度

土的抗剪强度与极限平衡条件
- 识记｜土的抗剪强度的定义
- 识记｜土体强度意义及工程应用
- 应用｜库仑公式
- 识记｜土的极限平衡条件
- 领会｜土体极限平衡应力状态

抗剪强度指标的测定
- 识记｜抗剪强度测定试验类型
- 识记｜直接剪切试验适用范围及优缺点
- 领会｜三轴压缩试验适用范围、试验流程及优缺点
- 识记｜不同土体抗剪强度指标的选择

第4章电子
课件

4.1　概　　述

　　土体的破坏通常都是剪切破坏，例如，当土坡的坡度太陡时［图4.1（a）］，土坡上的一部分土体将沿着滑动面（剪切面）向前滑动。地基土受过大的荷载作用时，也会使部分土体沿着某一滑动面挤出［图4.1（c）］，导致建筑物严重下陷，甚至倾倒。这是因为土体是由固体颗粒所组成的，颗粒之间的联结强度远小于颗粒本身的强度。因此，在外力作用下，土体的破坏一般是由一部分土体沿某一滑动面滑动而剪坏。可以说，土的强度问题实质上就是土的抗剪强度问题。抗剪强度是土的重要力学性质之一，实际工程中的地基承载力、挡土墙的土压力及土坡稳定等都受土的抗剪强度控制。

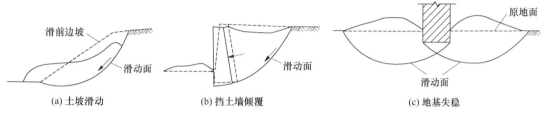

(a) 土坡滑动　　　　　(b) 挡土墙倾覆　　　　　　(c) 地基失稳

图 4.1　土体剪切破坏示意图

　　土的抗剪强度是指土体抵抗剪切破坏的极限能力。在土体自重和外荷载作用下，土体内部将产生剪应力和剪切变形，同时也将引起抵抗这种剪切变形的剪阻力。随着剪应力的增加，剪阻力相应增大。当剪阻力增大到极限值时，土就处于剪切破坏的极限状态，此时剪应力也达到极限值。这个极限值就是土的抗剪强度。若土体内某一部分的剪应力达到土的抗剪强度，在该部分就开始出现剪切破坏。随着荷载的增加，剪切破坏的范围逐渐扩大，最终在土体中形成连续的滑动面，导致土体发生整体剪切破坏而丧失稳定性。

4.2　土的抗剪强度与极限平衡条件

4.2.1　库仑公式

　　库仑（C. A. Coulomb，1773）总结了土的破坏现象和影响因素，将土的抗剪强度表达为剪切面上法向应力的函数，即

$$\tau_f = c + \sigma \tan\varphi \tag{4-1}$$

式中：τ_f——土的抗剪强度，kPa；

　　　　σ——剪切面上的法向应力（正应力），kPa；

　　　　c——土的黏聚力，kPa，对于无黏性土，$c = 0$；

　　　　φ——土的内摩擦角，°。

　　式（4-1）称为库仑公式或库仑定律，c、φ 称为抗剪强度指标或抗剪强度参数。将库

仑公式绘在 $\tau_f-\sigma$ 坐标中则成为一条直线（图4.2），该直线称为抗剪强度包线，φ 为直线与水平轴的夹角，c 为直线在纵轴上的截距。

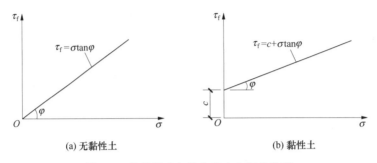

(a) 无黏性土　　　　　　　　　　　　　(b) 黏性土

图4.2　抗剪强度与法向应力之间的关系

由库仑公式可以看出，土的抗剪强度不是一个定值，而是随着剪切面上的法向应力的大小而变化。无黏性土的抗剪强度仅由摩擦力（与法向应力成正比）组成，而黏性土的抗剪强度包括摩擦力和黏聚力两个部分。存在于土体内部的摩擦力 $\sigma\tan\varphi$ 来源于两方面：一是剪切面上土粒之间的滑动摩擦阻力；二是凹凸面间的镶嵌作用所产生的摩擦阻力。黏聚力 c 是由土粒间的胶结作用、结合水膜及分子引力作用等形成的。土粒愈细，塑性愈大，其黏聚力也愈大。虽然 φ、c 具有一定的物理意义，但并不能完全体现土体真正的摩擦力和黏聚力，因此将 φ、c 仅看作式（4-1）的直线方程的两个参数，似乎更为妥当。

土的抗剪强度不仅与土的性质有关，还与试验时的排水条件、剪切速率、所用的仪器类型和操作方法等许多因素有关，其中最重要的是试验时的排水条件。在第2章第一节中已指出，饱和土体承受的总应力 σ 是由土骨架和孔隙水分担的，即 $\sigma=\sigma'+u$。但孔隙水不能承担剪应力，剪应力是由土骨架来承担的。也就是说，土的抗剪强度不是取决于剪切面上的法向总应力 σ，而是取决于该面上的法向有效应力。因此，土的抗剪强度用有效应力来表达更为合理，即

$$\tau_f=c+\sigma\tan\varphi=c'+\sigma'\tan\varphi'=c'+(\sigma-u)\tan\varphi' \tag{4-2}$$

式中：c'、φ'——有效黏聚力和有效内摩擦角，对于无黏性土，$c'=0$；

$\quad\quad\quad u$——孔隙水压力。

因此，土的抗剪强度有两种表达方法：一种是以总应力 σ 表示剪切面上的法向应力，抗剪强度表达式为式（4-1），称为抗剪强度总应力法，相应的 c、φ 称为总应力抗剪强度指标或总应力抗剪强度参数；另一种则以有效应力表示剪切面上的法向应力，其表达式为式（4-2），称为抗剪强度有效应力法，c' 和 φ' 称为有效应力抗剪强度指标或有效应力抗剪强度参数。由于抗剪强度总应力法无须测定孔隙水压力，在应用上比较方便，故一般的工程问题多采用抗剪强度总应力法，但在选择试验的排水条件时，应尽量与现场土体的排水条件相接近。

4.2.2　土的极限平衡条件

1. 土中一点的应力状态

当土中某一点任一方向的剪应力达到土的抗剪强度 τ_f 时，称该点处于极限平衡状态，

或称该点发生了剪切破坏。因此，为了研究土中某一点是否被破坏，需要先了解土中该点的应力状态。

下面仅研究平面问题。如图 4.3（a）所示，在土体中取一单元微体，设竖直面和水平面为主平面，面上只作用正应力即大主应力 σ_1 和小主应力 σ_3（$\sigma_1 > \sigma_3$），而无剪应力存在。在微体内与大主应力 σ_1 作用面成任意角 α 的 mn 斜面上有正应力 σ 和剪应力 τ。为了建立 σ、τ 与 σ_1、σ_3 之间的关系，取微棱柱体 abc 为隔离体，如图 4.3（b）所示，将各力分别在水平和垂直方向投影，根据静力平衡条件可得：

$$\sigma_3 \, ds \sin\alpha - \sigma \, ds \sin\alpha + \tau \, ds \cos\alpha = 0$$
$$\sigma_1 \, ds \cos\alpha - \sigma \, ds \cos\alpha - \tau \, ds \sin\alpha = 0 \qquad (4-3)$$

联立求解以上方程便得到 mn 平面上的正应力 σ 和剪应力 τ。

$$\sigma = \frac{1}{2}(\sigma_1 + \sigma_3) + \frac{1}{2}(\sigma_1 - \sigma_3)\cos 2\alpha \qquad (4-4)$$

$$\tau = \frac{\sigma_1 - \sigma_3}{2}\sin 2\alpha \qquad (4-5)$$

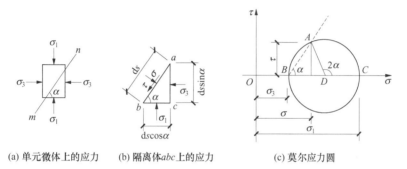

(a) 单元微体上的应力　(b) 隔离体 abc 上的应力　(c) 莫尔应力圆

图 4.3　土体中任一点的应力

由材料力学可知，土中某一点的应力状态既可用上述公式表示，也可用莫尔应力圆来描述，如图 4.3（c）所示。即在 $\sigma-\tau$ 直角坐标系中，按一定的比例尺，沿 σ 轴截取 $OB = \sigma_3$，$OC = \sigma_1$，以 D 点 $\left(\frac{\sigma_1+\sigma_3}{2}, 0\right)$ 为圆心，$\frac{\sigma_1-\sigma_3}{2}$ 为半径作一圆，从 DC 开始逆时针旋转 2α 角，使 DA 线与圆周交于 A 点。可以证明，A 点的横坐标即为斜面 mn 上的正应力 σ，纵坐标即为剪应力 τ。因此，莫尔应力圆可以表示土中某一点的应力状态，莫尔应力圆圆周上各点的坐标代表该点在相应平面上的正应力和剪应力，该面与大主应力作用面的夹角 α，等于 $\overset{\frown}{CA}$ 所含圆心角的一半。由图 4.3（c）可见，莫尔应力圆顶点所代表的平面与大主应力作用面的夹角 $\alpha = 45°$，该面上的剪应力为最大剪应力 $\tau_{\max} = \frac{1}{2}(\sigma_1-\sigma_3)$，正应力 $\sigma = \frac{1}{2}(\sigma_1+\sigma_3)$（圆心的横坐标）。

在上述分析中，仍取压应力为正，拉应力为负，而绕单元微体逆时针转动的方向，为剪应力的正方向。从式（4-5）中可见，剪应力 τ 与（$\sigma_1-\sigma_3$）有关，（$\sigma_1-\sigma_3$）称为主应力差。

2. 极限平衡条件

为判别土中某点的应力是否达到极限平衡状态，可以将抗剪强度包线与莫尔应力圆绘在同一坐标上并进行比较，如图4.4所示。它们之间的关系有以下三种情况。

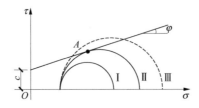

图4.4　莫尔应力圆与抗剪强度包线之间的关系

（1）整个莫尔应力圆位于抗剪强度包线的下方（圆 I），说明该点在任何平面上的剪应力都小于土所能发挥的抗剪强度（$\tau < \tau_f$），因而该点处于弹性平衡状态，即不会发生剪切破坏。

（2）莫尔应力圆与抗剪强度包线相切（圆 II），说明在切点 A 所代表的平面上，剪应力正好等于抗剪强度（$\tau = \tau_f$），该点处于极限平衡状态。圆 II 称为极限应力圆。

（3）莫尔应力圆与抗剪强度包线相割（圆 III），说明该点在某些平面上的剪应力超过了相应面的抗剪强度（$\tau > \tau_f$），故该点已被剪切破坏。实际上这种情况是不可能存在的，因为莫尔应力圆一旦与抗剪强度包线相切，该点就已被剪切破坏，剪应力不可能再增加。也就是说，该点在任何方向上的剪应力都不可能超过土的抗剪强度。

根据极限应力圆与抗剪强度包线相切的几何关系，可建立以 σ_1、σ_3 表示土中一点的剪切破坏条件，即土的极限平衡条件，如图4.5所示。对于黏性土，由 ΔRAD 的几何关系得：

$$\sin\varphi = \frac{AD}{RD} = \frac{\frac{1}{2}(\sigma_1 - \sigma_3)}{c\cot\varphi + \frac{1}{2}(\sigma_1 + \sigma_3)} \tag{4-6}$$

式中：cot——余切函数符号。

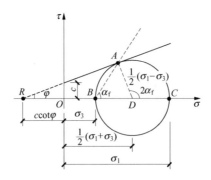

图4.5　土的极限平衡条件

利用三角函数关系转换，可得黏性土的极限平衡条件为

$$\sigma_1 = \sigma_3 \tan^2\left(45° + \frac{\varphi}{2}\right) + 2c\tan\left(45° + \frac{\varphi}{2}\right) \quad\quad (4-7)$$

$$或\; \sigma_3 = \sigma_1 \tan^2\left(45° - \frac{\varphi}{2}\right) - 2c\tan\left(45° - \frac{\varphi}{2}\right) \quad\quad (4-8)$$

对于无黏性土，由于 $c=0$，由式（4-7）、式（4-8）可得：

$$\sigma_1 = \sigma_3 \tan^2\left(45° + \frac{\varphi}{2}\right) \quad\quad (4-9)$$

$$或\; \sigma_3 = \sigma_1 \tan^2\left(45° - \frac{\varphi}{2}\right) \quad\quad (4-10)$$

在图 4.5 的 $\triangle RAD$ 中，由外角与内角的几何关系可得：

$$2\alpha_{\mathrm{f}} = 90° + \varphi$$

即破裂角

$$\alpha_{\mathrm{f}} = 45° + \frac{\varphi}{2} \quad\quad (4-11)$$

上式说明破坏面与最大主应力 σ_1 作用面的夹角为 $\left(45° + \frac{\varphi}{2}\right)$。如前所述，土的抗剪强度 τ_{f} 实际上取决于有效应力，因此，式（4-11）中的 φ 取有效内摩擦角 φ' 时才代表实际的破裂角。

土的抗剪强度理论可归纳为如下几点。

① 土的抗剪强度与该面上正应力的大小成正比。

② 土的强度破坏是由于土中某点的剪应力达到土的抗剪强度。

③ 破裂面不发生在最大剪应力作用面上，而是在莫尔应力圆与抗剪强度包线相切的切点所代表的平面上，即与大主应力作用面成 $\alpha = 45° + \varphi/2$ 交角的平面。

④ 如果同一种土有几个试样在不同的大小主应力组合下受剪切破坏，则在 $\tau_{\mathrm{f}} - \sigma$ 坐标图上可得几个极限应力圆，这些极限应力圆的公切线就是其抗剪强度包线（可视为一条直线）。

⑤ 土的极限平衡条件是判别土体中某点是否达到极限平衡状态的基本公式，这些公式在计算地基承载力和挡土墙的土压力时均需用到。

【例 4-1】 某黏性土地基的 $\varphi = 25°$，$c = 24\mathrm{kPa}$，若地基中某点的大主应力 $\sigma_1 = 140\mathrm{kPa}$，小主应力 $\sigma_3 = 30\mathrm{kPa}$，问该点是否被破坏？

【解】 为了加深对本节内容的理解，下面用三种方法求解。

（1）若该点被破坏，则破裂面与大主应力作用面的夹角 $\alpha = 45° + \varphi/2 = 57.5°$，由式（4-4）和式（4-5）得破裂面上的正应力和剪应力为

$$\sigma = \frac{1}{2}(\sigma_1 + \sigma_3) + \frac{1}{2}(\sigma_1 - \sigma_3)\cos 2\alpha$$

$$= \frac{1}{2} \times (140 + 30) + \frac{1}{2} \times (140 - 30)\cos(2 \times 57.5°) \approx 61.76 \; (\mathrm{kPa})$$

$$\tau = \frac{1}{2}(\sigma_1 - \sigma_3)\sin 2\alpha$$

$$= \frac{1}{2} \times (140 - 30)\sin(2 \times 57.5°) \approx 49.85 \; (\mathrm{kPa})$$

破裂面上土的抗剪强度为

$$\tau_f = c + \sigma\tan\varphi = 24 + 61.76 \times \tan25^\circ \approx 52.80 \ (kPa)$$

因为 $\tau_f > \tau$，所以该点未被破坏。

（2）把 σ_3、φ、c 代入式(4-7)，得

$$\sigma_{1f} = \sigma_3\tan^2\left(45^\circ + \frac{\varphi}{2}\right) + 2c\tan\left(45^\circ + \frac{\varphi}{2}\right)$$

$$= 30 \times \tan^2\left(45^\circ + \frac{25^\circ}{2}\right) + 2 \times 24 \times \tan\left(45^\circ + \frac{25^\circ}{2}\right)$$

$$\approx 149.26 \ (kPa)$$

这表明，在 $\sigma_3 = 30kPa$ 的条件下，该点如处于极限平衡状态，则大主应力应为 $\sigma_{1f} \approx$ 149.26kPa。根据算出的 σ_{1f} 及原来的 σ_3 作一莫尔应力圆，则此圆（圆Ⅱ）必与抗剪强度包线相切（图4.6）。现将计算值 σ_{1f} 与实际值 σ_1 相比较：若 $\sigma_1 > \sigma_{1f}$，则根据 σ_1、σ_3 作出的莫尔应力圆（圆Ⅲ）必与抗剪强度包线相割，该点已被破坏；若 $\sigma_1 < \sigma_{1f}$，则实际莫尔应力圆（圆Ⅰ）在抗剪强度包线之下，该点稳定。现在 $\sigma_1 = 140kPa < \sigma_{1f} \approx 149.26kPa$，故可判断该点未被破坏。

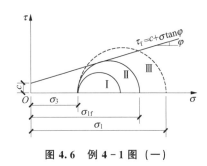

图 4.6　例 4-1 图 （一）　　　　图 4.7　例 4-1 图 （二）

（3）把 σ_1、φ、c 代入式(4-8)，得

$$\sigma_{3f} = \sigma_1\tan^2\left(45^\circ - \frac{\varphi}{2}\right) - 2c\tan\left(45^\circ - \frac{\varphi}{2}\right)$$

$$= 140 \times \tan^2\left(45^\circ - \frac{25^\circ}{2}\right) - 2 \times 24 \times \tan\left(45^\circ - \frac{25^\circ}{2}\right)$$

$$\approx 26.24 \ (kPa)$$

如图4.7所示，现将计算值 σ_{3f} 与实际值 σ_3 相比较：若 $\sigma_3 < \sigma_{3f}$，则根据 σ_3、σ_1 作出的莫尔应力圆（圆Ⅲ）必与抗剪强度包线相割，该点已被破坏；若 $\sigma_3 > \sigma_{3f}$，则实际应力圆（圆Ⅰ）在抗剪强度包线之下，该点稳定。现在 $\sigma_{3f} \approx 26.24kPa < 30kPa$，故可判断该点未被破坏。

4.3　抗剪强度指标的测定

土的抗剪强度指标是土的重要力学性能指标之一，在计算地基承载力、评价地基的稳定性及计算挡土墙的土压力时均需用到，因此，准确地测定土的抗剪强度指标在工程上具有重要意义。

目前已有多种用来测定土的抗剪强度指标的仪器和方法，每一种仪器都有一定的适用

性，而试验方法及成果整理也有所不同。

试验按常用的仪器分有直接剪切试验、三轴压缩试验、无侧限抗压强度试验、十字板剪切试验等。其中除十字板剪切试验是在现场原位进行外，其他三种试验均需从现场取出试样，并通常在室内进行。下面介绍前两种试验。

4.3.1　直接剪切试验

直接剪切试验是测定土的抗剪强度指标的一种常用方法。试验使用的仪器称为直接剪切仪（简称直剪仪），其主要部件如图 4.8 所示。试验时先对正上下剪切盒（用插销固定），再将扁圆柱形试样放在盒内上下两块透水石之间。施力时先拔去插销，通过传压板（活塞）加垂直荷载 P，设试样的水平面积为 A，则剪切面上的正应力 $\sigma = \dfrac{P}{A}$，然后对下剪切盒徐徐施加水平力 Q，下剪切盒能在滚珠上移动，此时试样在限定的剪切面上开始产生剪应力 $\tau = \dfrac{Q}{A}$，剪应力的大小可通过量力环测得。当剪应力增大到使土样在剪切面发生剪切破坏时，该剪应力 τ 就是土样的抗剪强度 τ_f。

对同一种土通常取 4 个试样，分别在不同垂直压力 σ 下发生剪切破坏，一般可取垂直压力为 100kPa、200kPa、300kPa、400kPa。将试验结果绘在以抗剪强度 τ_f 为纵坐标、垂直压力 σ 为横坐标的图上，通过各试验点绘一直线，此线即为抗剪强度包线，如图 4.9 所示。该直线在纵坐标上的截距为黏聚力 c，与横坐标的夹角为内摩擦角 φ，直线方程可用库仑公式(4-1) 表示。剪应力与剪切变形关系曲线如图 4.10 所示。

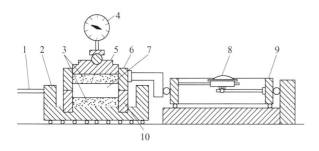
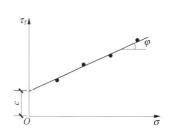

1—轮轴；2—底座；3—透水石；4—测微表；5—活塞；6—上剪切盒；7—土样；8—水平位移量表；9—量力环；10—下剪切盒

图 4.8　直剪仪主要部件

图 4.9　直接剪切试验结果

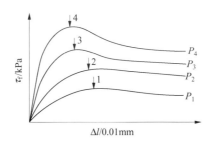

图 4.10　剪应力与剪切变形关系曲线

土的抗剪强度指标的测定计算例题

本章第二节中已指出，一般的工程问题多采用抗剪强度总应力法进行土的强度分析。为了模拟土体在现场可能受到的剪切条件，按剪切前的固结程度、剪切时的排水条件及加荷速率，把直接剪切试验分为快剪、固结快剪和慢剪三种试验方法。

(1) 快剪。这是在整个试验过程中，都不让土样排水固结，即不让孔隙水压力消散。先将试样的上下两面均贴以不透水薄膜，在施加垂直压力后，立即快速施加水平剪应力，使试样在 3~5min 内发生剪切破坏。由于剪切速率快，可认为试样在短暂的剪切过程中来不及排水固结。得到的抗剪强度指标用 c_q、φ_q 表示。

(2) 固结快剪。施加垂直压力后，让试样充分排水固结，待固结完成后，再快速施加水平剪应力，使试样在 3~5min 内发生剪切破坏。得到的抗剪强度指标用 c_{cq}、φ_{cq} 表示。

(3) 慢剪。施加垂直压力并待试样固结完成后，以缓慢的剪切速率施加水平剪应力，使试样在剪切过程中有充分的时间排水固结，直至产生剪切破坏。得到的抗剪强度指标用 c_s、φ_s 表示。

直接剪切试验具有设备简单、土样制备及试验操作方便、易于掌握等优点，因而至今仍为一般工程所广泛使用。但也存在以下缺点。

① 人为地限制剪切面在上下剪切盒之间，而不是沿土样最薄弱的面产生剪切破坏。

② 剪切面上剪应力分布不均匀，应力条件复杂。

③ 在剪切过程中，土样剪切面是逐渐缩小的，而在计算抗剪强度时却是按土样的原截面积计算的。

④ 试验时不能严格控制排水条件和测量孔隙水压力值。

4.3.2　三轴压缩试验

三轴压缩试验实质上是三轴剪切试验。这是测定土体抗剪强度的一种较精确的试验。因此，在重大工程与科学研究中经常进行三轴压缩试验。《建筑地基基础设计规范》（GB 50007—2011）规定，甲级建筑物应采用三轴压缩试验。对于其他等级建筑物，如为可塑状黏性土与饱和度不大于 0.5 的粉土时，可采用直接剪切试验。

三轴压缩试验可以克服直接剪切试验的下列缺点。

(1) 土样在试验中不能严格控制排水条件，无法测量孔隙水压力 u，也就无法计算有效应力。

(2) 试验剪切面固定在上下剪切盒之间，该处不一定正好是土样的薄弱面。

(3) 试样中应力状态复杂，有应力集中情况，仍按应力均布计算。

(4) 试样发生剪切破坏后，土样在上下剪切盒之间错位。实际剪切面面积逐渐缩小，但仍按初始土样面积计算。

三轴压缩试验所采用的三轴压缩仪，是目前测定土的抗剪强度指标较为完善的仪器。它由压力室、轴向加荷设备、周围压力系统、孔隙水压力量测系统等组成，如图 4.11 所示。压力室为一圆形密闭容器，由金属上盖、底座和透明有机玻璃圆筒组成，是三轴压缩仪的主要组成部分。试样为圆柱形，高度和直径之比一般采用 2~2.5。

三轴压缩试验原理如图 4.12 所示。试验时，将试样套在橡胶膜内，放入密封的压力室中，然后向压力室压入水，使试样在各向受到周围压力 σ_3，并使液压在整个试验过程中

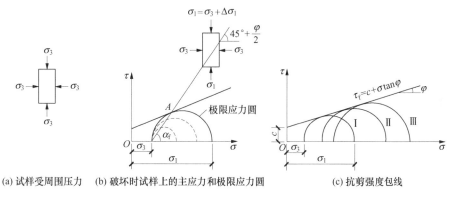

图 4.11　三轴压缩仪

保持不变。此时试样处于各向等压状态，因此试样中不产生剪应力。然后通过传力杆对试样施加竖向压力 $\Delta\sigma_1$，这样竖向主应力 $\sigma_1 = \sigma_3 + \Delta\sigma_1$ 就大于水平向主应力 σ_3。当 σ_3 保持不变，而 σ_1 逐渐增大时，相应的莫尔应力圆也不断增大。当莫尔应力圆达到一定大小时，试样终于受剪而破坏，相应的莫尔应力圆即为极限应力圆。

(a) 试样受周围压力　　(b) 破坏时试样上的主应力和极限应力圆　　(c) 抗剪强度包线

图 4.12　三轴压缩试验原理

在给定的周围压力 σ_3 作用下，一个试样的试验只能得到一个极限应力圆。为了求得抗剪强度包线，需要选用同一种土的 3～4 个试样在不同的 σ_3 作用下进行剪切，画出相应的极限应力圆。这些极限应力圆的公切线即为抗剪强度包线，如图 4.12（c）所示，又称破坏包线，一般取此包线为一直线。直线与纵轴的截距为土的黏聚力 c，与横轴的夹角为内摩擦角 φ。

对应于直接剪切试验的快剪、固结快剪和慢剪试验，三轴压缩试验亦可分为不固结不排水、固结不排水和固结排水三种试验方法。

1. 不固结不排水（UU）试验

试样在施加周围压力和随后施加竖向压力直至剪切破坏的整个过程中都不允许排水，试验自始至终关闭排水阀门。

图 4.13 是饱和黏性土的不固结不排水试验结果。图中应力圆 A、B、C 分别表示一组三个试样在不同的周围压力 σ_3 作用下的总应力圆，即极限应力圆。由于试样处在不排水的条件下，增加 σ_3 值只能引起孔隙水压力增加，而不能使试样中的有效应力增加，故在 $\tau-\sigma$ 坐标图上表现为三个极限应力圆的直径相等，因而破坏包线是一条水平线，即

$$\varphi_u = 0$$
$$\tau_f = c_u = \frac{1}{2}(\sigma_1 - \sigma_3) \tag{4-12}$$

式中：φ_u——不排水内摩擦角，°；

c_u——不排水抗剪强度，kPa。

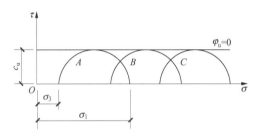

图 4.13 饱和黏性土的不固结不排水试验结果

三轴固结不排水试验计算例题

2. 固结不排水（CU）试验

试样在施加周围压力 σ_3 时打开排水阀门，允许试样排水固结，待固结完成后关闭排水阀门，再施加竖向压力，使试样在不排水的条件下发生剪切破坏。

图 4.14 为饱和黏性土的固结不排水试验结果。图中实线为总应力圆及相应的破坏包线，总应力抗剪强度指标为 c_{cu} 和 φ_{cu}，虚线为有效应力圆及相应的破坏包线，有效应力抗剪强度指标为 c' 和 φ'。于是，固结不排水的总应力强度包线可表达为

$$\tau_f = c_{cu} + \sigma\tan\varphi_{cu} \tag{4-13}$$

有效应力强度包线可表达为

$$\tau_f = c' + \sigma'\tan\varphi' \tag{4-14}$$

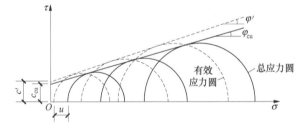

图 4.14 饱和黏性土的固结不排水试验结果

3. 固结排水（CD）试验

试样在施加周围压力 σ_3 时允许排水固结，待固结完成后，再在排水条件下施加竖向

压力至试样发生剪切破坏。

固结排水在整个试验过程中，均让试样充分排水固结，故孔隙水压力始终为零（$u=0$），所施加的竖向压力均为有效应力，总应力圆就是有效应力圆，总应力强度包线就是有效应力强度包线。试验证明，固结排水试验抗剪强度指标 c_d、φ_d 与固结不排水试验得到的 c'、φ' 很接近，由于固结排水试验所需的时间太长，故实际中常用 c'、φ' 来代替 c_d、φ_d。

三轴压缩试验的突出优点是能严格地控制排水条件及可以测量试样中孔隙水压力的变化。此外，试样中的应力状态也比较明确，剪切面是在最薄弱处，而不像直接剪切试验那样限定在上下剪切盒之间。三轴压缩试验的缺点主要是仪器设备与试验操作步骤较为复杂。

4.3.3　抗剪强度指标的选择

1. 无黏性土

传统认为无黏性土抗剪强度的来源为内摩擦力，内摩擦力由作用在剪切面上的法向压力 σ 与土体的内摩擦系数 $\tan\varphi$ 组成，内摩擦力的数值为这两项的乘积 $\sigma\tan\varphi$。在密实状态的粗粒土中，除滑动摩擦外还存在咬合摩擦。

（1）滑动摩擦存在于土粒表面之间，即在土体剪切过程中，剪切面上的土粒发生相对移动所产生的摩擦。

（2）咬合摩擦是指相邻颗粒对于相对移动的约束作用。当土体内沿某一剪切面产生剪切破坏时，相互咬合着的颗粒必须从原来的位置抬起，跨越相邻颗粒，或者在尖角处将颗粒剪断，然后才能移动。土越密，磨圆度越小，则咬合作用越强。

2. 饱和黏性土

饱和黏性土的抗剪强度包括内摩擦力与黏聚力两部分。

（1）内摩擦力：土粒相对移动时，土粒表面相互摩擦产生的阻力。其数值，一般小于无黏性土。

（2）黏聚力：主要来源于土粒间的各种物理化学作用力，包括库仑力、范德华力、胶结作用力等。黏聚力是黏性土区别于无黏性土的特征，使黏性土的颗粒黏结在一起。

① 库仑力。库仑力即静电力。黏土颗粒上下平面带负电荷而边角处带正电荷。当颗粒间的排列是边对面或角对面时，将因异性电荷而产生静电力。

② 范德华力。范德华力是分子间的引力，这种粒间引力发生在颗粒间紧密接触点处，是细粒土黏结在一起的主要原因。

③ 胶结作用力。土中含有硅、铁、碳酸盐等物质，对土粒产生胶结作用，使土具有黏聚力。

在实际工程中，对黏性土如何选择试验方法，是一个很值得注意的问题。应当根据工程的特点、施工时的加荷速率、土的性质及排水条件等情况加以具体确定。

一般工程问题多采用抗剪强度总应力法，其指标和测试方法的选择大致如下。

如果施工进度快，而地基土的透水性差且排水条件不良（如在饱和软黏土地基上开挖基坑时的基坑稳定验算），可采用不固结不排水试验或快剪试验的结果。如果加荷速率较慢，地基土的透水性较大（如低塑性的黏土）及排水条件又较佳（如黏土层中夹砂层），则可以采用固结排水试验或慢剪试验的结果。如果介于以上两种情况之间，可采用固结不排水试验或固结快剪试验的结果。由于实际加荷情况和土的性质是复杂的，而且在建筑物的施工和使用过程中都要经历不同的固结状态，因此，在确定抗剪强度指标时还应结合工程经验。

【例 4-2】 一饱和黏性土试样在三轴压缩仪中进行固结不排水试验，施加周围压力 $\sigma_3=196\text{kPa}$，试样破坏时的主应力差 $\sigma_1-\sigma_3=274\text{kPa}$，测得孔隙水压力 $u=176\text{kPa}$，如果剪切面与水平面成 $\alpha=58°$，试求剪切面上的正应力和剪应力及试样中的最大剪应力。

【解】 由试验得：

$$\sigma_3=196\text{kPa}$$
$$\sigma_1=274+196=470\ (\text{kPa})$$

由式（4-4）及式（4-5）计算剪切面上的正应力 σ 和剪应力 τ。

$$\sigma=\frac{1}{2}(\sigma_1+\sigma_3)+\frac{1}{2}(\sigma_1-\sigma_3)\cos2\alpha$$
$$=\frac{1}{2}\times(470+196)+\frac{1}{2}\times(470-196)\times\cos116°\approx273\ (\text{kPa})$$
$$\tau=\frac{1}{2}(\sigma_1-\sigma_3)\sin2\alpha=\frac{1}{2}\times(470-196)\times\sin116°\approx123\ (\text{kPa})$$

在剪切面上的有效正应力为

$$\sigma'=\sigma-u=273-176=97\ (\text{kPa})$$

最大剪应力发生在 $\alpha=45°$ 的平面上，由式（4-5）得：

$$\tau_{\max}=\frac{1}{2}(\sigma_1-\sigma_3)=\frac{1}{2}\times(470-196)=137\ (\text{kPa})$$

【例 4-3】 在例 4-2 中的饱和黏性土，已知 $\varphi'=26°$，$c'=75.8\text{kPa}$，试问为什么破坏发生在 $\alpha=58°$ 的平面上，而不在最大剪应力的作用面上？

【解】 在 $\alpha=58°$ 的平面上。从上题已算得 $\sigma'=97\text{kPa}$，剪应力 $\tau\approx123\text{kPa}$。

由式（4-2），在 $\alpha=58°$ 的平面上的抗剪强度为

$$\tau_f=c'+\sigma'\tan\varphi'=75.8+97\times\tan26°\approx123\ (\text{kPa})$$

从上面的计算知道，在 $\alpha=58°$ 的平面上，土的抗剪强度等于该面上的剪应力，即 $\tau_f=\tau$，所以在该面上发生剪切破坏。

再看在最大剪应力的作用面（$\alpha=45°$）上：

$$\sigma=\frac{1}{2}(\sigma_1+\sigma_3)+\frac{1}{2}(\sigma_1-\sigma_3)\cos2\alpha$$
$$=\frac{1}{2}\times(470+196)+\frac{1}{2}\times(470-196)\times\cos90°=333\ (\text{kPa})$$
$$\sigma'=\sigma-u=333-176=157\ (\text{kPa})$$
$$\tau_f=c'+\sigma'\tan\varphi'=75.8+157\times\tan26°\approx152.4\ (\text{kPa})$$

由上题已算出在 $\alpha=45°$ 的平面上最大剪应力 $\tau_{\max}=137\text{kPa}$，可见该面上虽然剪应力比较大，但抗剪强度 τ_f（$\approx152.4\text{kPa}$）更大，所以在剪应力最大的作用面上不发生剪切破坏。

习题

一、单项选择题

1. 属于土抗剪原位测试的是（　　　）。

　A. 三轴压缩试验　　　　　　B. 直接剪切试验

　C. 无侧限抗压强度试验　　　D. 十字板剪切试验

2. 建立土的极限平衡条件的依据是（　　　）。

　A. 极限应力圆与抗剪强度包线相切的几何关系

　B. 极限应力圆与抗剪强度包线相割的几何关系

　C. 整个莫尔应力圆位于抗剪强度包线的下方的几何关系

　D. 静力平衡条件

3. 饱和黏性土的抗剪强度指标（　　　）。

　A. 与排水条件无关

　B. 与排水条件有关

　C. 与土中孔隙水压力的变化无关

　D. 与试验时的剪切速率无关

4. 土的强度实质上是土的抗剪强度，下列有关抗剪强度的叙述正确的是（　　　）。

　A. 砂土的抗剪强度是由内摩擦力和黏聚力形成的

　B. 粉土、黏性土的抗剪强度是由内摩擦力和黏聚力形成的

　C. 粉土的抗剪强度是由内摩擦力形成的

　D. 在法向应力一定的条件下，土的黏聚力越大，内摩擦力越小，抗剪强度越大

5. 土中某点剪应力等于该点土的抗剪强度 τ_f 时，该点处于（　　　）。

　A. 弹性平衡状态　　　　　B. 极限平衡状态

　C. 破坏状态　　　　　　　D. 无法判定

二、填空题

1. 饱和黏性土固结的过程是抗剪强度_____的过程。

2. 土的压缩曲线越平缓，土的压缩性_____。

3. 某饱和黏性土地基上的建筑物施工速度较快，设计时应选用_____抗剪强度指标。

4. 三轴压缩试验按排水条件可分为_____、_____、_____三种。

5. 黏性土抗剪强度指标包括_____、_____。

三、名词解释题

1. 土的抗剪强度。

2. 抗剪强度测定试验类型。

3. 最大主应力。

4. 莫尔应力圆。

5. 滑动摩擦。

四、简答题

1. 为什么同一土样的抗剪强度不是一个定值？

2. 莫尔应力圆与抗剪强度包线之间存在着什么关系？

3. 土的抗剪强度指标是如何确定的？

4. 为什么破坏一般不发生在最大剪应力的作用面？

5. 在工程应用中，应如何根据地基土的排水条件来选择抗剪强度指标？

五、计算题

1. 已知地基中某点的大主应力 $\sigma_1 = 600 \text{kPa}$，小主应力 $\sigma_3 = 100 \text{kPa}$，试求以下内容。

（1）绘制莫尔应力圆。

（2）求最大剪应力值及最大剪应力作用面与大主应力面的夹角。

（3）计算作用在与小主应力面成 $30°$ 的面上的正应力和剪应力。

2. 某正常固结饱和黏性土的有效应力抗剪强度指标为 $c' = 0$，$\varphi' = 30°$，如在三轴压缩仪固结不排水试验中周围压力 $\sigma_3 = 150 \text{kPa}$，破坏时测得试样中的孔隙水压力 $u = 100 \text{kPa}$，则此时大主应力 σ_1 为多少？

在线答题

拓展习题

第5章
土坡稳定分析和土压力理论

知识结构图

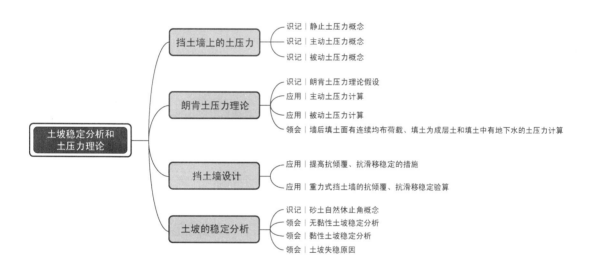

土坡稳定分析和土压力理论

- 挡土墙上的土压力
  - 识记｜静止土压力概念
  - 识记｜主动土压力概念
  - 识记｜被动土压力概念
- 朗肯土压力理论
  - 识记｜朗肯土压力理论假设
  - 应用｜主动土压力计算
  - 应用｜被动土压力计算
  - 领会｜墙后填土面有连续均布荷载、填土为成层土和填土中有地下水的土压力计算
- 挡土墙设计
  - 应用｜提高抗倾覆、抗滑移稳定的措施
  - 应用｜重力式挡土墙的抗倾覆、抗滑移稳定验算
- 土坡的稳定分析
  - 识记｜砂土自然休止角概念
  - 领会｜无黏性土坡稳定分析
  - 领会｜黏性土坡稳定分析
  - 领会｜土坡失稳原因

第5章电子
课件

5.1 概　　述

本章讨论土坡稳定性及挡土墙上土压力两方面的问题。这些问题都可根据上一章介绍过的强度理论，按土的抗剪强度指标，采用极限平衡原理进行分析，以达到对土体和地基稳定可靠的要求。

土坡通常指具有倾斜坡面的土体，如天然土坡，人工修建的堤坝，公路、铁路的路堤和路堑等。由于自然或人为因素的作用破坏了原有稳定土坡的力学平衡时，土体将沿着坡内某一滑面发生滑动，工程中称这一现象为滑坡。土坡的稳定分析，就是用土力学的理论来研究发生滑坡时滑面可能的位置和形式、滑面上的剪应力和抗剪强度的大小等问题，以评价土坡的安全性并决定是否需要治理。在房屋建筑、道路、桥梁和水利工程中，常修筑挡土墙以支挡土体或粒状材料。例如，支挡建筑物周围填土的挡土墙、地下室侧墙和桥台等（图 5.1），它们都必须符合稳定的要求。

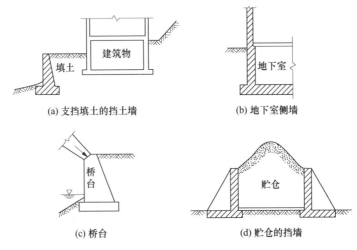

(a) 支挡填土的挡土墙　　　　　　(b) 地下室侧墙

(c) 桥台　　　　　　(d) 贮仓的挡墙

图 5.1　挡土墙应用举例

设计挡土墙时首先要确定作用在挡土墙上的土压力。土压力是挡土墙背后的填土作用在墙背上的侧向压力。挡土墙上的土压力可按朗肯（Rankine，1857）土压力理论、库仑土压力理论或其他原理进行分析、计算。长期的研究和实践表明朗肯、库仑这两个古典理论不失为可行的实用计算方法。在这些理论的基础上，国内外又提出一些考虑各种具体情况的计算公式。

5.2 挡土墙上的土压力

挡土墙上土压力的大小及分布规律，与挡土墙可能位移的方向、墙后填土的物理力学性质、墙背和填土面的倾斜程度及挡土墙的截面大小等因素有关。根据挡土墙位移情况和墙后土体所处的应力状态，土压力可分为以下三种。

5.2.1 静止土压力

如果挡土墙在土压力作用下不向任何方向移动或转动而保持原来的位置，则作用在墙背上的土压力为静止土压力。由于楼面支撑作用，房屋地下室的外墙几乎不发生位移，作用在外墙面上填土的侧压力可按静止土压力计算。静止土压力 p（kPa）等于土在自重作用下无侧向变形时的水平向应力 σ_x [图5.2（a）]，即

$$p = \sigma_x = K_0 \sigma_z = K_0 \gamma z \tag{5-1}$$

式中：K_0——静止土压力系数，或如前所述称为土的静止侧压力系数；

γ——填土的重度，kN/m³；

z——计算土压力点的深度，从填土表面算起，m。

静止土压力系数 K_0 与土的种类和密实程度等因素有关，可通过试验确定，对正常固结土可近似按 $K_0 = 1 - \sin\varphi'$（φ' 可为土的有效内摩擦角）计算或取表2-1所列的经验值。

静止土压力沿墙高呈三角形分布。对挡土墙纵向可取单位长度（1m）来计算，则静止土压力的合力 E_0（kN/m）作用在距墙底三分之一墙高 h（m）处，大小为

$$E_0 = \frac{1}{2} \gamma h^2 K_0 \tag{5-2}$$

5.2.2 主动土压力

对挡土墙进行试验研究发现，挡土墙向前移动或转动时 [图5.2（b）]，墙后土体向墙一侧伸展，使土压力减小 [图5.2（d）中左边部分，取墙的位移方向为负]。当位移量达某一定值时，土体处于极限平衡状态，墙背填土开始出现连续的滑动面，墙背与滑动面之间的土楔有跟随挡土墙一起向下滑动的趋势。在这个土楔即将滑动时，作用在挡土墙上的土压力为最小，这就是主动土压力。沿墙高方向单位面积上的主动土压力（强度）用 p_a（kPa）表示，沿墙长方向单位长度上的土压力合力为 E_a（kN/m）。这时，土楔体内的应力处于极限平衡状态，称为主动极限平衡状态。

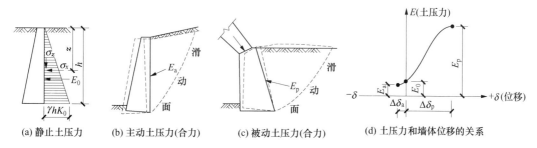

(a) 静止土压力　　(b) 主动土压力（合力）　　(c) 被动土压力（合力）　　(d) 土压力和墙体位移的关系

图5.2　土压力与墙体位移的关系

5.2.3 被动土压力

当挡土墙在外力作用下（如拱桥的桥台受到拱桥的推力作用）向墙背填土方向转动或

移动时［图 5.2（c）］，墙背挤压土体，使土压力逐渐增大。当位移量达一定值时，土体也开始出现连续的滑动面，形成的土楔随挡土墙一起向上滑动。在这个土楔即将滑动时，作用在挡土墙上的土压力增至最大，这就是被动土压力，用 p_p 表示，而被动土压力的合力就以 E_p 表示。这时，土楔内的应力处于被动极限平衡状态。

如图 5.2（d）所示，在相同条件下，主动土压力小于静止土压力，而静止土压力小于被动土压力。目前工程上常用朗肯土压力理论或库仑土压力理论对挡土墙上的土压力进行分析和计算。本章仅介绍朗肯土压力理论。

5.3　朗肯土压力理论

朗肯土压力理论是根据土的应力状态和极限平衡条件建立的。分析时假设：①墙后填土面水平；②墙背垂直于填土面；③墙背光滑。从这些假设出发，墙背处没有摩擦力，土体的竖直面和水平面没有剪应力，故竖直方向和水平方向的应力为主应力，而竖直方向的应力即为土的竖向自重应力。如果挡土墙在施工阶段和使用阶段没有发生任何侧移或转动，那么水平方向的应力就是静止土压力，也即土的侧向自重应力。这时距离填土面为深度 z 处的一点 M 的应力状态［图 5.3（a）］可用图 5.3（d）中的莫尔应力圆 I 表示。显然，M 点未到达极限平衡状态。

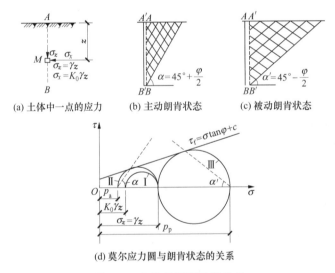

(a) 土体中一点的应力　　(b) 主动朗肯状态　　(c) 被动朗肯状态

(d) 莫尔应力圆与朗肯状态的关系

图 5.3　土体的极限平衡状态

如果挡土墙向离开土体的方向移动，则土体向水平方向伸展，因而使水平方向的应力（小主应力）减小，而竖直方向的应力（大主应力）不变。当挡土墙的位移使墙后某一点的小主应力减小而到达极限平衡状态时，该点的莫尔应力圆就与抗剪强度包线相切［图 5.3（d）中圆 II］，此圆即为极限应力圆。如果挡土墙的位移使墙高度范围内的土体每一点都处于极限平衡状态，并形成一系列平行的破裂面（滑动面）［图 5.3（b）］，则称此状态为主动朗肯状态。这时，作用在墙背上的小主应力就是主动土压力。由于墙背处任一点的大小主应力方向相同，故破裂面为斜平面，且与水平面（大主应力面）成 $45° + \dfrac{\varphi}{2}$ 的角度。

　　如果挡土墙向挤压土体的方向移动，则水平方向的应力增加。当水平方向的应力数值超过竖直方向的应力时，水平方向的应力就成为大主应力。当挡土墙的位移使墙高度范围内的土体每一点的大主应力增加而达到极限平衡状态时，则各点的莫尔应力圆（极限应力圆）与抗剪强度包线相切［图 5.3（d）中圆Ⅲ］，并使墙后形成一系列破裂面（滑动面）［图 5.3（c）］，此状态称为被动朗肯状态。这时，作用在墙背上的大主应力就是被动土压力，而破裂面与水平面（小主应力面）成 $45°-\dfrac{\varphi}{2}$ 的角度。

5.3.1　主动土压力计算

　　根据前述分析，当墙后填土达到主动极限平衡状态时，作用于任意深度 z 处土单元的竖直方向的应力 $\sigma_z=\gamma h$ 应是大主应力 σ_1，作用于墙背的水平方向的土压力 p_x 应是小主应力 σ_3。由土的强度理论可知，当土体中某点处于极限平衡状态时，大主应力 σ_1 和小主应力 σ_3 间应满足以下关系式。

　　黏性土：

$$\sigma_3=\sigma_1\tan^2\left(45°-\frac{\varphi}{2}\right)-2c\tan\left(45°-\frac{\varphi}{2}\right)$$

　　砂土：

$$\sigma_3=\sigma_1\tan^2\left(45°-\frac{\varphi}{2}\right)$$

　　计算主动土压力时，$\sigma_1=\gamma z$，$p_a=\sigma_3$，于是得以下公式。

　　黏性土：

$$p_a=\gamma z\tan^2\left(45°-\frac{\varphi}{2}\right)-2c\tan\left(45°-\frac{\varphi}{2}\right) \tag{5-3}$$

　　或

$$p_a=\gamma zK_a-2c\sqrt{K_a} \tag{5-4}$$

　　砂土：

$$p_a=\gamma z\tan^2\left(45°-\frac{\varphi}{2}\right) \tag{5-5}$$

　　或

$$p_a=\gamma zK_a \tag{5-6}$$

式中：p_a——沿深度方向分布的主动土压力，kPa；

　　　　K_a——主动土压力系数，$K_a=\tan^2\left(45°-\dfrac{\varphi}{2}\right)\leqslant1$；

　　　　γ——填土的重度，kN/m^3；

　　　　z——计算点离填土表面的距离，m；

　　　　c——填土的黏聚力，kPa；

　　　　φ——填土的内摩擦角。

　　对砂土来说，土压力与深度成正比，土压力分布图为三角形，如图 5.4（b）所示，主动土压力的合力 E_a 为

$$E_a = \frac{1}{2}\gamma h^2 \tan^2\left(45° - \frac{\varphi}{2}\right) \tag{5-7}$$

或

$$E_a = \frac{1}{2}\gamma h^2 K_a \tag{5-8}$$

式中：E_a——主动土压力的合力，kN/m；

h——挡土墙的高度。

合力作用点通过三角形土压力分布图的形心，即在距墙底 $h/3$ 处。

而黏性土的主动土压力由两部分所组成，由式（5-4）可知：一部分是由土的自重引起的土压力 $\gamma z K_a$，另一部分是因黏聚力 c 的存在而引起的负侧压力 $2c\sqrt{K_a}$（实质是抵抗滑动的抗力）。这两部分土压力叠加的结果如图 5.4（c）所示。其中 ade 部分是负侧压力（拉应力），它表示存在于土体内部的抗滑潜力使 ea 段土体对墙背无作用力。因此，黏性土的土压力分布仅是 abc 部分。

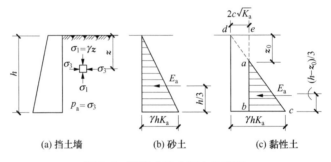

(a) 挡土墙   (b) 砂土   (c) 黏性土

图 5.4   朗肯主动土压力分布图

a 点离填土面的深度 ea 用 z_0 表示，称为临界深度。在填土面无荷载的条件下，可令式（5-4）为零，求得 z_0 值为

$$z_0 = \frac{2c}{\gamma\sqrt{K_a}} \tag{5-9}$$

单位墙长主动土压力的合力 E_a 为

$$E_a = \frac{1}{2}(h - z_0)\left(\gamma h K_a - 2c\sqrt{K_a}\right) \tag{5-10}$$

将 z_0 代入式（5-10）后，得

$$E_a = \frac{1}{2}\gamma h^2 K_a - 2ch\sqrt{K_a} + \frac{2c^2}{\gamma} \tag{5-11}$$

E_a 的作用点通过 $\triangle abc$ 的形心，即作用在离墙底 $(h - z_0)/3$ 处。

5.3.2   被动土压力计算

当墙后填土达到被动极限平衡状态时，作用在墙背上的被动土压力 p_p 是大主应力，而竖向的 $\sigma_3 = \gamma z$ 为小主应力。

从第 4 章已知砂土：

$$\sigma_1 = \sigma_3 \tan^2\left(45° + \frac{\varphi}{2}\right)$$

黏性土：

$$\sigma_1 = \sigma_3 \tan^2\left(45° + \frac{\varphi}{2}\right) + 2c\tan\left(45° + \frac{\varphi}{2}\right)$$

于是得

砂土：

$$p_p = \gamma z \tan^2\left(45° + \frac{\varphi}{2}\right) \tag{5-12}$$

或

$$p_p = \gamma z K_p \tag{5-13}$$

黏性土：

$$p_p = \gamma z \tan^2\left(45° + \frac{\varphi}{2}\right) + 2c\tan\left(45° + \frac{\varphi}{2}\right) \tag{5-14}$$

或

$$p_p = \gamma z K_p + 2c\sqrt{K_p} \tag{5-15}$$

式中：p_p——沿深度方向分布的被动土压力，kPa；

K_p——被动土压力系数，$K_p = \tan^2\left(45° + \frac{\varphi}{2}\right) \geqslant 1$。

其余符号同前。

朗肯被动土压力分布图如图 5.5 所示。单位墙长被动土压力的合力（土压力分布图的面积）为

砂土：

$$E_p = \frac{1}{2}\gamma h^2 K_p \tag{5-16}$$

黏性土：

$$E_p = \frac{1}{2}\gamma h^2 K_p + 2ch\sqrt{K_p} \tag{5-17}$$

E_p 的作用点通过三角形（对砂土而言）或梯形（对黏性土而言）压力分布图的形心。

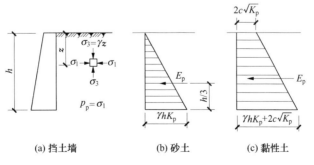

(a) 挡土墙　　　　(b) 砂土　　　　(c) 黏性土

图 5.5　朗肯被动土压力分布图

以上介绍的朗肯土压力理论，从土的应力状态和极限平衡条件导出计算公式，其概念明确，公式简单。但由于假定墙背垂直、光滑和填土面水平，使其适用范围受到限制。一

般的墙背并非光滑，而墙背与填土之间存在的摩擦力将使主动土压力减小和被动土压力增大。所以用朗肯土压力理论计算是偏于安全的。采用被动土压力作为结构物的支承力时，产生被动土压力所需要的位移量较大，可能超过结构物的允许值。如实际工程的位移量小，则被动土压力只能发挥一部分。从上述计算公式可以看出，提高墙后填土的质量，使其抗剪强度指标 φ 和 c 值增加，有助于减小主动土压力和增大被动土压力。此外，从上述计算公式还可看出，只要掌握了黏性土土压力的有关公式，可很容易推出无黏性土土压力的相应公式，即令黏性土土压力公式中的 $c=0$ 就可得出无黏性土土压力公式。

对于墙背粗糙或倾斜、墙后填土面非水平的情况，可采用库仑土压力理论计算土压力。

5.3.3 几种常见情况的土压力计算

墙后填土面有连续均布荷载、填土为成层土及填土中有地下水等情况常在工程中遇到。下面介绍利用朗肯土压力的基本公式来计算这些情况下的主动土压力的方法。

1. 墙后填土面有连续均布荷载（超载）

当填土面上有连续均布荷载 q 时（图 5.6），可参照式（5-3）或式（5-4）的推导方法。墙后距填土面为深度 z 处一点的大主应力（竖向）$\sigma_1=q+\gamma z$，小主应力（水平向）$\sigma_3=p_a$，于是根据土的极限平衡条件，有

黏性土：

$$p_a=(q+\gamma z)K_a-2c\sqrt{K_a} \tag{5-18}$$

砂土：

$$p_a=(q+\gamma z)K_a \tag{5-19}$$

当填土为黏性土时，令 $z=z_0$，$p_a=0$，代入式（5-18），可得临界深度计算公式为

$$z_0=\frac{2c}{\gamma\sqrt{K_a}}-\frac{q}{\gamma} \tag{5-20}$$

若超载 q 较大，则按上式计算的 z_0 值会出现负值，此时说明在墙顶处存在土压力，其值可通过令 $z=0$ 由式（5-18）求得。

$$p_a=qK_a-2c\sqrt{K_a} \tag{5-21}$$

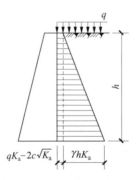

图 5.6 填土面上有连续均布荷载

2. 填土为成层土

当墙背由明显的分层填土组成时，可按各层的土质情况，分别确定每一层土作用于墙背的土压力。以图 5.7 为例，上层土按其指标 γ_1、φ_1 和 c_1 计算土压力，而第二层土的压力就可将上层土视作第二层土上的均布荷载，用第二层土的指标 γ_2、φ_2 和 c_2 来进行计算。其余土层同样可按第二层土的方法来计算。具体的做法可参考例 5—2。

3. 填土中有地下水

填土中如有地下水存在，则墙背同时受到主动土压力和静水压力的作用，如图 5.8 所示。地下水位以上的土层可按前述方法计算土压力；地下水位以下的土层，应采用土的有效重度 γ' 和有效应力抗剪强度指标 c'、φ' 来计算土压力。但一般的工程多采用抗剪强度总应力法，并假定浸水前后土体的 c、φ 值不变（对重要工程应考虑适当降低 c、φ 值），即以有效重度 γ' 和浸水前土的抗剪强度指标 c、φ 值来计算土压力。总侧压力为主动土压力和静水压力之和。显然，由于地下水的存在，作用在挡土墙上的总侧压力增大了。因此，挡土墙应该有良好的排水措施。

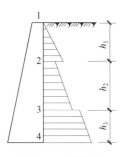

图 5.7　成层土

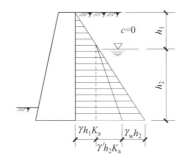

图 5.8　填土中有地下水

挡土墙主动
土压力计算
例题

【例 5—1】 已知一挡土墙高度为 5.2m，墙背垂直，填土面水平，墙背按光滑考虑，填土面上作用均布荷载 $q=8\text{kPa}$，墙后填土重度 $\gamma=18\text{kN/m}^3$，内摩擦角 $\varphi=20°$，黏聚力 $c=12\text{kPa}$，如图 5.9 所示。试计算作用在墙背上的主动土压力及其合力。

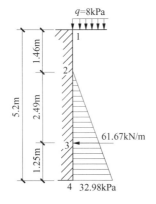

图 5.9　例 5—1 图

【解】按朗肯土压力理论计算：

$$K_a = \tan^2\left(45° - \frac{20°}{2}\right) \approx 0.49$$

$$\sqrt{K_a} = 0.70$$

土压力为零处的临界深度：

$$z_0 = \frac{2c}{\gamma\sqrt{K_a}} - \frac{q}{\gamma} = \frac{2 \times 12}{18 \times 0.7} - \frac{8}{18}$$

$$\approx 1.90 - 0.44 = 1.46 \text{（m）}$$

墙体处（点4）的土压力为

$$p_{a4} = (q + \gamma h)K_a - 2c\sqrt{K_a}$$

$$= (8 + 18 \times 5.2) \times 0.49 - 2 \times 12 \times 0.7$$

$$\approx 49.78 - 16.8 = 32.98 \text{（kPa）}$$

土压力按三角形分布，其合力为

$$E_a = \frac{1}{2}(h - z_0)p_{a4}$$

$$= \frac{1}{2} \times (5.2 - 1.46) \times 32.98$$

$$\approx 61.67 \text{（kN/m）}$$

E_a 的作用点离墙底为

$$\frac{1}{3}(h - z_0) = \frac{1}{3} \times (5.2 - 1.46) \approx 1.25 \text{（m）}$$

【例 5-2】求作用在图 5.10（a）所示挡土墙（墙背光滑，墙后填土为砂土）上的总侧压力（包括主动土压力和静水压力）的大小和作用点位置。

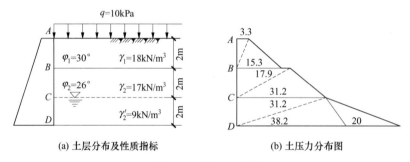

(a) 土层分布及性质指标   (b) 土压力分布图

图 5.10　例 5-2 图

【解】（1）第一层土。

A 点：

$$p_{aA} = qK_{a1} = 10 \times \tan^2\left(45° - \frac{30°}{2}\right) \approx 10 \times 0.333 \approx 3.3 \text{（kPa）}$$

B 点：

$$p_{aB1} = (q + \gamma_1 h_1)K_{a1} \approx (10 + 18 \times 2) \times 0.333 \approx 15.3 \text{（kPa）}$$

（2）第二层土。

B 点：

$$p_{aB2}=(q+\gamma_1 h_1)K_{a2}=(10+18\times2)\times\tan^2\left(45°-\frac{26°}{2}\right)$$
$$\approx46\times0.39\approx17.9\ (\text{kPa})$$

C 点：
$$p_{aC}=(q+\gamma_1 h_1+\gamma_2 h_2)K_{a2}$$
$$\approx(10+18\times2+17\times2)\times0.39=31.2\ (\text{kPa})$$

D 点静水压力：
$$p_{wD}=\gamma_w h_3=10\times2=20\ (\text{kPa})$$

D 点主动土压力：
$$p_{aD}=(q+\gamma_1 h_1+\gamma_2 h_2+\gamma_2' h_3)K_{a2}$$
$$\approx(10+18\times2+17\times2+9\times2)\times0.39$$
$$\approx38.2\ (\text{kPa})$$

土压力分布图如图 5.10（b）所示，主动土压力的合力（即图形面积）为
$$E_a=\frac{1}{2}\times(3.3+15.3)\times2+\frac{1}{2}\times(17.9+31.2)\times2+\frac{1}{2}\times(31.2+38.2)\times2$$
$$=137.1\ (\text{kN/m})$$

静水压力合力为
$$E_w=\frac{1}{2}\gamma_w h_3^2=\frac{1}{2}\times10\times2^2=20\ (\text{kN/m})$$

总侧压力为
$$E=E_a+E_w=137.1+20=157.1\ (\text{kN/m})$$

为了求得合力 E 的作用位置，按材料力学求截面形心的方法，将图 5.10（b）所示的土压力分布图用虚线分成 6 个小三角形，各三角形的面积为 E_i，其形心距 D 点的垂直距离为 y_i，则
$$\sum E_i y_i=\frac{1}{2}\times2\times3.3\times\left(\frac{2}{3}\times2+4\right)+\frac{1}{2}\times2\times15.3\times\left(\frac{1}{3}\times2+4\right)+$$
$$\frac{1}{2}\times2\times17.9\times\left(\frac{2}{3}\times2+2\right)+\frac{1}{2}\times2\times31.2\times\left(\frac{1}{3}\times2+2\right)+$$
$$\frac{1}{2}\times2\times31.2\times\left(\frac{2}{3}\times2\right)+\frac{1}{2}\times2\times58.2\times\left(\frac{1}{3}\times2\right)$$
$$\approx312.3(\text{kN})$$

设合力 E 作用点距 D 点的垂直距离为 y，有
$$y=\frac{\sum E_i y_i}{E}=\frac{312.3}{157.1}\approx1.99(\text{m})$$

5.4　挡土墙设计

5.4.1　挡土墙的类型

挡土墙的应用很广，随着工程建设（如高速公路和深基坑开挖等）的发展，出现了不

少新型的挡土墙。

挡土墙有重力式、悬臂式、扶壁式、锚杆、锚定板、板桩墙等多种形式，如图 5.11 所示。

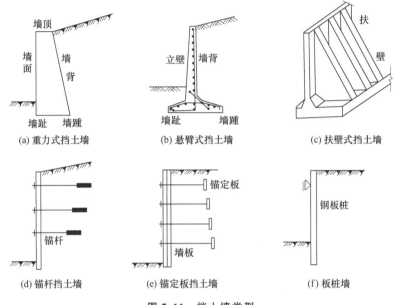

图 5.11 挡土墙类型

（1）重力式挡土墙由块石、毛石砌筑而成，它靠自重来抵抗土压力。其由于结构简单、施工方便、取材容易而得到广泛应用，适用于高度小于 6m、地层稳定、开挖土石方时不会危及相邻建筑物安全的地段。

（2）悬臂式挡土墙一般用钢筋混凝土建造，它的立壁和底板的悬臂拉应力由钢筋来承受。因此墙高可大于 5m，而截面可以小些。当墙高大于 8m 时，立壁所受的弯矩和产生的位移都较大，因此必须沿墙长纵向，每隔一定距离（0.8～1.0 倍墙高）设置一道扶壁，成为扶壁式挡土墙。

（3）锚杆挡土墙由钢筋混凝土墙板及锚固于稳定土（岩）层中的地锚（锚杆）组成。锚杆可通过钻孔灌浆、开挖预埋或拧入等方法设置。其作用是将墙板所承受的土压力传递到土（岩）层内部，从而维持挡土墙的稳定。

（4）锚定板挡土墙由钢筋混凝土墙板、钢拉杆和锚定板连接而成，然后在墙板和锚定板之间填土。作用在墙板上的土压力通过钢拉杆传至锚定板，再由锚定板的抗拔力来平衡。我国太焦铁路的锚定板挡土墙高度达 24m。

（5）板桩墙常采用钢板桩，并由打桩机械打入设置，用作深基坑开挖的临时土壁支护时，随着挖方的进行，可加单支撑、多支撑或无支撑，并在用完拔起或留在原地。本节着重介绍重力式挡土墙的设计。

5.4.2　挡土墙的稳定验算

重力式挡土墙主要靠自重来平衡墙后土体的侧向压力，故它应具有足够的强度和稳定性，以满足工程应用要求。在根据墙后土体性质和墙高等因素初步拟定挡土墙尺寸后，主要验算内容就是挡土墙的强度和稳定性，即挡土墙的设计应保证在自重和外力作用下不发生全墙的滑移和倾覆，并保证墙身每一截面和基底的应力与偏心距不超过容许值。经大量研究和现场调查，墙的稳定性往往是挡土墙设计的控制因素，它分为抗倾覆稳定性和抗滑移稳定性两种形式。

作用在挡土墙上的荷载有：墙体所受的重力 G、主动土压力 E_a 及墙底反力。墙面埋入土中部分的被动土压力，一般忽略不计（由于墙趾的水平位移一般较小，被动土压力发挥不出来）。G 按墙的实际重度计算。计算土压力时，计算方法按前述方法进行。

1. 抗倾覆稳定验算

挡土墙在主动土压力作用下产生倾覆时，一般绕墙趾 O 点（图 5.12）转动。下面说明其验算方法。若挡土墙的墙背不是垂直、光滑的，那么作用在墙背上的主动土压力的作用方向就不是水平的，这时可先将主动土压力 E_a 分解成竖直分力 E_{az} 和水平分力 E_{ax}。

$$E_{az}=E_a\sin(\alpha+\delta)$$
$$E_{ax}=E_a\cos(\alpha+\delta)$$

式中：δ——土对墙背的摩擦角；

α——墙背的倾斜角。

要求抗倾覆稳定安全系数为

$$K_t=\frac{抗倾覆力矩}{倾覆力矩}=\frac{Gx_0+E_{az}x_f}{E_{ax}z_f}\geqslant1.6 \tag{5-22}$$

$$z_f=z-b\tan\alpha_0$$
$$x_f=b-z\tan\alpha$$

式中：G——挡土墙的重力，kN/m；

x_0——挡土墙重心离墙趾的水平距离，m；

z_f——土压力作用点至墙趾的高度，m；

x_f——土压力作用点至墙趾的水平距离，m；

α_0——挡土墙基底的倾角，°；

b——基底的水平投影宽度，m；

z——土压力作用点至墙踵的高度，m。

当验算结果不能满足式(5-22)的要求时，可采取如下的处理措施。

① 将墙趾做成台阶形，从而加大 x_f 及 x_0。

② 加大墙体宽度，以增加墙体自重 G 及 x_f、x_0。

③ 条件许可时优先选择仰斜式挡土墙，以减小主动土压力 E_a。

④ 提高墙后填土质量（增大其 φ 值），以减小 E_a。

⑤ 做好排水措施。

2. 抗滑移稳定验算

将重力 G 和主动土压力 E_a 分解为垂直和平行基底方向的分力，如图 5.13 所示。

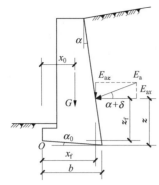

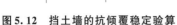

图 5.12　挡土墙的抗倾覆稳定验算

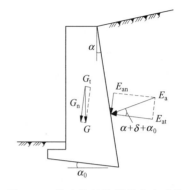

图 5.13　挡土墙的抗滑移稳定验算

垂直基底分力：

$$G_n = G\cos\alpha_0$$

$$E_{an} = E_a\sin(\alpha+\delta+\alpha_0)$$

水平基底分力：

$$G_t = G\sin\alpha_0$$

$$E_{at} = E_a\cos(\alpha+\delta+\alpha_0)$$

要求抗滑移稳定安全系数为

$$K_s = \frac{抗滑移力}{滑移力} = \frac{(G_n+E_{an})\mu}{E_{at}-G_t} \geqslant 1.3 \qquad (5-23)$$

式中：μ——土对挡土墙基底的摩擦系数，见表 5-1。

式(5-23)适用于荷载长期作用或土层处于排水条件下的情况。对饱和黏性土和粉土来说，在不排水条件下，式(5-23)中抗滑移力应为墙底接触面积乘以土的不排水抗剪强度 c_u。

提高挡土墙抗滑移稳定性的主要措施如下。

① 将基底做成逆坡，以减小滑移力。

② 加大墙体宽度，以增加墙体自重。

③ 采取能减小主动土压力的措施。

表 5-1　土对挡土墙基底的摩擦系数

土的类别		摩擦系数 μ
黏性土	可塑	0.25～0.30
	硬塑	0.30～0.35
	坚硬	0.35～0.45
粉土		0.30～0.40
中砂、粗砂、砾砂		0.40～0.50
碎石土		0.40～0.60
软质岩		0.40～0.60
表面粗糙的硬质岩		0.65～0.75

注：① 对易风化的软质岩和塑性指数 I_P 大于 22 的黏性土，基底摩擦系数应通过试验确定。

② 对碎石土，可根据其密实度、填充物状况和风化程度等确定。

5.4.3 挡土墙的基底压力验算

挡土墙的基底压力应小于地基承载力，否则，地基将丧失稳定性而产生整体滑动。挡土墙基底常属偏心受压情况，其验算方法可见第 7 章，即要求墙底平均压力 $p \leqslant f_{ak}$，墙底边缘最大压力 $p_{max} \leqslant 1.2 f_{ak}$（$f_{ak}$ 为地基承载力特征值），且基底合力的偏心距不应大于 0.25 倍的基础宽度。当墙体高度不太大而地基并非软弱，或者挡土墙顶面没有直接承受竖向荷载时，基底压力的验算一般均能满足要求。

5.4.4 挡土墙的墙身强度验算

墙身强度的验算，一般选在墙截面突变处，如墙底台阶的上截面。验算时，先计算此截面以上墙体的重力和该高度相应的主动土压力，求得该截面的内力，然后按《砌体结构设计规范》（GB 50003—2011）进行受压和受剪承载力验算。应当指出，一些满足截面强度验算的挡土墙，由于施工质量差，石缝的砂浆不饱满，因而会造成墙体破坏。因此，挡土墙的施工质量不容忽视。

【例 5-3】试对例 5-1 的挡土墙进行稳定验算。初选墙体截面如图 5.14 所示，墙身砌体重度为 22kN/m³，$\mu = 0.5$。

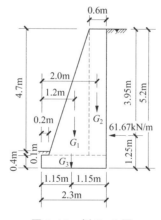

图 5.14 例 5-3 图

【解】先计算墙体重力，如图墙体分为三部分。

$$G_1 = \frac{1}{2} \times 4.8 \times (2.3 - 0.2 - 0.6) \times 22 = 79.2 \ (kN/m)$$

$$G_2 = 0.6 \times 4.8 \times 22 = 63.36 \ (kN/m)$$

$$G_3 = 0.4 \times 2.3 \times 22 = 20.24 \ (kN/m)$$

$$\sum G = G_1 + G_2 + G_3 = 79.2 + 63.36 + 20.24 = 162.8 (kN/m)$$

抗滑移稳定安全系数：

$$K_s = \frac{\sum G \mu}{E_a} = \frac{162.8 \times 0.5}{61.67} \approx 1.32 > 1.3$$

可以。

抗倾覆稳定安全系数：

$$K_t = \frac{G_1 \times 1.2 + G_2 \times 2.0 + G_3 \times 1.15}{E_a \times 1.25}$$

$$= \frac{79.2 \times 1.2 + 63.36 \times 2.0 + 20.24 \times 1.15}{61.67 \times 1.25}$$

$$\approx 3.18 > 1.6$$

合适。

5.5 土坡的稳定分析

土坡包括天然土坡和人工土坡。天然土坡是指自然形成的山坡和江河岸坡；人工土坡是指在平整场地、开挖基坑和修筑道路等工程中经过开挖、填筑而成的斜坡。对于天然土坡，必要时需要评价其稳定性；对于人工土坡，需要确定其坡度。如果坡度太陡，容易发生滑坡和崩塌，而坡度太平缓，则又会增加土方量，或超出建筑界限，或影响邻近建筑物和场地的使用。

土坡的失稳常常是在外界的不利因素影响下触发和加剧的，一般有以下几种原因。

① 由于土坡环境变化、几何尺寸改变、荷载作用等导致坡体内部剪应力增大至极限值。如在坡脚处人工切割开挖或河流、雨水冲刷，坡顶堆积重物、修筑建筑物或筑路行车使坡顶荷载增大，降雨导致土体重度增加和土裂缝中静水压力增大，地下水渗流引起的渗透力，地下水位快速大幅下降导致土体内有效应力增大，地震、打桩、爆破等引起的动荷载等可使土坡内部的剪应力增大。

② 由于外界因素的不利影响导致土体抗剪强度降低。气候变化引起土体干裂和冻融，土坡土体结构因雨水的浸水而软化或波浪冲击拍打而破坏，地震、爆破等引发的土振动液化、沉陷和超静孔隙水压力大幅度升高，膨胀土的反复胀缩，黏性土的蠕变等都会导致土体的抗剪强度降低。

③ 由于外界不利荷载的作用打破了土坡原有静力平衡。如在地震、爆破等巨大外力作用下产生不利的水平力作用，导致土坡原有静力平衡被打破。

本节将介绍简单土坡的稳定分析方法。所谓简单土坡系指土坡的顶面和底面都是水平的，且土坡由均质土所组成。对于不是简单土坡的情况，也可按类似的方法处理。图5.15表示了简单土坡各部位的名称。

5.5.1 无黏性土坡的稳定分析

砂土（或碎石土，下同）的颗粒之间没有黏聚力，只有摩擦力。只要位于砂土坡面上的各个土粒能够保持稳定、不会下滑，则这个土坡就是稳定的。砂土土坡稳定的平衡条件可由图5.16所示的力系来说明。

设土坡的坡角为β，斜坡上土粒M的重力为G，G在垂直和平行坡面的分力分别为

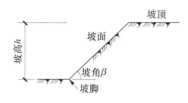

图 5.15　简单土坡各部位的名称

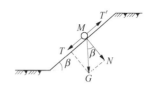

图 5.16　砂土土坡的稳定分析

$$N = G\cos\beta$$
$$T = G\sin\beta$$

分力 T 使土粒 M 向下滑动，是滑动力，而阻止土粒下滑的抗滑力则是由 N 引起的摩擦力 T'。

$$T' = N\tan\varphi = G\cos\beta\tan\varphi$$

稳定安全系数为

$$K = \frac{T'}{T} = \frac{G\cos\beta\tan\varphi}{G\sin\beta} = \frac{\tan\varphi}{\tan\beta} \qquad (5-24)$$

由上式可见，当坡角 β 等于土的内摩擦角 φ 时，$K=1$，即土坡处于极限平衡状态。只要坡角 $\beta<\varphi$（$K>1$），土坡就稳定，而且与坡高无关。一般取 $K=1.1\sim1.5$ 已能满足砂土土坡稳定的要求。砂土堆积成的土坡，在自然稳定状态下的极限坡角，称为自然休止角。砂土的自然休止角数值等于或接近其内摩擦角。人工临时堆放的砂土，常比较疏松，其自然休止角略小于同一级配砂土的内摩擦角。

5.5.2　黏性土坡的稳定分析

危险的滑动面必定深入土体内部。根据土体极限平衡理论，可以推导出均质黏性土坡的滑动面为对数螺旋线曲面，形状近似于圆柱面，在断面上近似为圆弧形。观察现场滑坡体断面上的形态，也与圆弧相似。因此，在工程设计中常假定平面应变状态的土坡的滑动面为圆弧面。建立在这一假定上的稳定分析方法称为圆弧滑动法，是极限平衡法的一种常用分析方法。

土坡稳定安全系数计算例题

黏性土坡稳定分析的方法有多种，这里只介绍瑞典条分法。

瑞典条分法是瑞典工程师费兰纽斯（Fellenius，1922）提出来的。其基本原理是，假定土坡沿着圆弧面滑动利用圆弧滑动法，将圆弧滑动体分成若干竖直的土条，计算各土条力系对圆弧圆心的抗滑动力矩与滑动力矩，由抗滑动力矩与滑动力矩之比（稳定安全系数）来判别土坡的稳定性。

具体分析步骤如下。

① 按比例绘出土坡截面图，如图 5.17（a）所示。

② 任选一点 O 作为圆心（选择圆心方法后述），以 O 点至坡脚 A 作为半径 r，作假设的滑动圆弧面 AC。

③ 将滑动面以上土体竖直分成几个宽度相等的土条。

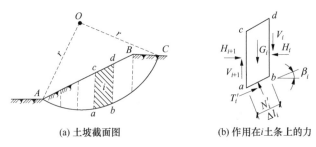

(a) 土坡截面图 (b) 作用在 i 土条上的力

图 5.17 分析土坡稳定的瑞典条分法

④ 按图示比例计算各土条的重力 G（垂直土坡截面方向取 1m 长度），如第 i 土条的重力为 G_i，滑动面 ab 近似取为直线，ab 直线与水平面的夹角为 β_i 时，可将 G_i 分解为 ab 面上的法向（垂直 ab 方向）分力 N_i 和切向分力 T_i，如图 5.17（b）所示。N_i 及 T_i 与图中 N_i' 和 T_i' 大小相等，方向相反。

$$N_i = G_i \cos\beta_i \qquad (5-25)$$

$$T_i = G_i \sin\beta_i \qquad (5-26)$$

假定 bd 侧面上的法向分力（沿水平方向）H_i 和切向分力（沿竖直方向）V_i 的合力与 ac 侧面上的法向分力 H_{i+1} 和切向分力 V_{i+1} 的合力互相平衡抵消（由此引起的误差一般为 10%～15%），可以不计。

⑤ 计算各土条底面切向分力 T_i 对圆心的滑动力矩（注意：通过 O 点的竖直线左边的土条所产生的力矩为负值）。

$$M_s = \sum_{i=1}^{n} T_i r = r \sum_{i=1}^{n} G_i \sin\beta_i \qquad (5-27)$$

⑥ 计算各土条底面处由法向分力引起的摩擦力（$N_i \tan\varphi$）和黏聚力（$c\Delta l_i$）所产生的抗滑动力矩。

$$M_r = \sum_{i=1}^{n} N_i r \tan\varphi + \sum_{i=1}^{n} c\Delta l_i r = r\left(\tan\varphi \sum_{i=1}^{n} G_i \cos\beta_i + c \sum_{i=1}^{n} \Delta l_i\right) \qquad (5-28)$$

式中：φ、c 为土的内摩擦角和黏聚力，Δl_i 为各土条在滑动面处的长度，可按比例量出其直线距离（也可计算出它的弧长）。

⑦ 稳定安全系数为

$$
K = \frac{M_r}{M_s} = \frac{r\left(\tan\varphi \sum\limits_{i=1}^{n} G_i \cos\beta_i + c \sum\limits_{i=1}^{n} \Delta l_i\right)}{r \sum\limits_{i=1}^{n} G_i \sin\beta_i}
$$

$$
= \frac{\tan\varphi \sum\limits_{i=1}^{n} G_i \cos\beta_i + c \sum\limits_{i=1}^{n} \Delta l_i}{\sum\limits_{i=1}^{n} G_i \sin\beta_i} \qquad (5-29)
$$

⑧ 假定几个可能的滑动面，分别计算相应的稳定安全系数 K，其中 $K_{\min}$（最小稳定安全系数）所对应的滑动面为最危险的滑动面，一般要求 $K_{\min}$ 大于 1.1～1.5（重要工程

取高值)。

　　根据大量的试算经验,简单土坡的最危险滑动面的圆心在图 5.18 中确定的 DE 线上的 E 点附近。D 点的位置在坡脚 A 点下面 h 再向右取 $4.5h$ 处(h 为坡高)。E 点的位置为与坡角 β 有关的两个角度 a 和 b 边线的交点,角 a 和角 b 的数值见表 5-2。当土的内摩擦角 $\varphi=0$ 时,圆弧的圆心在 E 点;$\varphi>0$ 时,圆心在 E 点的上方。试算时可在 DE 的延长线上取几个圆心 O_1、O_2、$\cdots$,计算相应的稳定安全系数。在垂直 DE 的方向按比例绘出各线段来代表各稳定安全系数的数值,然后连成 K 值曲线。在该线最小的 K 值处作垂直线 FG,然后在 FG 线上另取若干个圆心 O'_1、O'_2、$\cdots$,计算出相应的稳定安全系数,同样可作出 K' 值曲线,并以 K' 值曲线上的最小值作为 $K_{\min}$,而相应的 O' 即为最危险滑动面的圆心。

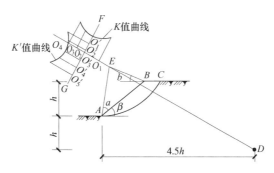

图 5.18　简单土坡滑动圆弧圆心的确定

表 5-2　角 a 和角 b 的数值

土坡坡度	坡角 β	角 a	角 b
1 : 0.58	60°	29°	40°
1 : 1.0	45°	28°	37°
1 : 1.5	33°41′	26°	35°
1 : 2.0	26°34′	25°	35°
1 : 3.0	18°26′	25°	35°
1 : 4.0	14°02′	25°	36°
1 : 5.0	11°19′	25°	37°

　　采用瑞典条分法进行分析,实际上是假定滑动圆弧的圆心来进行试算。由于手算比较繁琐费时,故宜编成程序利用电子计算机计算。根据上述简单土坡瑞典条分法稳定计算的原理,也可计算坡顶上有荷载、滑动圆弧不通过坡脚及成层土的土坡等比较复杂的情况。压实填土边坡和其他边坡,可参照有关规范所列的坡度允许值选定。对黏性土来说,高度大的边坡应比高度小的边坡平缓。

　　上面的讨论,是根据土的抗剪强度指标进行力学方面的稳定分析。实际上,边坡稳定问题与地质学科密切相关。有些地区,土的抗剪强度指标高,地质条件良好,较陡的边坡也能长期维持稳定;而有些地区,较平缓的边坡也难以保持稳定。遇到后一种情况时,必须重视当地的工程经验，并应注意：①经过稳定验算后，才能在坡顶上加载及在坡脚挖方；②对于稳定性不足的地段，应事先分段做好挡土结构；③应在坡顶和填土体内分别做好明沟和暗沟（或盲沟）以便排水；④大型基础工程，应在开挖基坑之前做好保证坑壁稳定的措施，然后才能开挖。

习　题

一、单项选择题

1. 当挡土墙静止不动，墙后土体处于弹性平衡状态时，作用在墙背上的土压力称为（　　）。
　　A. 主动土压力　B. 被动土压力　C. 静止水压力　D. 静止土压力

2. 朗肯主动土压力系数等于（　　）。
　　A. $\tan(45°+\varphi/2)$　　　　　B. $\tan(45°-\varphi/2)$
　　C. $\tan^2(45°+\varphi/2)$　　　　D. $\tan^2(45°-\varphi/2)$

3. 朗肯土压力理论的假设条件不包括（　　）。
　　A. 墙背竖直　　　　　　　B. 墙背填土是散体材料
　　C. 墙背光滑　　　　　　　D. 墙后填土面水平

4. 以下不属于轻型挡土墙的是（　　）。
　　A. 重力式挡土墙　　　　　B. 悬臂式挡土墙
　　C. 扶壁式挡土墙　　　　　D. 锚杆挡土墙

5. 为保证挡土墙的抗滑移稳定性，必须要求抗滑移力和滑移力之比（　　）。
　　A. 不大于 1.3　　　　　　B. 不小于 1.3
　　C. 不大于 1.6　　　　　　D. 不小于 1.6

二、填空题

1. 瑞典条分法分析土坡稳定时主要适用＿＿＿＿、＿＿＿＿、＿＿＿＿。
2. 完全浸水饱和土体由＿＿＿＿、＿＿＿＿组成。
3. 无黏性土坡的稳定性与坡角＿＿＿＿，与坡高＿＿＿＿。
4. 黏性土坡滑动失稳时滑动圆弧面形式为＿＿＿＿、＿＿＿＿、＿＿＿＿。
5. 黏性土坡稳定性分析方法一般有＿＿＿＿、＿＿＿＿。

三、名词解释题

1. 土压力。
2. 主动土压力。
3. 被动土压力。
4. 静止土压力。
5. 自然休止角。

四、简答题

1. 主动土压力与被动土压力有何区别？
2. 何为无黏性土坡的自然休止角？无黏性土坡的稳定性与哪些因素有关？
3. 地下水对土体边坡稳定性的影响有哪些？

4. 重力式挡土墙的防水措施有哪些？

5. 土坡稳定分析的瑞典条分法原理是什么？

五、计算题

1. 某砂土场地需放坡开挖基坑，已知砂土的自然休止角 $\varphi = 32°$，试求以下内容。

（1）放坡时的极限坡角 β_{cr}。

（2）若取稳定安全系数 $K = 1.3$，求稳定坡角 β。

2. 高度为 6m 的挡土墙，墙背直立、光滑，墙后填土面水平，其上作用均布荷载 $q = 20\text{kPa}$。填土分为两层，上层填土厚 2.5m，$\gamma_1 = 16\text{kN/m}^3$，$c_1 = 12\text{kPa}$，$\varphi_1 = 20°$，地下水位在填土面下 2.5m 处与下层填土面齐平，下层填土 $\gamma_{sat} = 20\text{kN/m}^3$，$c_2 = 10\text{kPa}$，$\varphi_2 = 35°$。求作用在墙背上的总侧压力的大小和作用点位置。

在线答题

拓展习题

第6章
地基承载力

知识结构图

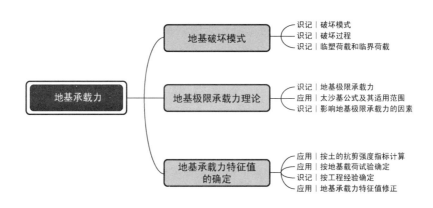

地基承载力
- 地基破坏模式
  - 识记 | 破坏模式
  - 识记 | 破坏过程
  - 识记 | 临塑荷载和临界荷载
- 地基极限承载力理论
  - 识记 | 地基极限承载力
  - 应用 | 太沙基公式及其适用范围
  - 识记 | 影响地基极限承载力的因素
- 地基承载力特征值的确定
  - 应用 | 按土的抗剪强度指标计算
  - 应用 | 按地基载荷试验确定
  - 识记 | 按工程经验确定
  - 应用 | 地基承载力特征值修正

第6章电子
课件

6.1　地基破坏模式

6.1.1　破坏模式

在荷载作用下，建筑物地基的破坏通常是由承载力不足而引起的剪切破坏。地基剪切破坏的模式可分为整体剪切破坏、局部剪切破坏和刺入剪切破坏三种，如图 6.1 所示，对应的 $p-s$ 曲线如图 6.2 所示。

1. 整体剪切破坏

整体剪切破坏的特点是，当荷载增加到某一数值时，在基础边缘处的土开始发生剪切破坏，随着荷载的不断增加，剪切破坏区不断扩大，最终在地基中形成一连续滑动面，基础急剧下沉或向一侧倾倒，同时基础四周的地面隆起，地基发生整体剪切破坏 [图 6.1 (a)]。对于压缩性较低的土，如密实砂土和坚硬黏土，一般都发生这种模式的破坏。这种情况也可能在承载力低、相对埋深（d/b，d 为埋深，b 为基础底面宽度）小的基础下出现。

2. 局部剪切破坏

这是一种过渡性的破坏模式，其特点介于整体剪切破坏和刺入剪切破坏之间。破坏时地基中的剪切破坏区仅局限于基础下方，滑动面不延伸到地面。地面可能有轻微的隆起，但基础不会明显倾斜或倒塌 [图 6.1 (b)]，其 $p-s$ 曲线的转折点不明显。

3. 刺入剪切破坏

刺入剪切破坏的特点是，地基中没有出现明显的连续滑动面，基础四周的地面也不隆起，基础没有很大倾斜 [图 6.1 (c)]，其 $p-s$ 曲线也无明显的转折点。地基的破坏是由于基础下面软弱土变形并沿基础周边产生竖向剪切，导致基础连续下沉，就像基础"切入"土中一样，故称为刺入剪切破坏，或称冲剪破坏。这种破坏模式多出现于基础相对埋深较大（如桩基础）和压缩性较高的松砂及软土中。

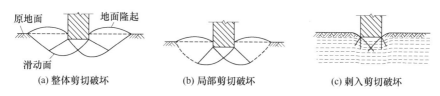

| (a) 整体剪切破坏 | (b) 局部剪切破坏 | (c) 刺入剪切破坏 |

图 6.1　地基三种破坏模式

6.1.2　破坏过程

对地基进行载荷试验时，可以得到如图 6.2 所示的荷载 p 和沉降 s 的关系曲线。如图中 $p-s$ 曲线所示，地基的变形一般可分为三个阶段。

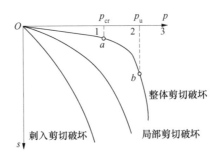

图 6.2　荷载 p 和沉降 s 的关系曲线（$p-s$ 曲线）

1. 压密阶段

压密阶段相当于 $p-s$ 曲线的 1 阶段（Oa 段）。此时荷载与沉降之间基本上为直线关系，地基中任意点的剪应力均小于土的抗剪强度，地基的变形主要是压密变形。

2. 塑性变形阶段

塑性变形阶段相当于 $p-s$ 曲线的 2 阶段（ab 段）。此时荷载与沉降之间不再是直线关系而呈曲线形状，地基中产生了塑性变形，土中局部范围内已发生剪切破坏。随着荷载的增加，剪切破坏区（又称塑性变形区）逐渐发展扩大，但塑性变形区并未在地基中连成一片，地基基础仍有一定的稳定性，地基的安全度随塑性变形区的扩大而降低。

3. 整体剪切破坏阶段

整体剪切破坏阶段相当于 $p-s$ 曲线的 3 阶段（b 点以后）。随着荷载的继续增加，沉降急剧增大，塑性变形区已发展到形成一连续滑动面，土从基础两侧挤出，地基因发生整体剪切破坏而丧失稳定。

6.1.3　地基的临塑荷载和临界荷载

1. 临塑荷载

如图 6.2 所示，典型的 $p-s$ 曲线可分为按顺序发生的三个阶段：压密阶段（Oa 段）、塑性变形阶段（ab 段）和整体剪切破坏阶段（b 点以后）。比例界限荷载 p_{cr}（a 点），标志着地基土从压密阶段进入塑性变形阶段，称为临塑荷载。当荷载小于这一比例界限荷载时，地基内各点土体均未达到极限平衡状态。当荷载大于这一比例界限荷载时，位于基础下的局部土体，通常是基础边缘下的土体，首先达到极限平衡状态，于是地基内开始出现弹性区和塑性变形区并存的现象。

2. 临界荷载

当基础上的荷载达到临塑荷载时，地基土中就开始出现极限平衡区。极限平衡区最先发生于基础的边侧，随着荷载的增加而继续扩展。最后当荷载达到地基极限承载力时，地基产生失稳破坏。

由于临塑荷载是地基处于将要出现塑性变形区而尚未出现的临塑状态时所对应的荷

载，因此将其作为地基容许承载力无疑是偏于保守的，一般是将地基中塑性变形区控制在一定深度范围内的临界荷载作为地基容许承载力。

设计中往往选用临塑荷载 p_{cr} 或比临塑荷载稍大的临界荷载 $p_{1/4}$ 和 $p_{1/3}$ 作为地基容许承载力的初值，用于初步确定地基容许承载力。$p_{1/4}$ 和 $p_{1/3}$ 代表基础下极限平衡区发展的最大深度等于基础宽度的 1/4 和 1/3 时所相应的荷载。临塑荷载 p_{cr} 和临界荷载 $p_{1/4}$ 和 $p_{1/3}$ 具有如下的特点。

① 地基即将产生或已产生局部极限平衡区，但尚未发展成整体失稳，这时部分地基土的强度已经比较充分发挥，但距离丧失稳定仍有足够的稳定安全系数。

② 地基中处于极限平衡区的范围不大，因此整个地基仍然可以近似地当成弹性半空间体，可近似用弹性理论计算地基中的应力，以便计算变形量。

6.2 地基极限承载力理论

6.2.1 地基极限承载力

地基承载力是指地基承受荷载（压力）的能力。在图 6.2 中，$p-s$ 曲线有两个转折点 a 和 b，相应于 a 点的荷载称为临塑荷载（又称比例界限荷载），以 p_{cr} 表示，指地基中刚要出现但尚未出现剪切破坏（塑性变形）区时的基底压力。

相应于 b 点的荷载称为极限荷载，以 p_u 表示，等于地基极限承载力，标志着地基土从塑性变形阶段进入整体剪切破坏阶段。这时基础下滑动边界范围内的全部土体都处于剪切破坏状态，地基丧失稳定。

目前地基极限承载力的计算理论仅限于整体剪切破坏模式。这是因为，这种破坏模式比较明确，有完整连续的滑动面，且已被试验和工程实践证实。对于局部剪切破坏及刺入剪切破坏模式，尚无可靠的计算方法，通常是先按整体剪切破坏模式进行计算，再作某种修正。

地基极限承载力的求解方法主要有两类：一类是假定土体为理想刚塑性体，根据极限平衡理论求解基底的极限荷载，但仅能对某些边界条件比较简单的情况给出解析；另一类是假定土体滑动面，然后根据滑动土体的静力平衡条件来求解地基极限承载力。

6.2.2 太沙基公式

太沙基公式适用于均质地基上基底粗糙的条形基础，一般用于计算地基长期承载力。

设条形基础底面宽度为 b，埋深为 d，地基土的抗剪强度指标为 c、φ，基底极限压力（即地基极限承载力）为 p_u，忽略基底以上基础两侧土体的抗剪强度，将其重力以均布荷载 $q=\gamma_m d$ 代替。太沙基公式假设地基中滑动面的形状如图 6.3 所示，滑动土体共分为五个区（左右对称）。

Ⅰ区——基础下的楔形压密区（$\triangle aa'b$）。太沙基公式假设基底与土之间的摩擦力阻止了在基底处剪切位移的发生，因此直接在基底以下的土不发生破坏而处于弹性平衡状态。

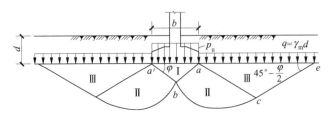

图 6.3　太沙基公式假设地基中滑动面的形状

破坏时，它像一个"弹性核"随着基础一起向下移动。

Ⅱ 区——滑动面按对数螺线变化，b 点处螺线的切线垂直，c 点处螺线的切线与水平线成 $45° - \dfrac{\varphi}{2}$ 角。

Ⅲ 区——被动朗肯区，即该区处于被动极限平衡状态（详见第 5 章）。在该区内任一点的最大主应力 σ_1 均是水平向的，故滑动面与水平面的夹角为 $45° - \dfrac{\varphi}{2}$。

根据弹性土楔 $\triangle aa'b$ 的静力平衡条件，可求得地基极限承载力 p_u 为

$$p_u = cN_c + qN_q + \frac{1}{2}\gamma b N_\gamma \qquad (6-1)$$

$$q = \gamma_m d$$

式中：　　　c——地基土的黏聚力，kPa；

q——基底水平面以上基础两侧土的重力，kPa；

γ_m——基础埋深范围内土的加权平均重度，地下水位以下的土层取有效重度，kN/m³；

γ——地基土的重度，地下水位以下的土层取有效重度，kN/m³；

d——基础埋深，m；

b——基底宽度，m；

N_c、N_q、N_γ——无量纲的承载力系数，仅与土的内摩擦角 φ 有关，由表 6-1 查得。

表 6-1　太沙基公式中的承载力系数

φ	0°	5°	10°	15°	20°	25°	30°	35°	40°
N_c	0.00	0.51	1.20	1.80	4.00	11.00	21.80	45.40	125.00
N_q	1.00	1.64	2.69	4.45	7.44	12.70	22.50	41.40	81.30
N_γ	5.71	7.34	9.61	12.90	17.70	25.10	37.20	57.80	95.70

地基极限承载力计算例题

上述公式是在整体剪切破坏的条件下推导得到的，适用于压缩性较低的土。对疏松的或压缩性较高的土，可能会发生局部剪切破坏，地基极限承载力较式(6-1)要小。对这种情况，太沙基建议采用降低土的抗剪强度指标 c、φ 的方法对承载力公式进行修正。

影响地基极限承载力的因素

由太沙基公式可以得出如下结论。

① 土的内摩擦角 φ、黏聚力 c 和重度 γ 愈大，地基极限承载力 p_u 也愈大。

② 基础底面宽度 b 增加，长期承载力将增大，特别是当土的 φ 值较大时影响会较显著，但短期承载力与 b 无关。

③ 基础埋深 d 增加，p_u 值亦随之提高。

6.3　地基承载力特征值的确定

在保证地基稳定的条件下，使建筑物的沉降量不超过允许值的地基承载力称为地基承载力特征值，以 f_{ak} 表示。由其定义可知，f_{ak} 的确定取决于两个条件：第一，地基要有一定的强度安全储备，确保不出现失稳现象，即 $f_{ak}=p_u/K$，式中 p_u 为地基极限承载力，K 为安全系数；第二，地基沉降不应大于相应的允许值。

确定地基承载力特征值的方法主要有三类：①根据土的抗剪强度指标以理论公式计算；②按地基载荷试验确定；③按工程经验确定。在具体工程中，应根据地基基础的设计等级、地基岩土条件并结合当地工程经验选择确定地基承载力特征值的适当方法，必要时可以按多种方法综合确定。

6.3.1　按土的抗剪强度指标计算

《建筑地基基础设计规范》（GB 50007—2011）规定，当偏心距 e 小于或等于 0.033 倍基础底面宽度时，根据土的抗剪强度指标确定地基承载力特征值可按下式计算。

$$f_{ak}=M_b\gamma b+M_d\gamma_m d+M_c c_k \tag{6-2}$$

式中：M_b、M_d、M_c——承载力系数，由土的内摩擦角标准值查表 6-2 确定。

表 6-2　承载力系数 M_b、M_d、M_c

土的内摩擦角标准值 $\varphi_k/°$	M_b	M_d	M_c
0	0	1.00	3.14
2	0.03	1.12	3.32
4	0.06	1.25	3.51
6	0.10	1.39	3.71
8	0.14	1.55	3.93
10	0.18	1.73	4.17
12	0.23	1.94	4.42
14	0.29	2.17	4.69

土的内摩擦角标准值 $\varphi_k/°$	M_b	M_d	M_c
16	0.36	2.43	5.00
18	0.43	2.72	5.31
20	0.51	3.06	5.66
22	0.61	3.44	6.04
24	0.80	3.87	6.45
26	1.10	4.37	6.90
28	1.40	4.93	7.40
30	1.90	5.59	7.95
32	2.60	6.35	8.55
34	3.40	7.21	9.22
36	4.20	8.25	9.97
38	5.00	9.44	10.80
40	5.80	10.84	11.73

γ——基底以下土的重度，地下水位以下的土层取有效重度，kN/m^3；

b——基底宽度，大于 6m 时按 6m 取值，对于砂土小于 3m 时按 3m 取值，m；

γ_m——基底以上土的加权平均重度，地下水位以下的土层取有效重度，kN/m^3；

d——基础埋深，取值方法与式（6-3）同，见后，m；

c_k——基底下一倍短边宽度的深度范围内土的黏聚力标准值，kPa。

土的抗剪强度指标标准值 φ_k、c_k 的计算方法见《建筑地基基础设计规范》（GB 50007—2011）附录 E。

按土体强度理论计算，除式（6-2）外，也可用地基极限承载力除以安全系数来确定地基承载力特征值。

6.3.2 按地基载荷试验确定

地基承载力特征值计算例题

进行载荷试验前，先在现场挖掘一试坑，试坑宽度不应小于承压板宽度或直径的 3 倍。承压板的底面积宜为 $0.25\sim0.50m^2$。

图 6.4 为油压千斤顶加载装置示意图。载荷架一般由加荷稳压装置、反力装置及观测装置三部分组成。试验的加荷标准应符合下列要求：加荷等级应不少于 8 级，最大加载量不应少于设计荷载的 2 倍。

根据试验资料，可作出荷载—沉降（$p-s$）曲线，并按下述方法确定地基承载力特征值。

当 $p-s$ 曲线有比较明显的起始直线段时（这种情况多在低压缩性土中出现），以直线段末点对应的荷载 p_1 [临塑荷载，图 6.5（a）] 作为地基承载力特征值。

当荷载加至地基明显破坏时，取破坏时的前一级荷载作为极限荷载 p_u，当 p_u 小于 2 倍的临塑荷载 p_1 时，取 p_u 的一半作为地基承载力特征值。

当 $p-s$ 曲线没有明显的 p_1 和 p_u [图 6.5（b）]，而承压板底面积为 $0.25 \sim 0.50 \mathrm{m}^2$ 时，可取沉降 $s=$（$0.01 \sim 0.015$）b（b 为承压板宽度或直径）所对应的荷载（此值不应大于最大加载量的一半）作为地基承载力特征值。

进行载荷试验时，同一土层参加统计的试验点不应少于 3 点。当试验实测值的极差（最大值与最小值之差）不超过其平均值的 30%时，取其平均值作为该土层的地基承载力特征值。

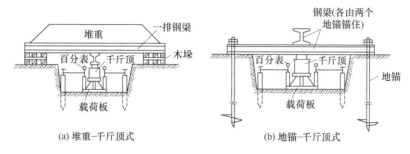

图 6.4　油压千斤顶加载装置示意图

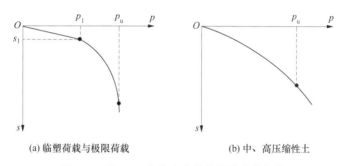

图 6.5　按 $p-s$ 曲线确定地基承载力特征值

【例 6-1】在某一粉土层上进行三个载荷试验，整理得地基承载力特征值分别为 238kPa、280kPa、225kPa，试求该粉土层的地基承载力特征值。

【解】实测值的平均值为

$$\frac{1}{3} \times（280+238+225）\approx 247.67（\mathrm{kPa}）$$

极差为　　　　　　　　　　　$280-225=55（\mathrm{kPa}）$

$$\frac{55}{247.67} \times 100\% \approx 22\% < 30\%$$

故该粉土层的地基承载力特征值为

$$f_{ak}=247.67\mathrm{kPa}$$

6.3.3 按工程经验确定

1. 按规范承载力表确定

我国各地区规范给出了按野外鉴别结果、室内物理力学指标或标准贯入试验锤击数查取地基承载力特征值 f_{ak} 的表格，这些表格是将各地区载荷试验资料经回归分析并结合经验编制的。表 6-3 是砂土按标准贯入试验锤击数 N 查取地基承载力特征值的表格。

表 6-3 砂土地基承载力特征值 f_{ak}　　　　单位：kPa

土类	N			
	10	15	30	50
中砂、粗砂	180	250	340	500
粉砂、细砂	140	180	250	340

2. 按建筑经验确定

在拟建场地附近，常有不同时期建造的各类建筑物。调查这些建筑物的结构类型、基础形式、地基条件和使用现状，对于确定拟建场地的地基承载力特征值具有一定的参考价值。

在按建筑经验确定地基承载力特征值时，需要了解拟建场地是否存在人工填土、暗浜或暗沟、土洞、软弱夹层等不利情况。对于地基持力层，可以通过现场开挖，根据土的类别和所处的状态估计地基承载力特征值。这些工作还需在基坑开挖验槽时进行验证。

6.3.4 地基承载力特征值修正

《建筑地基基础设计规范》（GB 50007—2011）规定，当基础宽度大于 3m 或埋深大于 0.5m 时，用载荷试验或其他原位测试、经验值等方法确定的地基承载力特征值，应按下式进行修正。

$$f_a = f_{ak} + \eta_b \gamma (b-3) + \eta_d \gamma_m (d-0.5) \tag{6-3}$$

式中：f_a——修正后的地基承载力特征值，kPa；

f_{ak}——地基承载力特征值，kPa；

η_b、η_d——基础宽度和埋深的地基承载力修正系数，按基底以下土的类别查表 6-4 取值；

γ——基底以下土的重度，地下水位以下的土层取有效重度，kN/m³；

b——基底宽度，当基底宽度小于 3m 时按 3m 取值，大于 6m 时按 6m 取值；

γ_m——基底以上土的加权平均重度，位于地下水位以下的土层取有效重度，kN/m³；

d——基础埋深，一般自室外地面标高算起。在填方整平地区，可自填土地面标高算起，但填土在上部结构施工后完成时，应从天然地面标高算起。对于地下室，当采用箱形基础或筏形基础时，基础埋深自室外地面标高算起；当采用独立基础或条形基础时，应从室内地面标高算起。

表 6-4　地基承载力修正系数

土的类别		η_b	η_d
淤泥和淤泥质土		0	1.0
人工填土 e 或 $I_L \geqslant 0.85$ 的黏性土		0	1.0
红黏土	含水比 $a_w > 0.8$	0	1.2
	含水比 $a_w \leqslant 0.8$	0.15	1.4
大面积压实填土	压实系数大于 0.95、黏粒含量 $\rho_c \geqslant 10\%$ 的粉土	0	1.5
	最大干密度大于 2.1t/m³ 的级配砂石	0	2.0
粉土	黏粒含量 $\rho_c \geqslant 10\%$ 的粉土	0.3	1.5
	黏粒含量 $\rho_c < 10\%$ 的粉土	0.5	2.0
e 和 I_L 均小于 0.85 的黏性土		0.3	1.6
粉砂、细砂（不包括很湿与饱和时的稍密状态）		2.0	3.0
中砂、粗砂、砾砂和碎石土		3.0	4.4

注：① 强风化和全风化的岩石，可参照所风化成的相应土类取值，其他状态下的岩石不修正。
　　② 地基承载力特征值按深层平板载荷试验确定时，η_d 取 0。

【例 6-2】某场地地表土层为中砂，厚度 2m，$\gamma=18.7$kN/m³，标准贯入试验锤击数 $N=13$；中砂层之下为粉质黏土，$\gamma=18.2$kN/m³，$\gamma_{sat}=19.1$kN/m³，抗剪强度指标标准值 $\varphi_k=21°$，$c_k=10$kPa，地下水位在地表下 2.1m 处。若修建的基底尺寸为 2m×2.8m，试确定基础埋深分别为 1m 和 2.1m 时持力层的地基承载力特征值。

【解】（1）基础埋深为 1m。

这时地基持力层为中砂，根据 $N=13$ 查表 6-3，得

$$f_{ak}=180+\frac{13-10}{15-10}\times(250-180)=222 \text{（kPa）}$$

因为埋深 $d=1m>0.5m$，故还需对 f_{ak} 进行修正。查表 6-4，得地基承载力修正系数 $\eta_b=3.0$，$\eta_d=4.4$，代入式（6-3）得修正后的地基承载力特征值为

$$f_a=f_{ak}+\eta_b\gamma(b-3)+\eta_d\gamma_m(d-0.5)$$
$$=222+3.0\times18.7\times(3-3)+4.4\times18.7\times(1-0.5)$$
$$\approx263 \text{（kPa）}$$

（2）基础埋深为 2.1m。

这时地基持力层为粉质黏土，根据题给条件，可以采用规范推荐的理论公式来确定地基承载力特征值。由 $\varphi_k=21°$ 查表 6-2，得 $M_b=0.56$，$M_d=3.25$，$M_c=5.85$。因基底与地下水位平齐，故 γ 取有效重度 γ'，即

$$\gamma'=\gamma_{sat}-\gamma_w=19.1-10=9.1 \text{（kN/m³）}$$

此外 $\gamma_m = \dfrac{18.7 \times 2 + 18.2 \times 0.1}{2.1} \approx 18.7$ （kN/m³）

按式(6-2)，地基持力层的地基承载力特征值为

$f_{ak} = M_b \gamma b + M_d \gamma_m d + M_c c_k = 0.56 \times 9.1 \times 2 + 3.25 \times 18.7 \times 2.1 + 5.85 \times 10$
≈ 196 （kPa）

习 题

一、单项选择题

1. 载荷试验的 $p-s$ 曲线形态，从线性关系开始变成非线性关系时的比例界限荷载称为（ ）。

　　A. 允许荷载　　B. 临界荷载　　C. 临塑荷载　　D. 极限荷载

2. 地基临塑荷载是指（ ）。

　　A. 地基的变形达到上部结构极限状态时的荷载

　　B. 地基达到整体剪切破坏时的荷载

　　C. 地基中出现一定塑性变形区时的荷载

　　D. 地基中开始出现塑性变形区时的荷载

3. 下面有关 p_{cr} 与 $p_{1/4}$ 的说法中，正确的是（ ）。

　　A. p_{cr} 与基础宽度无关，$p_{1/4}$ 与基础宽度有关

　　B. p_{cr} 与基础宽度有关，$p_{1/4}$ 与基础宽度无关

　　C. p_{cr} 与 $p_{1/4}$ 都与基础宽度有关

　　D. p_{cr} 与 $p_{1/4}$ 都与基础宽度无关

4. 当基础宽度大于（ ）或埋深大于 0.5m 时，用载荷试验或其他原位测试、经验值等方法确定的地基承载力特征值，应进行修正。

　　A. 2m　　　　B. 3m　　　　C. 4m　　　　D. 5m

5. 载荷试验的最大加载量不应少于设计荷载的（ ）倍。

　　A. 2　　　　B. 3　　　　C. 4　　　　D. 5

二、填空题

1. 地基的破坏形式有＿＿＿＿、＿＿＿＿和＿＿＿＿三种。

2. 当前地基极限承载力理论研究，主要限于＿＿＿＿破坏形式。

3. 地基变形阶段包括＿＿＿＿、＿＿＿＿和＿＿＿＿三个阶段。

4. 临界荷载 $p_{1/4}$ 中的 1/4 指的是控制塑性变形区最大开展深度为＿＿＿＿的 1/4。

5. 临塑荷载是地基处于将要出现＿＿＿＿而尚未出现的临塑状态时所对应的荷载。

三、名词解释题

1. 局部剪切破坏。

2. 临界荷载 $p_{1/3}$。

3. 极限荷载 p_u。

4. $p-s$ 曲线压密阶段。

5. 楔形压密区。

四、简答题

1. 地基变形分为哪几个阶段？各对应什么荷载？

2. 确定地基承载力特征值都有哪些方法？

3. 太沙基公式如何假设地基中滑动面的形状？

4. 地基承载力特征值的确定需满足什么条件？

5. 载荷试验确定地基承载力特征值的方法是什么？

五、计算题

1. 某场地土层为中砂，地下水位在地表下 2m 处，地下水位以上土体重度 $\gamma = 18.6\text{kN/m}^3$，地下水位以下土体有效重度 $\gamma' = 11.2\text{kN/m}^3$，根据标准贯入试验结果，地基承载力特征值初步认定为 $f_{ak} = 123\text{kPa}$。若修建的基底尺寸为 $3\text{m} \times 4\text{m}$，试对基础埋深为 2m 时的地基承载力特征值进行修正。

2. 在某一粉土层上进行三个载荷试验，整理得地基承载力特征值分别为 218kPa、248kPa、274kPa，试求该粉土层的地基承载力特征值。

在线答题

拓展习题

第7章

天然地基上的浅基础

⫸ 知识结构图

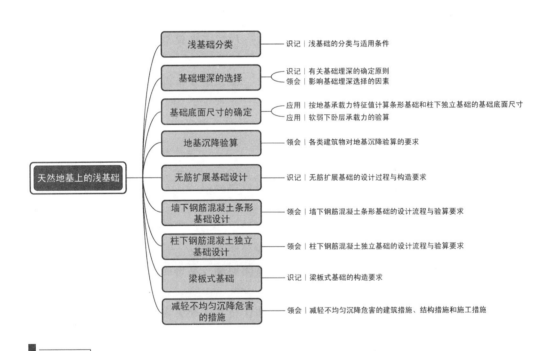

浅基础分类	识记	浅基础的分类与适用条件
基础埋深的选择	识记	有关基础埋深的确定原则
	领会	影响基础埋深选择的因素
基础底面尺寸的确定	应用	按地基承载力特征值计算条形基础和柱下独立基础的基础底面尺寸
	应用	软弱下卧层承载力的验算
地基沉降验算	领会	各类建筑物对地基沉降验算的要求
无筋扩展基础设计	识记	无筋扩展基础的设计过程与构造要求
墙下钢筋混凝土条形基础设计	领会	墙下钢筋混凝土条形基础的设计流程与验算要求
柱下钢筋混凝土独立基础设计	领会	柱下钢筋混凝土独立基础的设计流程与验算要求
梁板式基础	识记	梁板式基础的构造要求
减轻不均匀沉降危害的措施	领会	减轻不均匀沉降危害的建筑措施、结构措施和施工措施

天然地基上的浅基础

第7章电子
课件

7.1　概　　述

基础是连接工业与民用建筑上部结构或桥梁墩、台与地基之间的过渡结构。它的作用是将上部结构承受的各种荷载安全传递至地基，并使地基在建筑物允许的沉降变形值内正常工作，从而保证建筑物的正常使用。因此，基础工程的设计必须根据上部结构传力体系的特点、建筑物对地下空间使用功能的要求、地基土的物理力学性质，结合施工设备能力，坚持保护环境，考虑经济造价等各方面要求，合理选择地基基础设计方案。

从本章起，我们将讨论各种类型地基基础的特点、设计和施工。

绪论中已经指出，建筑物地基可分为天然地基和人工地基，基础可分为浅基础和深基础。浅基础不同于深基础：从施工的角度来看，开挖基坑（槽）过程中降低地下水位（当地下水位较高时）和维护坑壁（或边坡）稳定的问题比较容易解决，只是在少数开挖深度较大时才比较复杂；从设计的角度来看，可以只考虑基础底面以下土层的承载能力，而忽略基础侧面土的摩擦力。

工程设计都是从选择方案开始的。地基基础方案有：天然地基或人工地基上的浅基础；深基础（采用深基础而又对天然土层进行处理的较少采用）；深浅结合的基础（如桩-筏形基础、桩-箱形基础和地下连续墙-箱形基础等）。上述每种方案中各有多种基础类型和做法，可根据实际情况加以选择。

地基基础设计是建筑物结构设计的重要组成部分。基础的形式和布置，要合理地配合上部结构的设计，满足建筑物整体的要求，同时要做到便于施工、降低造价。进行地基基础设计时，应将地基、基础视为一个整体，在基础底面处满足变形协调条件及静力平衡条件。天然地基上结构较简单的浅基础最为经济，如能满足要求，宜优先选用。

本章将讨论天然地基上浅基础设计各方面的问题。这些问题与土力学、工程地质学、砌体结构和混凝土结构及建筑施工等知识关系密切。天然地基上浅基础设计的原则和方法，也适用于人工地基上的浅基础，只是采用后一方案时，尚需对所选择的地基处理方法进行设计，并处理好人工地基与浅基础的相互影响。

7.1.1　地基基础设计原则

地基基础设计的基本原则要求经济合理，施工可行。保证建筑物的安全和正常使用，不仅取决于上部结构安全，更要求地基基础有一定的安全度。

1. 地基基础设计等级

根据地基复杂程度、建筑物规模和功能特征及由于地基问题可能造成建筑物破坏或影响正常使用的程度，《建筑地基基础设计规范》（GB 50007—2011）将地基基础设计分为三个设计等级，见表 7－1。

表 7-1　地基基础设计等级

设计等级	建筑和地基类型
甲级	重要的工业与民用建筑物 30 层以上的高层建筑 体型复杂，层数相差超过 10 层的高低层连成一体的建筑物 大面积的多层地下建筑物（如地下车库、商场、运动场等） 对地基变形有特殊要求的建筑物 复杂地质条件下的坡上建筑物（包括高边坡） 对原有工程影响较大的新建建筑物 场地和地基条件复杂的一般建筑物 位于复杂地质条件及软土地区的二层及二层以上地下室的基坑工程 开挖深度大于 15m 的基坑工程 周边环境条件复杂、环境保护要求高的基坑工程
乙级	除甲级、丙级以外的工业与民用建筑物 除甲级、丙级以外的基坑工程
丙级	场地和地基条件简单、荷载分布均匀的七层及七层以下民用建筑及一般工业建筑；次要的轻型建筑物 非软土地区且场地地质条件简单、基坑周边环境条件简单、环境保护要求不高且开挖深度小于 5m 的基坑工程

2. 地基基础设计规定

根据地基基础设计等级及长期荷载作用下地基沉降对上部结构的影响程度，地基基础设计应符合下列规定。

(1) 所有建筑物的地基计算均应满足承载力计算的有关规定。

(2) 设计等级为甲、乙级的建筑物，均应按地基沉降设计（即应验算地基沉降）。

(3) 表 7-2 所列范围内设计等级为丙级的建筑物可不作地基沉降验算，如有下列情况之一者，仍应作地基沉降验算。

① 地基承载力特征值小于 130kPa，且体型复杂的建筑物。

② 在基础上及其附近有地面堆载或相邻基础荷载差异较大，可能引起地基产生过大的不均匀沉降时。

③ 软弱地基上的建筑物存在偏心荷载时。

④ 相邻建筑物距离近，可能发生倾斜时。

⑤ 地基内有厚度较大或厚薄不均的填土，其自重固结未完成时。

表 7-2　可不作地基沉降验算的设计等级为丙级的建筑物范围

地基主要受力层情况	地基承载力特征值 f_{ak}/kPa			$80 \leqslant f_{ak}$ <100	$100 \leqslant f_{ak}$ <130	$130 \leqslant f_{ak}$ <160	$160 \leqslant f_{ak}$ <200	$200 \leqslant f_{ak}$ <300
	各土层坡度/(%)			≤5	≤10	≤10	≤10	≤10
建筑类型	砌体承重结构、框架结构（层数）			≤5	≤5	≤6	≤6	≤7
	单层排架结构（6m柱距）	单跨	吊车额定起重量/t	10～15	15～20	20～30	30～50	50～100
			厂房跨度/m	≤18	≤24	≤30	≤30	≤30
		多跨	吊车额定起重量/t	5～10	10～15	15～20	20～30	30～75
			厂房跨度/m	≤18	≤24	≤30	≤30	≤30
	烟囱		高度/m	≤40	≤50	≤75		≤100
	水塔		高度/m	≤20	≤30	≤30		≤30
			容积/m³	50～100	100～200	200～300	300～500	500～1000

注：① 地基主要受力层系指条形基础底面下深度为 $3b$（b 为基础底面宽度），独立基础下为 $1.5b$，且厚度均不小于 5m 的范围（二层以下一般的民用建筑除外）。

② 地基主要受力层中如有承载力特征值小于 130kPa 的土层，表中砌体承重结构的设计，应符合《建筑地基基础设计规范》第 7 章的有关要求。

③ 表中砌体承重结构和框架结构均指民用建筑，对于工业建筑，可按厂房高度、荷载情况折合成与其相当的民用建筑层数。

④ 表中吊车额定起重量、烟囱高度和水塔容积的数值系指最人值。

3. 关于荷载取值的规定

（1）概率极限状态设计法与极限状态设计原则。

目前正在发展的极限状态设计法，从结构的可靠度指标（或失效概率）来度量结构的可靠度，并且建立了结构可靠度与结构极限状态方程关系，这种设计方法就是以概率论为基础的极限状态设计法，简称概率极限状态设计法。该方法一般要已知基本变量的统计特性，然后根据预先规定的可靠度指标求出所需的结构构件抗力平均值，并选择截面。该方法能比较充分地考虑各有关影响因素的客观变异性，使所设计的结构比较符合预期的可靠度要求，并且在不同结构之间设计可靠度具有相对可比性。例如原子能反应堆的压力容器、海上采油平台等。但对一般常见的结构使用这种方法设计工作量很大，其中有些参数由于统计资料不足，在一定程度上还要凭经验确定。

整个结构或结构构件超过某一特定状态就不能满足设计规定的某一功能要求，此特定状态应称为该功能的极限状态。极限状态分为下列三类：

① 承载能力极限状态。这种极限状态对应于结构或结构构件达到最大承载能力或不适于继续承载的变形或变位的状态。当基础结构出现下列状态之一时，应认为超过了承载能力极限状态。

a. 结构构件或连接因超过材料强度而破坏（包括疲劳破坏），或因过度塑性变形而不适于继续承载。

b. 整个结构或结构构件作为刚体失去平衡（如倾覆等）。

c. 结构转变为机动体系。

d. 结构或结构构件丧失稳定（如压屈等）。

e. 结构因局部破坏而发生连续倒塌。

f. 地基丧失承载能力而破坏（如失稳等）。

g. 结构或结构构件的疲劳破坏。

② 正常使用极限状态。这种极限状态对应于结构或结构构件达到正常使用或耐久性能的某项规定限值的状态。当结构、结构构件或地基基础出现下列状态之一时，应认为超过了正常使用极限状态。

a. 影响正常使用或外观的变形。

b. 影响正常使用或耐久性能的局部损坏（包括裂缝）。

c. 影响正常使用的振动。

d. 影响正常使用的其他特定状态。

③ 耐久性极限状态。当结构或结构构件出现下列状态之一时，应认为超过了耐久性极限状态。

a. 影响承载能力和正常使用的材料性能劣化。

b. 影响耐久性能的裂缝、变形、缺口、外观、材料削弱等。

c. 影响耐久性能的其他特定状态。

根据建筑物功能要求，长期荷载作用下地基变形对上部结构的影响程度，地基基础设计和计算应该满足以下设计原则。

① 各级建筑物均应进行地基承载力计算，防止地基土体剪切破坏，对于经常受水平荷载作用的高层建筑、高耸结构和挡土墙，以及建造在斜坡上的建筑物，尚应验算稳定性。

② 应根据前述基本规定进行必要的地基沉降计算，控制地基的沉降计算值不超过建筑物的地基沉降特征允许值，以免影响建筑物的使用和外观。

③ 基础结构的尺寸、构造和材料应满足建筑物长期荷载作用下的强度、刚度和耐久性的要求，同时也应满足上述两项原则的要求。另外，力求灾害荷载作用（地震、风载等）时，经济损失最小。

（2）地基基础作用效应与相应的抗力限值应按下列规定采用。

① 按地基承载力确定基底面积及埋深时，传至基底上的作用效应应按正常使用极限状态下作用的标准组合，相应的抗力限值应采用地基承载力特征值。

② 计算地基沉降时，传至基底上的作用效应应按正常使用极限状态下作用的准永久组合，不应计入风载和地震作用，相应的抗力限值应为地基沉降允许值。

③ 计算挡土墙、地基或滑坡稳定以及基础抗浮稳定时，作用效应应按承载能力极限状态下作用的基本组合，但其分项系数均为 1.0。

④ 在确定基础高度和支挡结构截面、计算基础或支挡结构内力、确定配筋和验算材料强度时，上部结构传来的作用效应和相应的基底反力、挡土墙土压力以及滑坡推力，应按承载能力极限状态下作用的基本组合，采用相应的分项系数。当需要验算基础裂缝宽度时，应按正常使用极限状态下作用的标准组合。

⑤ 由永久作用控制的基本组合值可取标准组合值的 1.35 倍。

7.1.2　浅基础设计的内容

天然地基上浅基础的设计，包括下述各项内容。

① 选择基础的材料、类型，进行基础平面布置。
② 选择基础的埋深。
③ 确定地基承载力特征值。
④ 确定基础的底面尺寸。
⑤ 必要时进行地基沉降与稳定性验算。
⑥ 进行基础结构设计（按基础布置进行内力分析、截面计算以满足构造要求）。
⑦ 绘制基础施工图，提出施工说明。

基础施工图应清楚表明基础的布置、各部分的平面尺寸和剖面，注明设计地面（或基础底面）的标高。如果基础的中线与建筑物的轴线不一致，应加以标明。如建筑物在地下有暖气沟等设施，也应标示清楚。至于所用材料及其强度等级等方面的要求和规定，应在施工说明中提出。

上述浅基础设计的各项内容是互相关联的。设计时可按上列顺序，首先选择基础的材料、类型和埋深，然后逐项进行计算。如发现前面的选择不妥，则须修改设计，直至各项计算均符合要求且各数据前后一致。

如果地基软弱，为了减轻不均匀沉降的危害，在进行地基基础设计的同时，尚需从整体上对建筑设计和结构设计采取相应的措施，并对施工提出具体（或特殊）要求。

7.1.3　基础设计方法

1. 地基-基础-上部结构的相互作用的概念

基础的上方为上部结构的墙柱，而基础底面以下则为地基土（岩）体。基础承受上部结构的作用并对地基表面施加压力（基底压力），同时，地基表面对基础产生反力（基底反力），两者大小相等，方向相反。基础所承受的上部荷载和基底反力应满足静力平衡条件。地基土体在基底压力作用下产生附加应力和变形，而基础在上部结构和基底反力的作用下则产生内力和位移，地基与基础互相影响、互相制约。进一步说，地基与基础两者之间，除了荷载的作用外，还与它们抵抗变形或位移的能力（刚度）有着密切的关系。而且，基础及地基也与上部结构的荷载和刚度有关，即地基、基础和上部结构都是互相影响、互相制约的。它们原来互相连接或接触的部位，在各部分荷载、位移和刚度的综合影响下，一般仍然保持连接或接触：墙柱底端的位移、该处基础的位移和地基表面的沉降相一致，满足变形协调条件。上述概念，可称为地基-基础-上部结构的相互作用。

2. 浅基础常规设计法

为了简化，在工程设计中，通常把上部结构、基础和地基三者分离开来，分别对三者进行计算。对如图 7.1（a）所示的结构，视上部结构底端为固定支座或固定铰支座，不考虑荷载作用下各墙柱端部的相对位移，并按此进行内力分析［图 7.1（b）］，而对基础与地基，则假定基底反力与基底压力呈直线分布，分别计算基础的内力与地基的沉降，如图 7.1（c）、（d）所示。

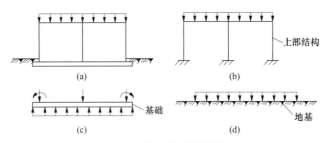

图 7.1 常规设计法计算简图

上述设计方法可称为常规设计法。这种设计方法虽然满足了静力平衡条件，但却忽略了地基、基础和上部结构三者之间受荷前后的变形连续性。事实上，地基、基础和上部结构三者是相互联系成整体来承担荷载而发生变形的。显然，地基越软弱，按常规设计法计算的结果与实际情况的差别越大。

由此可见，合理的分析方法，原则上应该以地基、基础、上部结构之间必须同时满足静力平衡和变形协调两个条件为前提。只有这样，才能揭示它们在外荷载作用下相互制约、彼此影响的内在联系，从而达到安全、经济的设计目的。鉴于这种从整体上进行相互作用分析的难度较大，于是对于一般的基础设计仍然采用常规设计法，而对于复杂的或大型的基础，则宜在常规设计法的基础上，区别情况，采用目前可行的方法，考虑地基-基础-上部结构的相互作用。

常规设计法在满足下列条件时可认为是可行的。

① 地基沉降较小或较均匀。若地基不均匀沉降较大，就会在上部结构中引起很大的附加应力，导致结构设计不安全。

② 基础刚度较大。基底反力一般并非呈直线分布，它与土的类别及性质、基础尺寸和刚度以及荷载大小等因素有关。

一般而言，对于良好均质地基上刚度大的基础和墙柱布置均匀、作用荷载对称且大小相近的上部结构来说，常规设计法与地基-基础-上部结构的相互作用分析的结果相差不大，可满足结构可靠度要求。本章第六至第九节所讨论的浅基础，将采用常规设计法。

7.2　浅基础分类

7.2.1　按基础材料分类

基础应具有承受荷载、抵抗变形和适应环境影响（如地下水侵蚀和低温冻胀等）的能力，即要求基础具有足够的强度、刚度和耐久性。选择基础材料，首先要满足这些技术要求，并与上部结构相适应。

常用的基础材料有砖、毛石、灰土、三合土、混凝土和钢筋混凝土等。下面简单介绍这些基础的性能和适用性。

1. 砖基础

砖砌体具有一定的抗压强度，但抗拉强度和抗剪强度低。砖基础所用的砖，强度等级不低于 MU10，砂浆不低于 M5。在地下水位以下或当地基土潮湿时，应采用水泥砂浆砌筑。在砖基础底面，一般应先做 100mm 厚的 C10 混凝土垫层［图 7.2（a）］。砖基础取材容易，应用广泛，一般可用于 6 层及 6 层以下的民用建筑和砖墙承重的厂房。

2. 毛石基础

毛石是指未经加工凿平的石料。毛石基础［图 7.2（b）］所采用的是未风化的硬质岩石，禁用风化毛石。毛石之间间隙较大，如果砂浆黏结的性能较差，则不能用于多层建筑，且不宜用于地下水位以下。但由于毛石基础的抗冻性较好，北方也有用来作为 7 层以下建筑物的基础。

3. 灰土基础

灰土是用石灰和土料配制而成的。石灰以块状为宜，经熟化（加水化开）1～2 天后过 5mm 筛立即使用。土料应用塑性指数较低的粉土和黏性土，土料团粒应过筛，粒径不得大于 15mm。石灰和土料按体积配合比为 3∶7 或 2∶8 拌和均匀后，在基槽内分层夯实（每层虚铺 220～250mm，夯实至 150mm）。灰土基础［图 7.2（c）］宜在比较干燥的土层中使用，其本身具有一定的抗冻性。在我国华北和西北地区，其广泛用于 5 层和 5 层以下的民用房屋。

4. 三合土基础

三合土由石灰、砂和骨料（矿渣、碎砖或碎石）加水混合而成。施工时石灰、砂、骨料按体积配合比为 1∶2∶4 或 1∶3∶6 拌和均匀后再分层夯实（每层虚铺约 220mm，夯实至 150mm）。三合土的强度较低，一般只用于 4 层及 4 层以下的民用建筑。

南方有的地区习惯使用水泥、石灰、砂、骨料的四合土作为基础。所用材料的体积配合比分别为 1∶1∶5∶10 或 1∶1∶6∶12。

5. 混凝土基础

混凝土基础［图 7.2（d）］的抗压强度、耐久性和抗冻性比较好，其混凝土强度等级一般为 C15。这种基础常用在荷载较大的墙柱处。如在混凝土基础中埋入体积占 25%～30% 的毛石（石块尺寸不宜超过 300mm），即做成毛石混凝土基础，可节省水泥用量。

6. 钢筋混凝土基础

钢筋混凝土是基础的良好材料，其强度、耐久性和抗冻性都较理想。其由于承受力矩和剪力的能力较好，故在相同的基底面积下可减小基础高度，因此常在荷载较大或地基较差的情况下使用。

除钢筋混凝土基础外，上述其他各种基础均属无筋条形基础。无筋条形基础的材料都具有较好的抗压性能，但抗拉、抗剪强度都不高，为了使基础内产生的拉应力和剪应力不大，设计时需要加大基础的高度。因此，这种基础几乎不会发生挠曲变形，故习惯上把无筋条形基础称为刚性基础。

7.2.2　按结构形式分类

1. 墙下条形基础

墙下条形基础有墙下无筋条形基础（图 7.2）和墙下钢筋混凝土条形基础（图 7.3）两种。墙下无筋条形基础在砌体结构中得到广泛的应用。有时，基础上的荷载较大而地基承载力较低，需要加大基础的宽度，但又不想增加基础的高度和埋深，那么可考虑采用墙下钢筋混凝土条形基础［图 7.3（a）］。这种基础，底面宽度可达 2m 以上，而底板厚度可以小至 300mm，适宜在需要"宽基浅埋"的情况下采用。有时，地基不均匀，为了增强基础的整体性和抗弯能力，可以采用有肋的墙下钢筋混凝土条形基础［图 7.3（b）］，肋部配置纵向钢筋和箍筋，以承受由不均匀沉降引起的弯曲应力。

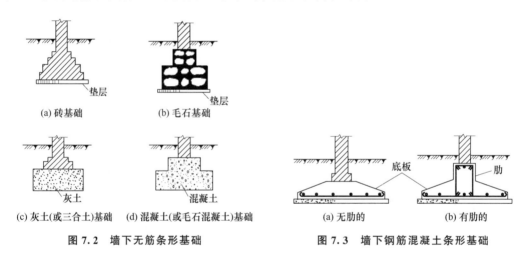

(a) 砖基础　(b) 毛石基础
(c) 灰土(或三合土)基础　(d) 混凝土(或毛石混凝土)基础

图 7.2　墙下无筋条形基础

(a) 无肋的　(b) 有肋的

图 7.3　墙下钢筋混凝土条形基础

2. 柱下独立基础（单独基础）

柱下独立基础也分柱下无筋基础（图 7.4）和柱下钢筋混凝土独立基础（图 7.5）两种。砌体柱可采用柱下无筋基础。柱下钢筋混凝土独立基础的底部应配置双向受力钢筋。

现浇柱的独立基础可做成阶梯形或锥形，分别如图 7.5（a）、（b）所示。预制柱则采用杯口基础，如图 7.5（c）所示。杯口基础常用于装配式单层工业厂房。

墙下条形基础和柱下独立基础统称为扩展基础，其作用是把墙柱的荷载侧向扩展到土中，使之满足地基承载力和沉降的要求。

3. 柱下条形基础

支承同一方向（或同一轴线）上若干根柱的长条形连续基础称为柱下条形基础，如图 7.6所示。这种基础采用钢筋混凝土作材料，它将建筑物所有各层的荷载传递到地基处，故本身应有一定的尺寸和配筋量，造价较高。但这种基础的抗弯刚度较大，因而具有调整不均匀沉降的能力，可使各柱的竖向位移较为均匀。柱下条形基础是常用于软弱地基上框架或排架结构的一种基础形式。

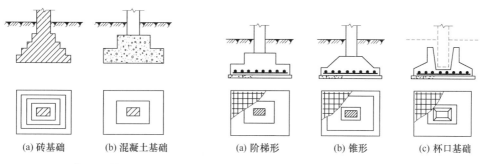

图 7.4　柱下无筋基础
(a) 砖基础　(b) 混凝土基础

图 7.5　柱下钢筋混凝土独立基础
(a) 阶梯形　(b) 锥形　(c) 杯口基础

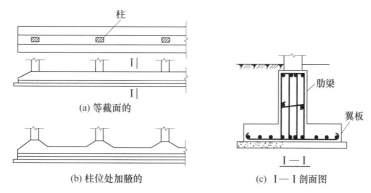

(a) 等截面的

(b) 柱位处加腋的

(c) Ⅰ—Ⅰ剖面图

图 7.6　柱下条形基础

4. 柱下交叉条形基础

如果地基松软且在两个受力方向分布不均，需要基础在两个方向都具有一定的刚度来调整不均匀沉降，则可在柱网下沿纵横两向设置钢筋混凝土条形基础，从而形成柱下交叉条形基础，如图 7.7 所示。这是一种较复杂的浅基础，造价比柱下条形基础高。

5. 筏形基础

当柱下交叉条形基础底面面积占建筑物平面面积的比例较大，或者建筑物在使用上有要求时，可以在建筑物的墙柱下方做一块满堂的基础，即筏形（片筏）基础。筏形基础由于基础底面面积大，故可减小地基上单位面积的压力，同时也可提高地基承载力，并能更有效地增强基础的整体性，调整不均匀沉降。筏形基础在构造上好像倒置的钢筋混凝土楼盖，并可分为平板式和梁板式两种，如图 7.8 所示。平板式筏形基础的底板为一块等厚度（0.5～2.5m）的钢筋混凝土平板。

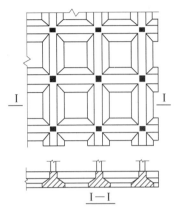

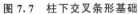

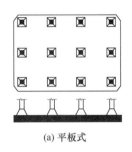

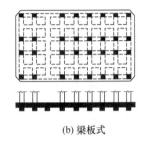

(a) 平板式　　　　　　　　　(b) 梁板式

图 7.7　柱下交叉条形基础　　　　　　　　图 7.8　筏形基础

6. 箱形基础

箱形基础是由钢筋混凝土底板、顶板和纵横内外墙组成的整体空间结构，如图 7.9 所示。箱形基础具有很大的抗弯刚度，只能产生大致均匀的沉降或整体倾斜，从而基本上消除了因地基沉降而使建筑物开裂的可能性。

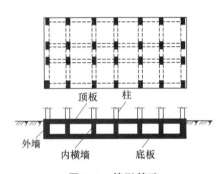

图 7.9　箱形基础

箱形基础内的空间常用作地下室。这一空间的存在减小了基础底面的压力，如不必降低基底压力，则相应可增加建筑物的层数。箱形基础的钢筋、水泥用量很大，施工技术要求也高。除了上述各种类型外，还有联合基础、壳体基础等形式，这里不再赘述。

7.3　基础埋深的选择

基础埋深是指基础底面至地面（一般指室外地面）的距离。基础埋深的选择关系到地基基础方案的优劣、施工的难易和造价的高低。影响基础埋深选择的因素可归纳为如下四方面，其中后三个方面主要是从地基条件出发的。对于一项具体工程来说，基础埋深的选择往往取决于下述某一方面中的决定性因素。一般来说，在满足地基稳定性和沉降要求及有关条件的前提下，基础应尽量浅埋，但不应小于 0.5m，因为地表土一般较松软，易受雨水及外界的影响，不宜作为基础的持力层。另外，基础顶面距设计地面的距离宜大于 0.1m，尽量避免基础外露，遭受外界侵蚀与破坏。

7.3.1　与建筑物及场地环境有关的条件

确定基础埋深时，首先要考虑的是建筑物在使用功能和用途方面的要求，例如必须设置地下室、带有地下设施、属于半埋式结构物等。

对位于土质地基上的高层建筑，基础埋深应满足地基承载力、沉降和稳定性要求。为了满足稳定性要求，其基础埋深应随建筑物高度适当增大。在抗震设防区，筏形和箱形基础的埋深不宜小于建筑物高度的 1/15；桩-筏形或桩-箱形基础的埋深（不计桩长）不宜小于建筑物高度的 1/18。对位于岩石地基上的高层建筑，其基础埋深应满足抗滑要求；受有上拔力的基础如输电塔基础，也要求有较大的埋深以满足抗拔要求。烟囱、水塔等高耸结构均应满足抗倾覆稳定性的要求。

靠近原有建筑物修建新基础时，为了不影响原有基础的安全，新基础最好不低于原有基础。当必须低于时，则两基础间的净距应不小于其底面高差的 1～2 倍（土质好时可取低值），如图 7.10 所示。如果不能满足这一要求，施工期间应采取措施。例如，新建条形基础应分段开挖修筑；基坑（槽）壁应设置临时加固支撑，或事先打入板桩，或建造地下连续墙等，必要时还应对原有建筑物进行加固。此外，在使用期间，还要注意新基础的荷载是否将引起原有建筑物的不均匀沉降。如果在基础影响范围内有管道或沟、坑等地下设施通过，基础底面一般应低于这些设施的底面，否则应采取有效措施，消除基础对地下设施的不利影响。

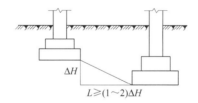

图 7.10　不同埋深的相邻基础

7.3.2　工程地质条件

直接支承基础的土层称为持力层，在持力层下方的土层称为下卧层。为了满足建筑物对地基承载力和地基沉降值的要求，基础应尽可能埋置在良好的持力层上。当地基受力层（或沉降计算深度）范围内存在软弱下卧层时，软弱下卧层的承载力和沉降值也应满足要求。

在选择持力层和基础埋深时，应通过工程地质勘察报告详细了解拟建场地的地层分布、各土层的物理力学性质和地基承载力等资料。为了便于讨论，对于中小型建筑物，一般把处于坚硬、硬塑或可塑状态的黏性土层，密实或中密状态的砂土层和碎石土层，以及属于低、中压缩性的其他土层视作良好土层，而把处于软塑、流塑状态的黏性土层，处于松散状态的砂土层，以及未经处理的填土层和其他高压缩性土层视作软弱土层。下面针对工程中常遇到的四种土层分布情况，说明基础埋深的确定原则。

①在地基受力层范围内，自上而下都是良好土层。这时基础埋深由其他条件和最小埋深确定。

②自上而下都是软弱土层。对于轻型建筑，仍可考虑按情况①处理。如果地基承载力或地基沉降值不能满足要求，则应考虑采用连续基础、人工地基或深基础方案。哪一种方案较好，需要从安全可靠、施工难易、造价高低等方面综合确定。

③上部为软弱土层而下部为良好土层。这时，持力层的选择取决于上部软弱土层的厚度。一般来说，软弱土层厚度小于 2m 者，应选取下部良好土层作为持力层；若软弱土层较厚，则可按情况②处理。

④上部为良好土层而下部为软弱土层。这种情况在我国沿海地区较为常见，地表普遍存在一层厚度为 2～3m 的"硬壳层"，硬壳层以下为孔隙比大、压缩性高、强度低的软土层。对于一般中小型建筑物，或 6 层以下的住宅，宜选择这一硬壳层作为持力层，基础尽量浅埋，即采用"宽基浅埋"方案，以便加大基底至软弱土层的距离。此时，最好采用钢筋混凝土基础（基础截面高度较小）。

当地基持力层顶面倾斜时，同一建筑物的基础可以采用不同的埋深。为保证基础的整体性，墙下无筋条形基础应沿倾斜方向做成阶梯形，并由深到浅逐渐过渡。墙下基础埋深变化时台阶的做法如图 7.11 所示。

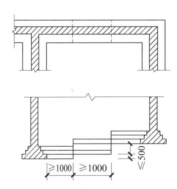

图 7.11 墙下基础埋深变化时台阶的做法

7.3.3 水文地质条件

有地下水存在时，基础应尽量埋置于地下水位以上，以避免地下水对基坑开挖、基础施工和使用期间的影响。如果基础埋深低于地下水位，则应考虑施工期间的基坑降水、坑壁支撑及是否可能产生流砂、涌土等问题。对于具有侵蚀性的地下水，应采用抗侵蚀的水泥品种和相应的措施（详见有关勘察规范）。对于具有地下室的厂房、民用建筑和地下贮罐，设计时还应考虑地下水的浮托力和静水压力的作用及地下结构抗渗漏的问题。

当持力层为隔水层而其下方存在承压水时，为了避免开挖基坑时隔水层被承压水冲破，坑底隔水层应有一定的厚度。这时，坑底隔水层的重力应大于其下面承压水的压力（图 7.12），即

$$\gamma h > \gamma_w h_w \qquad (7-1)$$

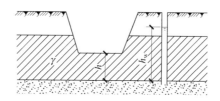

图 7.12　有承压水时的基坑开挖深度

式中：γ——土的重度，对潜水位以下的土取饱和重度；

$\quad\quad\gamma_w$——水的重度；

$\quad\quad h$——基坑底至隔水层底面的距离；

$\quad\quad h_w$——承压水的上升高度（从隔水层底面起算）。

如式(7-1)无法得到满足，则应设法降低承压水头或减小基础埋深。对于平面尺寸较大的基础，在满足式(7-1)的要求时，还应有不小于1.1的安全系数。

7.3.4　地基冻融条件

当地基土的温度低于0℃时，土中部分孔隙水将冻结而形成冻土。冻土可分为季节性冻土和多年冻土两类。其中季节性冻土在冬季冻结而在夏季融化，每年冻融交替一次。我国东北、华北和西北地区的季节性冻土层厚度在0.5m以上，最大的可达3m左右。

如果季节性冻土由细粒土（粉砂、粉土、黏性土）组成，冻结前的含水量较高且冻结期间的地下水位低于冻结深度不足1.5～2.0m，那么不仅处于冻结深度范围内的土中水将被冻结形成冰晶体，而且未冻结区的自由水和部分结合水会不断地向冻结区迁移、聚集，使冰晶体逐渐扩大，引起土体的膨胀和隆起，形成冻胀现象。位于冻胀区的基础所受到的冻胀力如大于基底压力，基础就有被抬起的可能。到了夏季，土体因温度升高而解冻，造成含水量增加，土体处于饱和及软化状态，强度降低，建筑物下陷，这种现象称为融陷。地基土的冻胀与融陷一般是不均匀的，容易导致建筑物开裂损坏。

土冻结后是否会产生冻胀现象，主要与土的粒径大小、含水量的多少及地下水位高低等条件有关。对于结合水含量极少的粗粒土，因不发生水分迁移，故一般不存在冻胀问题。处于坚硬状态的黏性土，因为结合水的含量很少，冻胀作用也很微弱。但是，若地下水位高或通过毛细水能使水分向冻结区补充，则冻胀会较严重。《建筑地基基础设计规范》（GB 50007—2011）根据冻胀对建筑物的危害程度，把地基土的冻胀性分为不冻胀、弱冻胀、冻胀、强冻胀和特强冻胀五类。

不冻胀土的基础埋深可不考虑冻结深度。对于埋置于冻胀土中的基础，其最小埋深d_{min}可按下式确定。

$$d_{min} = z_d - h_{max} \tag{7-2}$$

式中：z_d（场地冻结深度）和h_{max}（基础底面以下允许冻土层最大厚度）可按《建筑地基基础设计规范》的有关规定确定。

对于冻胀、强冻胀和特强冻胀地基上的建筑物，尚应采取相应的防冻害措施。

7.4　基础底面尺寸的确定

在初步选择基础类型和埋深后，就可以根据地基承载力特征值计算基础底面尺寸。如果地基受力层范围内存在着承载力明显低于持力层的下卧层，则所选择的基础底面尺寸尚需满足对软弱下卧层承载力验算的要求。此外，必要时还应对地基沉降或地基稳定性进行验算（见本章第五节）。

7.4.1　按地基承载力特征值计算基础底面尺寸

除烟囱等圆形结构物常采用圆形（或环形）基础外，一般墙柱的基础通常为矩形基础或条形基础，且采用对称布置。按荷载对基底形心的偏心情况，上部结构作用在基础底面上的荷载可以分为轴心荷载和偏心荷载两种，如图 7.13 所示。

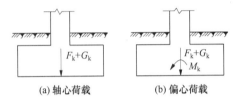

图 7.13　上部结构作用在基础底面上的荷载

1. 轴心荷载作用

在轴心荷载作用下，按地基承载力特征值计算基础底面尺寸时，要求基础底面压力满足下式要求。

$$p_k \leqslant f_a \tag{7-3}$$

$$p_k = \frac{F_k + G_k}{A} \tag{7-4}$$

式中：f_a——修正后的地基承载力特征值，kPa；

　p_k——相应于作用的标准组合时，基础底面处的平均压力值，kPa；

　A——基础底面面积，m^2；

　F_k——相应于作用的标准组合时，上部结构传至基础顶面的竖向力值，kN；

　G_k——基础自重和基础上的土重，kN，对一般实体基础，可近似地取 $G_k = \gamma_G A d$（γ_G 为基础及回填土的平均重度，可取 $\gamma_G = 20 kN/m^3$，d 为基础平均埋深），但在地下水位以下部分应扣去浮托力，即 $G_k = \gamma_G A d - \gamma_w A h_w$（$h_w$ 为地下水位至基础底面的距离）。

将式(7-4)代入式(7-3)，得基础底面面积计算公式如下。

$$A \geqslant \frac{F_k}{f_a - \gamma_G d + \gamma_w h_w} \tag{7-5}$$

在轴心荷载作用下，柱下独立基础一般采用方形，其边长为

$$b \geqslant \sqrt{\frac{F_k}{f_a - \gamma_G d + \gamma_w h_w}} \tag{7-6}$$

对于墙下条形基础，可沿基础长方向取单位长度 1m 进行计算，荷载也为相应的线荷载（kN/m），则墙下条形基础宽度为

$$b \geqslant \frac{F_k}{f_a - \gamma_G d + \gamma_w h_w} \tag{7-7}$$

在上面的计算中，一般先要对地基承载力特征值 f_{ak} 进行深度修正，然后按计算得到的基础底面宽度 b，考虑是否需要对 f_{ak} 进行宽度修正。若 $b<3m$，则不需要进行宽度修正，如需要，修正后重新计算基础底面宽度，如此反复计算一两次即可。最后确定的基础底面尺寸 b 和 l 均应为 100mm 的倍数。

【例 7-1】 某黏性土重度 $\gamma_m = 18.2 \text{kN/m}^3$，孔隙比 $e = 0.7$，液性指数 $I_L = 0.75$，地基承载力特征值 $f_{ak} = 220 \text{kPa}$。现修建一外柱基础，作用在基础顶面的轴心荷载 $F_k = 830 \text{kN}$，基础埋深（自室外地面起算）为 1.0m，室内地面高出室外地面 0.3m，试确定方形基础底面宽度。

【解】 先进行地基承载力特征值深度修正。自室外地面起算的基础埋深 $d = 1.0m$，查表 6-4，得 $\eta_d = 1.6$，由式（6-3）得修正后的地基承载力特征值为

$$f_a = f_{ak} + \eta_d \gamma_m (d - 0.5) = 220 + 1.6 \times 18.2 \times (1.0 - 0.5) \approx 235 \text{（kPa）}$$

计算基础自重及其上土重 G_k 时的基础埋深为

$$d = (1.0 + 1.3)/2 = 1.15 \text{（m）}$$

由于埋深范围内没有地下水，$h_w = 0$，由式（7-6）得基础底面宽度为

$$b \geqslant \sqrt{\frac{F_k}{f_a - \gamma_G d}} = \sqrt{\frac{830}{235 - 20 \times 1.15}} \approx 1.98 \text{（m）}$$

取 $b = 2m$。因 $b < 3m$，故不必进行地基承载力特征值宽度修正。

2. 偏心荷载作用

对偏心荷载作用下的基础，除应满足式（7-3）的要求外，尚应满足以下附加条件。

$$p_{kmax} \leqslant 1.2 f_a \tag{7-8}$$

式中：p_{kmax}——相应于作用的标准组合时，按直线分布假设计算的基础底面边缘的最大压力值，kPa。

对常见的单向偏心矩形基础，当偏心距 $e \leqslant l/6$ 时，基础底面最大、最小压力可按下式计算。

$$\begin{matrix} p_{kmax} \\ p_{kmin} \end{matrix} = \frac{F_k}{bl} + \gamma_G d - \gamma_w h_w \pm \frac{6M_k}{bl^2} \tag{7-9}$$

或

$$\begin{matrix} p_{kmax} \\ p_{kmin} \end{matrix} = p_k \left(1 \pm \frac{6e}{l} \right) \tag{7-10}$$

式中：l——偏心方向的基础边长，一般为基础长边边长，m；

b——垂直于偏心方向的基础边长，一般为基础短边边长，m；

M_k——相应于作用的标准组合时，基础所有荷载对基底形心的合力矩 [图 7.13（b）]，kN·m；

e——偏心距，$e = \dfrac{M_k}{F_k + G_k}$，m。

其余符号意义同前。

为了保证基础不致过分倾斜，通常还要求偏心距 e 宜满足下列条件。

$$e \leqslant l/6 \quad (\text{或 } p_{kmin} \geqslant 0) \quad\quad (7-11)$$

一般认为，在中、高压缩性地基土上的基础，或有吊车的厂房柱基础，e 不宜大于 $l/6$；对低压缩性地基土上的基础，当考虑短暂作用的偏心荷载时，e 可放宽至 $l/4$。

确定矩形基础底面尺寸时，为了同时满足式（7-3）、式（7-8）和式（7-11）的条件，一般可按下述步骤进行。

① 进行深度修正，初步确定修正后的地基承载力特征值。

② 根据荷载偏心情况，将按轴心荷载作用计算得到的基础底面面积增大 $10\%\sim40\%$，即取

$$A = (1.1\sim1.4)\frac{F_k}{f_a - \gamma_G d + \gamma_w h_w} \quad\quad (7-12)$$

③ 选取基础长边 l 与短边 b 的比值 n（一般取 $n \leqslant 2$），于是有

$$b = \sqrt{\frac{A}{n}} \quad\quad (7-13)$$

$$l = nb \quad\quad (7-14)$$

④ 考虑是否应对地基承载力特征值进行宽度修正。如需要，在地基承载力特征值修正后，重复上述②、③两个步骤，使所取宽度前后一致。

⑤ 计算偏心距 e（或 p_{kmin}）和基础底面最大压力 p_{kmax}，并验算是否满足式（7-8）和式（7-11）的要求。

⑥ 若 b、l 取值不适当（太大或太小），可调整尺寸再行验算，如此反复一两次，便可定出合适的尺寸。

【例 7-2】同例 7-1，但作用在基础顶面处的荷载还有力矩 $200kN \cdot m$ 和水平荷载 $20kN$，如图 7.14 所示，试确定矩形基础底面尺寸。

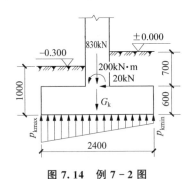

图 7.14 例 7-2 图

【解】（1）初步确定基础底面尺寸。

考虑荷载偏心，将基础底面面积初步增大 20%，由式（7-12）得

$$A = 1.2\frac{F_k}{f_a - \gamma_G d} = \frac{1.2 \times 830}{235 - 20 \times 1.15} \approx 4.7 \ (\text{m}^2)$$

取基础长短边之比 $n = l/b = 2$，于是

$$b = \sqrt{\frac{A}{n}} = \sqrt{\frac{4.7}{2}} \approx 1.5 \ (\text{m})$$

$$l = nb = 2 \times 1.5 = 3.0 \text{（m）}$$

因 $b = 1.5\text{m} < 3\text{m}$，故无须作地基承载力特征值宽度修正。

（2）验算荷载偏心距 e。

基底处的总竖向力：$F_k + G_k = 830 + 20 \times 1.5 \times 3.0 \times 1.15 = 933.5$（kN）

基底处的总力矩：$M_k = 200 + 20 \times 0.6 = 212$（kN·m）

偏心距：$e = \dfrac{M_k}{F_k + G_k} = \dfrac{212}{933.5} \approx 0.227$（m）$< \dfrac{l}{6} = 0.5\text{m}$（可以）

偏心荷载下
地基承载力
验算例题

（3）验算基础底面最大压力 p_{kmax}。

$$p_{kmax} = \frac{F_k + G_k}{bl}\left(1 + \frac{6e}{l}\right) = \frac{933.5}{1.5 \times 3.0} \times \left(1 + \frac{6 \times 0.227}{3.0}\right)$$

$$\approx 301.6 \text{（kPa）} > 1.2 f_a = 282 \text{kPa（不行）}$$

（4）调整基础底面尺寸再验算。

取 $b = 1.6\text{m}$、$l = 3.2\text{m}$，则

$$F_k + G_k = 830 + 20 \times 1.6 \times 3.2 \times 1.15 \approx 947.8 \text{（kN）}$$

$$e = \frac{212}{947.8} \approx 0.224 \text{（m）}$$

$$p_{kmax} = \frac{947.8}{1.6 \times 3.2} \times \left(1 + \frac{6 \times 0.224}{3.2}\right) \approx 262.9 \text{（kPa）} < 1.2 f_a \text{（可以）}$$

所以基础底面尺寸为 $1.6\text{m} \times 3.2\text{m}$。

7.4.2　地基软弱下卧层承载力验算

当地基受力层范围内存在软弱下卧层（承载力显著低于持力层的高压缩性土层）时，除按持力层承载力确定基础底面尺寸外，还必须对软弱下卧层承载力进行验算，要求作用在软弱下卧层顶面处的附加应力与自重应力之和不超过它的地基承载力特征值，即

$$\sigma_z + \sigma_{cz} \leqslant f_{az} \tag{7-15}$$

式中：σ_z——相应于作用的标准组合时，软弱下卧层顶面处的附加应力值，kPa；

$\quad\quad \sigma_{cz}$——软弱下卧层顶面处土的自重应力值，kPa；

$\quad\quad f_{az}$——软弱下卧层顶面处经深度修正后的地基承载力特征值，kPa。

计算附加应力 σ_z 时，一般采用简化方法，即参照双层地基中附加应力分布的理论解答，按压力扩散角概念进行计算。假设基底处的附加压力（$p_0 = p_k - \sigma_{cd}$）往下传递时按压力扩散角 θ 向外扩散至软弱下卧层表面，根据基底与扩散面积上的总附加压力相等的条件，可得附加应力 σ_z 的计算公式为

条形基础　　　$$\sigma_z = \frac{b(p_k - \sigma_{cd})}{b + 2z\tan\theta} \tag{7-16}$$

矩形基础　　　$$\sigma_z = \frac{lb(p_k - \sigma_{cd})}{(l + 2z\tan\theta)(b + 2z\tan\theta)} \tag{7-17}$$

式中：b——条形基础或矩形基础的底面宽度，m；

$\quad\quad l$——矩形基础的底面长度，m；

$\quad\quad p_k$——相应于作用的标准组合时的基底平均压力值，当基础为偏心受压且偏心距 $e \leqslant$

$l/6$ 时，取基底中点的压力作为扩散前的平均压力，kPa；

σ_{cd}——基底处土的自重应力值，kPa；

z——基底至软弱下卧层顶面的距离，m；

θ——地基压力扩散角，可按表 7-3 采用。

表 7-3 未列出 $E_{s1}/E_{s2}<3$ 的资料。对此，可以认为：当 $E_{s1}/E_{s2}<3$ 时，意味着下层土的压缩模量 E_{s2} 与上层土的压缩模量 E_{s1} 差别不大，即下层土不很"软弱"。如果 $E_{s1}=E_{s2}$，则不存在软弱下卧层。

表 7-3 地基压力扩散角

E_{s1}/E_{s2}	$z=0.25b$	$z=0.50b$
3	6°	23°
5	10°	25°
10	20°	30°

注：① E_{s1} 为上层土的压缩模量，E_{s2} 为下层土的压缩模量。

② $z<0.25b$ 时取 $\theta=0°$，必要时，宜由试验确定；$z>0.50b$ 时 θ 值不变。

③ z 在 $0.25b\sim0.50b$ 之间可插值使用。

由式（7-17）可知，如要减小作用于软弱下卧层顶面的附加应力 σ_z，可以采取加大基底面积（使扩散面积加大）或减小基础埋深（使 z 值加大）的措施。前一措施虽然可以有效地减小 σ_z，但却可能使基础的沉降量增加。因为附加应力的影响深度会随着基底面积的增加而加大，从而可能使软弱下卧层的沉降量明显增加。反之，减小基础埋深可以使基底到软弱下卧层的距离增加，使附加应力在软弱下卧层中的影响减小，因而基础沉降量随之减小。因此，当存在软弱下卧层时，基础宜浅埋，这样不仅使"硬壳层"充分发挥应力扩散作用，同时也减小了基础沉降量。

【例 7-3】图 7.15 中的柱下矩形基础底面尺寸为 $5.4m\times2.7m$，试根据图中各项资料验算持力层和软弱下卧层的承载力是否满足要求。

【解】（1）持力层承载力验算。

先对持力层地基承载力特征值 f_{ak} 进行修正。查表 6-4，得 $\eta_b=0$、$\eta_d=1.0$，由式（6-3），得
$$f_a=209+1.0\times18.0\times(1.8-0.5)=232.4 \text{（kPa）}$$

基底处的总竖向力：$F_k+G_k=1800+220+20\times2.7\times5.4\times1.8\approx2545$（kN）

基底处的总力矩：$M_k=950+180\times1.2+220\times0.62\approx1302$（kN·m）

基底处的平均压力：
$$p_k=\frac{F_k+G_k}{A}=\frac{2545}{2.7\times5.4}\approx174.6 \text{（kPa）}<f_a=232.4\text{kPa（可以）}$$

偏心距：
$$e=\frac{M_k}{F_k+G_k}=\frac{1302}{2545}\approx0.512 \text{（m）}<\frac{l}{6}=0.9\text{m（可以）}$$

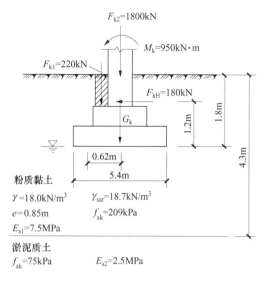

图 7.15　例 7 - 3 图

地基承载力
验算例题

基础底面最大压力：

$$p_{kmax} = p_k\left(1 + \frac{6e}{l}\right) = 174.6 \times \left(1 + \frac{6 \times 0.512}{5.4}\right)$$

$$\approx 273.9 \ (kPa) < 1.2f_a \approx 278.9 kPa \ （可以）$$

（2）软弱下卧层承载力验算。

由 $E_{s1}/E_{s2} = 7.5/2.5 = 3$，$z/b = 2.5/2.7 > 0.50$，查表 7 - 3 得 $\theta = 23°$，$\tan\theta \approx 0.424$。

软弱下卧层顶面处的附加应力：

$$\sigma_z = \frac{lb(p_k - \sigma_{cd})}{(l + 2z\tan\theta)(b + 2z\tan\theta)}$$

$$= \frac{5.4 \times 2.7 \times (174.6 - 18.0 \times 1.8)}{(5.4 + 2 \times 2.5 \times 0.424) \times (2.7 + 2 \times 2.5 \times 0.424)} \approx 57.2 \ (kPa)$$

软弱下卧层顶面处土的自重应力：$\sigma_{cz} = 18.0 \times 1.8 + (18.7 - 10) \times 2.5 \approx 54.2$ (kPa)

按淤泥质土查表 6 - 4，得 $\eta_d = 1.0$。软弱下卧层顶面以上土的加权平均重度：

$$\gamma_m = \frac{\sigma_{cz}}{d + z} = \frac{54.2}{4.3} \approx 12.6 \ (kN/m^3)$$

软弱下卧层地基承载力特征值：

$$f_{az} = 75 + 1.0 \times 12.6 \times (4.3 - 0.5) \approx 122.9 \ (kPa)$$

验算：$\quad\quad \sigma_{cz} + \sigma_z = 54.2 + 57.2 = 111.4 \ (kPa) < f_{az} \ （可以）$

经验算，基础底面尺寸及埋深满足要求。

7.5　地基沉降验算

按前述方法确定的基础底面尺寸虽然已可保证建筑物在防止地基剪切破坏方面具有足够的安全度，但却不一定能保证地基沉降满足要求。在按要求选定基础底面尺寸后，对设计等级为甲、乙级的建筑物和部分丙级建筑物（见本章第一节）还须验算地基沉降。地基沉降验算的要求是，建筑物的地基沉降计算值 Δ 应不大于地基沉降允许值 $[\Delta]$，即要求满足下列条件。

$$\Delta \leqslant [\Delta] \qquad\qquad (7-18)$$

地基沉降按特征可分为四种，如图 7.16 所示。

沉降量：基础中点的沉降值。

沉降差：相邻两独立基础沉降量之差。

倾斜：基础倾斜方向两端点的沉降差与其距离的比值。

局部倾斜：砌体承重结构沿纵向 6~10m 内基础两点的沉降差与其距离的比值。

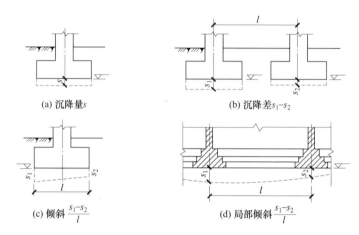

图 7.16　地基沉降特征分类

在计算地基沉降时，应遵守下列规定。

① 由于地基不均匀、建筑物荷载差异大或体型复杂等因素引起的地基沉降，对于砌体承重结构，应由局部倾斜控制；对于框架结构和单层排架结构，应由相邻柱基的沉降差控制。

② 对于多层或高层建筑和高耸结构应由倾斜控制，必要时应控制平均沉降量。

③ 必要时应分别预估建筑物在施工期间和使用期间的地基沉降值，以便预留建筑物有关部分之间的净空，考虑连接方法和施工顺序。就一般建筑物而言，在施工期间完成的沉降量，对于砂土，可认为已完成最终沉降量的 80% 以上；对于其他低压缩性土，可认为已完成最终沉降量的 50%~80%；对于中压缩性土，可认为已完成最终沉降量的 20%~50%；对于高压缩性土，可认为已完成最终沉降量的 5%~20%。

必须指出，地基的沉降计算，目前还比较粗略。至于地基沉降允许值则更难准确确定。《建筑地基基础设计规范》（GB 50007—2011）根据对各类建筑物沉降观测资料的综合分析和对某些结构附加应力的计算，以及参考一些国外资料，提出了建筑物的地基沉降允许值，见表 7-4。对表中未包括的其他建筑物的地基沉降允许值，可根据上部结构对地基沉降的适应能力和使用上的要求来确定。

表 7-4　建筑物的地基沉降允许值

沉降特征		地基土类别	
		中、低压缩性土	高压缩性土
砌体承重结构基础的局部倾斜		0.002	0.003
工业与民用建筑相邻柱基的沉降差	（1）框架结构	0.002l	0.003l
	（2）砌体墙填充的边排柱	0.0007l	0.001l
	（3）当基础不均匀沉降时不产生附加应力的结构	0.005l	0.005l
单层排架结构（柱距为6m）柱基的沉降量/mm		（120）	200
桥式吊车轨面的倾斜（按不调整轨道考虑）	纵向	0.004	
	横向	0.003	
多层和高层建筑的整体倾斜	$H_g \leqslant 24$	0.004	
	$24 < H_g \leqslant 60$	0.003	
	$60 < H_g \leqslant 100$	0.0025	
	$H_g > 100$	0.002	
体型简单的高层建筑基础的平均沉降量/mm		200	
高耸结构基础的倾斜	$H_g \leqslant 20$	0.008	
	$20 < H_g \leqslant 50$	0.006	
	$50 < H_g \leqslant 100$	0.005	
	$100 < H_g \leqslant 150$	0.004	
	$150 < H_g \leqslant 200$	0.003	
	$200 < H_g \leqslant 250$	0.002	
高耸结构基础的沉降量/mm	$H_g \leqslant 100$	400	
	$100 < H_g \leqslant 200$	300	
	$200 < H_g \leqslant 250$	200	

注：① 有括号者只适用于中压缩性土。

② l 为相邻柱基的中心距离，mm；H_g 为自室外地面起算的建筑物高度，m。

如果地基沉降验算不符合要求，则应通过改变基础的类型或尺寸，采取减轻不均匀沉降危害的措施，进行地基处理或采用桩基础等方法来解决。

7.6　无筋扩展基础设计

前述地基基础设计流程确定的基础埋深及基础底面尺寸保证了地基的强度、稳定及变形满足安全要求，接下来需进行基础本身的剖面尺寸及结构设计，本节介绍无筋扩展基础的设计方法。

无筋扩展基础的抗拉强度和抗剪强度较低，因而必须控制基础内的拉应力和剪应力。

可以简单地认为，荷载在基础内是按一角度 α 向下传递并作用在地基表面的，α 称为基础的刚性角。如果能够将基础底面尺寸控制在刚性角范围之内（图 7.17），那么基础的内力就会很小。在基础宽度已经确定的情况下，通过加大基础的高度，即减小基础台阶宽高比（台阶的宽度与高度之比）可以达到这一目的。因此，结构设计时可以通过控制材料强度等级和台阶宽高比来确定基础的截面尺寸，而无须进行内力分析和截面强度计算。图 7.17 所示为无筋扩展基础构造示意图，要求基础每个台阶的宽高比（$b_2 : h$）都不得超过表 7-5 所列的台阶宽高比的允许值（可用图中角度 α 的正切 $\tan\alpha$ 表示）。设计时一般先选择适当的基础埋深和基础底面尺寸，设基底宽度为 b，则按上述要求，基础高度应满足下列条件。

$$h \geqslant \frac{b - b_0}{2\tan\alpha} \qquad (7-19)$$

式中：b_0——基础顶面处的墙体宽度或柱脚宽度；

$\quad\quad \alpha$——基础的刚性角。

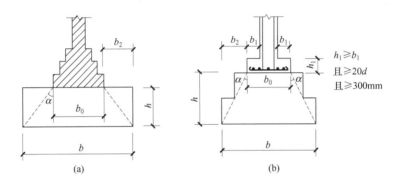

d——柱中纵向钢筋直径；b_1——基础柱悬臂部分挑出尺度；b_2——基础台阶宽度

图 7.17 无筋扩展基础构造示意图

表 7-5 无筋扩展基础台阶宽高比的允许值

基础材料	质量要求	台阶宽高比的允许值/$\tan\alpha$		
		$p_k \leqslant 100$	$100 < p_k \leqslant 200$	$200 < p_k \leqslant 300$
混凝土基础	C15 混凝土	1:1.00	1:1.00	1:1.25
毛石混凝土基础	C15 混凝土	1:1.00	1:1.25	1:1.50
砖基础	砖不低于 MU10，砂浆不低于 M5	1:1.50	1:1.50	1:1.50
毛石基础	砂浆不低于 M5	1:1.25	1:1.50	—
灰土基础	体积比为 3:7 或 2:8 的灰土，其最小干密度： 粉土 1.55t/m³ 粉质黏土 1.50t/m³ 黏土 1.45t/m³	1:1.25	1:1.50	—
三合土基础	石灰:砂:骨料的体积比 1:2:4～1:3:6，每层约虚铺 220mm，夯实至 150mm	1:1.50	1:2.00	—

注：p_k 为作用的标准组合时基础底面处的平均压力值，kPa。

由于台阶宽高比的限制，无筋扩展基础的高度一般都较大，但不应大于基础埋深，否则应加大基础埋深或选择刚性角较大的基础类型（如混凝土基础）。如仍不满足，可采用钢筋混凝土基础。

为节约材料和施工方便，基础常做成阶梯形。分阶时，每一台阶除应满足台阶宽高比的要求外，还需符合有关的构造规定。

无筋扩展基础主要指由砖、毛石、混凝土或毛石混凝土、灰土和三合土等材料组成的无须配置钢筋的墙下条形基础或柱下独立基础，按照使用材料的不同，设计要求也有所差别。

砖基础俗称大放脚，其各部分的尺寸应符合砖的模数。砌筑方式有二皮一收和二一间隔收（又称一皮一收相间隔）两种，如图 7.18 所示。二皮一收是每砌两皮砖，即 120mm，收进 1/4 砖长，即 60mm；二一间隔收是从底层开始，先砌两皮砖，收进 1/4 砖长，再砌一皮砖，收进 1/4 砖长，如此反复。

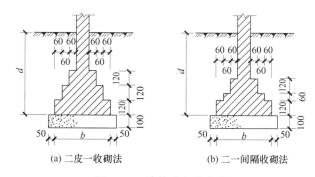

图 7.18　砖基础砌筑方式

毛石基础的每阶伸出宽度不宜大于 200mm，每阶高度通常取 400～600mm，并由两层毛石错缝砌成。混凝土基础每阶高度不应小于 200mm，毛石混凝土基础每阶高度不应小于 300mm。

灰土基础施工时每层虚铺灰土 220～250mm，夯实至 150mm，称为"一步灰土"。根据需要可设计成二步灰土或三步灰土，即厚度为 300mm 或 450mm。三合土基础厚度不应小于 300mm。

无筋扩展基础也可由两种材料叠合组成，例如，上层用砖砌体，下层用混凝土。

7.7　墙下钢筋混凝土条形基础设计

墙下钢筋混凝土条形基础的截面设计包括确定基础高度和基础底板配筋。在这些计算中，可不考虑基础及其上面土的重力，因为由这些重力所产生的那部分地基反力将与重力相抵消。仅考虑上部结构作用于基础顶面的荷载所产生的地基反力，称为地基净反力，并以 p_j 表示。计算时，通常沿墙长度方向取 1m 作为计算单元。

7.7.1　设计原则

① 内力计算：一般可按平面应变问题处理，在长度方向可取单位长度计算。

② 截面设计验算内容：基础底面宽度 b 根据地基承载力要求确定；基础高度 h 由混凝土的抗剪切条件确定；基础底板配筋由基础验算截面的抗弯能力确定。

③ 基底压力：基础截面设计（确定基础高度、底板配筋）中，应采用不计基础与上覆土重力作用时的地基净反力计算。

7.7.2 构造要求

① 梯形截面基础的边缘高度，一般不宜小于 200mm，且两个方向的坡度不宜大于 1 ∶ 3；基础高度≤250mm 时，可做成等厚度板。

② 基础下的垫层厚度一般为 100mm，每边伸出基础 50～100mm，垫层混凝土强度等级不宜低于 C10。

③ 底板受力钢筋的最小直径不应小于 10mm，间距不应大于 200mm 和小于 100mm，最小配筋率不应小于 0.15%。纵向分布钢筋直径不小于 8mm，间距不大于 300mm，每延米分布钢筋的面积应不小于受力钢筋面积的 15%。当有垫层时，混凝土的保护层净厚度不应小于 40mm，无垫层时不应小于 70mm。

④ 混凝土强度等级不应低于 C20。

⑤ 当基础宽度大于或等于 2.5m 时，底板受力钢筋的长度可取基础宽度的 0.9 倍，并交错布置。

7.7.3 轴心荷载作用

1. 基础高度

基础内不配箍筋和弯起筋，故基础高度由混凝土的受剪切承载力确定。

$$V \leqslant 0.7\beta_{hs} f_t A_0 \qquad (7-20)$$

$$\beta_{hs} = \left(\frac{800}{h_0}\right)^{1/4} \qquad (7-21)$$

式中：V——相应于作用的基本组合时，基础计算截面处的剪力设计值，kN；

β_{hs}——受剪切承载力截面高度影响系数；

f_t——混凝土轴心抗拉强度设计值，kPa；

A_0——计算截面处基础的有效截面面积，mm²；

h_0——基础有效高度，m，当 $h_0 < 800$mm 时，取 $h_0 = 800$mm；当 $h_0 > 2000$mm 时，取 $h_0 = 2000$mm。

对墙下条形基础，通常沿长度方向取单位长度计算，即取 $l = 1$m，则式（7-20）成为

$$p_j b_1 \leqslant 0.7\beta_{hs} f_t h_0$$

于是

$$h_0 \geqslant \frac{p_j b_1}{0.7\beta_{hs} f_t} \qquad (7-22)$$

$$p_j = \frac{F}{b} \qquad (7-23)$$

式中：p_j——相应于作用的基本组合时的地基净反力设计值，kPa。

F——相应于作用的基本组合时上部结构传至基础顶面的竖向力设计值，kN。

b——基础宽度，m。

b_1——基础悬臂部分计算截面的挑出长度，如图 7.19 所示，当墙体材料为混凝土时，b_1 为基础边缘至墙脚的距离；当为砖墙且放脚不大于 1/4 砖长时，b_1 为基础边缘至墙脚的距离加上 1/4 砖长。

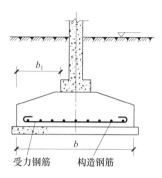

图 7.19 墙下条形基础

2. 基础底板配筋

悬臂根部的最大弯矩设计值 M 为

$$M = \frac{1}{2} p_j b_1^2 \qquad (7-24)$$

符号意义与式（7-22）相同。

基础每延米长度的受力钢筋截面面积为

$$A_s = \frac{M}{0.9 f_y h_0} \qquad (7-25)$$

式中：A_s——钢筋截面面积；

f_y——钢筋抗拉强度设计值；

h_0——基础有效高度，$0.9h_0$ 为截面内力臂的近似值。

将各个数值代入式（7-25）计算时，单位宜统一换为 N 和 mm。

7.7.4 偏心荷载作用

在偏心荷载作用下，基础边缘处的最大和最小地基净反力设计值为

$$\genfrac{}{}{0pt}{}{p_{j,\max}}{p_{j,\min}} = \frac{F}{b} \pm \frac{6M}{b^2} \qquad (7-26)$$

或

$$\genfrac{}{}{0pt}{}{p_{j,\max}}{p_{j,\min}} = \frac{F}{b}\left(1 \pm \frac{6e_0}{b}\right) \qquad (7-27)$$

式中：M——相应于作用的基本组合时作用于基础底面的力矩设计值，kN·m；

e_0——荷载的净偏心距，m，$e_0 = M/F$。

基础高度和底板配筋仍按式（7-20）和式（7-25）计算，但式中的剪力和弯矩设计值应改按下列公式计算。

$$V = \frac{1}{2} (p_{j,max} + p_{jI}) b_1 \qquad (7-28)$$

$$M = \frac{1}{6} (2p_{j,max} + p_{jI}) b_1^2 \qquad (7-29)$$

式中：p_{jI}——计算截面处的地基净反力设计值。

$$p_{jI} = p_{j,min} + \frac{b - b_1}{b} (p_{j,max} - p_{j,min})$$

【例7-4】 某砖墙厚240mm，相应于作用的标准组合及基本组合时作用在基础顶面的轴心荷载分别为144kN/m和190kN/m，基础埋深为0.5m，地基承载力特征值为$f_{ak}=$ 106kPa，如图7.20所示，试设计此基础。

【解】 因基础埋深为0.5m，故采用墙下钢筋混凝土条形基础。混凝土强度等级采用 C20，$f_t = 1.10$N/mm^2，钢筋用 HPB300 级，$f_y = 270$N/mm^2。

先计算基础底面宽度（因 $d = 0.5$m，故 $f_a = f_{ak} = 106$kPa）。

$$b = \frac{F_k}{f_a - \gamma_G d} = \frac{144}{106 - 20 \times 0.5} = 1.5 \text{（m）}$$

地基净反力设计值为

$$p_j = \frac{F}{b} = \frac{190}{1.5} \approx 126.7 \text{（kPa）}$$

基础边缘至砖墙计算截面的距离为

$$b_1 = \frac{1}{2} \times (1.5 - 0.24) = 0.63 \text{（m）}$$

基础有效高度为

$$h_0 \geqslant \frac{p_j b_1}{0.7 \beta_{hs} f_t} = \frac{126.7 \times 0.63}{0.7 \times 1 \times 1100} \approx 0.104 \text{（m）} = 104\text{mm}$$

取基础高度 $h = 300$mm，$h_0 = 300 - 40 - 5 = 255$（mm）> 104mm

$$M = \frac{1}{2} p_j b_1^2 = \frac{1}{2} \times 126.7 \times 0.63^2 \approx 25.1 \text{（kN · m）}$$

$$A_s = \frac{M}{0.9 f_y h_0} = \frac{25.1 \times 10^6}{0.9 \times 270 \times 255} \approx 405 \text{（mm}^2\text{）}$$

配钢筋 $\phi 12@200$，$A_s = 565$mm$^2 > 405$mm^2，并满足最小配筋率要求。

以上受力钢筋沿垂直于砖墙长度的方向配置，纵向分布钢筋取 $\phi 8@250$，如图7.20所示，垫层用C10混凝土。

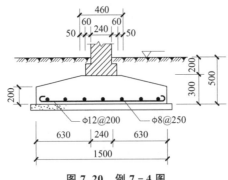

图7.20 例7-4图

7.8　柱下钢筋混凝土独立基础设计

7.8.1　构造要求

柱下钢筋混凝土独立基础，除应满足上述墙下钢筋混凝土条形基础的要求外，还应满足其他一些要求，如图7.21所示。阶梯形基础每阶高度一般为300～500mm，当基础高度大于或等于600mm而小于900mm时，阶梯形基础分二级；当基础高度大于或等于900mm时，则分三级。当采用锥形基础时，其边缘高度不宜小于200mm，顶部每边应沿柱边放出50mm。

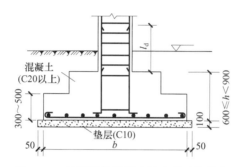

图7.21　柱下钢筋混凝土独立基础的构造

柱下钢筋混凝土独立基础的纵向受力钢筋应双向配置。现浇柱的纵向受力钢筋可通过插筋锚入基础中。插筋的数量、直径及钢筋种类应与柱内纵向受力钢筋相同。插入基础的钢筋，上下至少应有两道箍筋固定。插筋与柱的纵向受力钢筋的连接方法，应按《混凝土结构设计规范（2015年版）》（GB 50010—2010）的规定执行。插筋的下端宜做成直钩放在基础底板钢筋网上。当符合下列条件之一时，可仅将四角的插筋伸至底板钢筋网上，其余插筋仲入基础的长度按锚固长度确定：①柱为轴心受压或小偏心受压，基础高度大于或等于1200mm；②柱为大偏心受压，基础高度大于或等于1400mm。

有关杯口基础的构造详见《建筑地基基础设计规范》（GB 50007—2011）。

7.8.2　轴心荷载作用

1.基础高度

当基础宽度小于或等于柱宽加两倍基础有效高度（即 $b \leqslant b_c + 2h_0$）时，基础高度由混凝土的受剪切承载力确定，应按式(7-20)验算柱与基础交接处及基础变阶处基础截面的受剪切承载力。

当冲切破坏锥体落在基础底面以内（即 $b > b_c + 2h_0$）时，基础高度由混凝土受冲切承载力确定。在柱荷载作用下，如果基础高度（或阶梯高度）不足，则将沿柱周边（或阶梯高度变化处）产生冲切破坏，形成45°斜裂面的角锥体（图7.22）。因此，由冲切破坏锥体以外的地基净反力所产生的冲切力应小于冲切面处混凝土的受冲切承载力。矩形基础一般沿柱短边一侧先产生冲切破坏，所以只需根据短边一侧的冲切破坏条件确定基础高度，即要求：

$$F_l \leqslant 0.7\beta_{hp}f_t b_m h_0 \tag{7-30}$$

上式右边部分为混凝土受冲切承载力，左边部分为冲切力。

$$F_l = p_j A_l \tag{7-31}$$

式中：β_{hp}——受冲切承载力截面高度影响系数，当基础高度 $h \leqslant 800mm$ 时，β_{hp} 取 1.0；当 $h \geqslant 2000mm$ 时，β_{hp} 取 0.9，其间按线性内插法取用；

f_t——混凝土轴心抗拉强度设计值，kPa；

b_m——冲切破坏锥体斜裂面上、下（顶、底）边长 b_t、b_b 的平均值（图 7.23），m；

h_0——基础有效高度，取两个方向配筋的有效高度平均值，m；

p_j——相应于作用的基本组合时的地基净反力设计值，kPa；

A_l——冲切力的作用面积［图 7.24（b）中的斜线面积，具体计算方法见后述］，m^2。

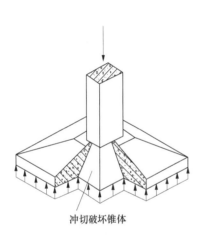

图 7.22　基础冲切破坏

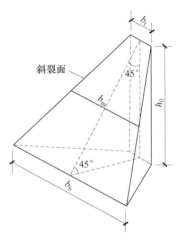

图 7.23　冲切破坏锥体斜裂面边长

如柱截面长边、短边分别用 a_c、b_c 表示，则沿柱边产生冲切时，有

$$b_t = b_c$$
$$b_b = b_c + 2h_0$$

于是

$$b_m = \frac{1}{2}(b_t + b_b) = b_c + h_0$$

$$b_m h_0 = (b_c + h_0)h_0$$

$$A_l = \left(\frac{l}{2} - \frac{a_c}{2} - h_0\right)b - \left(\frac{b}{2} - \frac{b_c}{2} - h_0\right)^2$$

而式（7-30）成为

$$p_j\left[\left(\frac{l}{2} - \frac{a_c}{2} - h_0\right)b - \left(\frac{b}{2} - \frac{b_c}{2} - h_0\right)^2\right] \tag{7-32}$$

$$\leqslant 0.7\beta_{hp}f_t(b_c + h_0)h_0$$

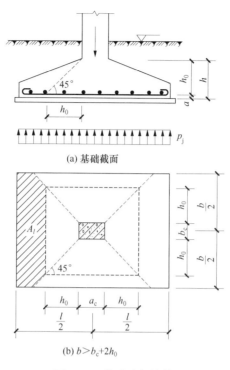

(a) 基础截面

(b) $b>b_c+2h_0$

图 7.24　基础冲切计算

对于阶梯形基础，例如分成二级的阶梯形，除对柱边进行抗冲切验算外，还应对上一阶底边变阶处进行下阶的抗冲切验算。验算方法与上面柱边抗冲切验算相同，只是在使用式(7-32)时，a_c、b_c 分别换为上阶的长边（l_1）和短边（b_1）（参考图 7.25），h_0 换为下阶的有效高度（h_{01}）（参考图 7.26）。

当基础底面全部落在 45°冲切破坏锥体底边以内时，则成为刚性基础，无须进行抗冲切验算。

设计时一般先按经验假定基础高度，得出 h_0，再代入式(7-20)或式(7-32)进行验算，直至满足要求。

2. 基础底板配筋

在地基净反力作用下，基础沿柱的周边向上弯曲。一般矩形基础的长宽比小于 2，故为双向受弯。当弯曲应力超过了基础的抗弯强度时，就发生弯曲破坏。其破坏特征是裂缝沿柱角至基础角将基础底面分裂成四块梯形面积。故配筋计算时，将基础底板看成四块固定在柱边的梯形悬臂板（图 7.25）。

当基础台阶宽高比 $\tan\alpha \leqslant 2.5$ 时［参见图 7.24 (a)］，可认为基底反力呈线性分布，底板弯矩设计值可按下述方法计算。

地基净反力 p_j 对柱边 Ⅰ—Ⅰ 截面产生的弯矩为

$$M_{\mathrm{I}}=p_j A_{1234} l_0$$

$$A_{1234}=\frac{1}{4}(b+b_c)(l-a_c)$$

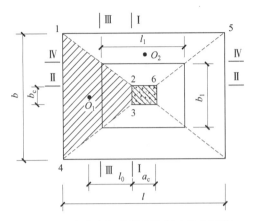

图 7.25 产生弯矩的地基净反力作用面积

$$l_0 = \frac{(l-a_c)(b_c+2b)}{6(b_c+b)} \tag{7-33}$$

式中：A_{1234}——梯形 1234 的面积；

l_0——梯形 1234 的形心 O_1 至柱边的距离。

于是

$$M_I = \frac{1}{24} p_j (l-a_c)^2 (2b+b_c) \tag{7-34}$$

平行于 l 方向（垂直于 I—I 截面）的受力钢筋面积可按下式计算。

$$A_{sI} = \frac{M_I}{0.9 f_y h_0} \tag{7-35}$$

同理，由梯形 1265 的地基净反力可得柱边 II—II 截面的弯矩为

$$M_{II} = \frac{1}{24} p_j (b-b_c)^2 (2l+a_c) \tag{7-36}$$

受力钢筋面积为

$$A_{sII} = \frac{M_{II}}{0.9 f_y h_0} \tag{7-37}$$

阶梯形基础的变阶处也是抗弯的危险截面，按式（7-34）~式（7-37）可以分别计算上阶底边 III—III 和 IV—IV 截面的弯矩 M_{III}、M_{IV} 和受力钢筋面积 A_{sIII}、A_{sIV}，只要把各式中的 a_c、b_c 分别换成上阶的长边 l_1 和短边 b_1，把 h_0 换为下阶的有效高度 h_{01} 便可。然后按 A_{sI} 和 A_{sIII} 中的大值配置平行于 l 边方向的钢筋，按 A_{sII} 和 A_{sIV} 中的大值配置平行于 b 边方向的钢筋。

当基础底面和柱截面均为正方形时，$M_I = M_{II}$、$M_{III} = M_{IV}$，这时只需计算一个方向便可。在应用各公式进行计算时，须注意单位的统一。

对于基础长短边之比 $2 \leqslant n \leqslant 3$ 的柱下独立基础，基础底板短向钢筋应按下述方法布置：将短向全部钢筋面积乘以（$1-n/6$）后求得的钢筋，均匀分布在与柱中心线重合的宽度等于基础短边的中间带宽范围内，其余的短向钢筋则均匀分布在中间带宽的两侧。长向钢筋应均匀分布在基础全宽范围内。

当基础的混凝土强度等级小于柱的混凝土强度等级时，尚应验算柱下钢筋混凝土独立基础顶面的局部受压承载力。

7.8.3　偏心荷载作用

如果只在矩形基础长边方向产生偏心（图 7.26），即只有一个方向的净偏心距（在基础底面形心处的弯矩为 M），其为

$$e = \frac{M}{F}$$

则地基净反力设计值的最大值和最小值为

$$\left.\begin{matrix} p_{\text{j,min}} \\ p_{\text{j,max}} \end{matrix}\right\} = \frac{F}{lb}\left(1 \pm \frac{6e_0}{l}\right) = \frac{F}{lb} \pm \frac{6M}{bl^2} \qquad (7-38)$$

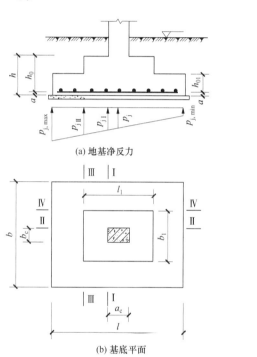

(a) 地基净反力

(b) 基底平面

图 7.26　偏心荷载作用下的柱下钢筋混凝土独立基础

1. 基础高度

基础高度可按式(7-32)或式(7-20)计算，但应以 $p_{\text{j,max}}$ 代替式中的 p_{j}。

2. 基础底板配筋

仍可按式(7-35)和式(7-37)计算受力钢筋面积，但式(7-35)中的 M_{I} 应按下式计算。

$$M_{\text{I}} = \frac{1}{48}\left[(p_{\text{j,max}} + p_{\text{jI}})(2b + b_{\text{c}}) + (p_{\text{j,max}} - p_{\text{jI}})b\right](l - a_{\text{c}})^2 \qquad (7-39)$$

式中：p_{jI}——Ⅰ—Ⅰ截面的地基净反力设计值。

$$p_{\text{jI}} = p_{\text{j,min}} + \frac{l + a_{\text{c}}}{2l}(p_{\text{j,max}} - p_{\text{j,min}})$$

【例 7-5】已知一钢筋混凝土柱截面尺寸为 300mm×300mm，相应于作用的基本组合

时作用在基础顶面的轴心荷载 $F = 500 \text{kN}$，已确定柱下独立基础的底面尺寸为 $1.8 \text{m} \times 1.8 \text{m}$，埋深为 1m，基础尺寸如图 7.27 所示。试设计此基础。

【解】采用 C20 混凝土，HPB300 级钢筋，查得 $f_t = 1.10 \text{N/mm}^2$，$f_y = 270 \text{N/mm}^2$。垫层采用 C10 混凝土。

(1) 计算地基净反力设计值。

$$p_j = \frac{F}{lb} = \frac{500}{1.8 \times 1.8} \approx 154.3 \text{ (kPa)}$$

(2) 确定基础高度。

取基础高度 $h_0 = 400 \text{mm}$，$h_0 = 400 - 40 - 10 = 350$（mm）（取两个方向的有效高度平均值）。因

$$b_c + 2h_0 = 0.3 + 2 \times 0.35 = 1.0 \text{ (m)} < b = 1.8 \text{m}$$

故应按式(7-32)进行抗冲切验算。该式左边：

$$p_j \left[\left(\frac{l}{2} - \frac{a_c}{2} - h_0 \right) b - \left(\frac{b}{2} - \frac{b_c}{2} - h_0 \right)^2 \right]$$

$$= 154.3 \times \left[\left(\frac{1.8}{2} - \frac{0.3}{2} - 0.35 \right) \times 1.8 - \left(\frac{1.8}{2} - \frac{0.3}{2} - 0.35 \right)^2 \right]$$

$$\approx 86.4 \text{ (kN)}$$

该式右边：

$$0.7 \beta_{hp} f_t (b_c + h_0) h_0 = 0.7 \times 1.0 \times 1100 \times (0.3 + 0.35) \times 0.35$$

$$\approx 175.2 \text{ (kN)} > 86.4 \text{kN （可以）}$$

(3) 确定基础底板配筋。

本基础为方形基础，按式(7-34)及式(7-35)，得

$$M_I = M_{II} = \frac{1}{24} p_j (l - a_c)^2 (2b + b_c)$$

$$= \frac{1}{24} \times 154.3 \times (1.8 - 0.3)^2 \times (2 \times 1.8 + 0.3)$$

$$\approx 56.4 \text{ (kN·m)}$$

$$A_{sI} = A_{sII} = \frac{M_I}{0.9 f_y h_0}$$

$$= \frac{56.4 \times 10^6}{0.9 \times 270 \times 350} \approx 663.1 \text{ (mm}^2)$$

按构造要求配 $11\phi10$ 双向钢筋，$A_s = 863.5 \text{mm}^2 \approx \rho_{\min} A = 0.15\% \times (1800 \times 400 - 200 \times 700) = 870 (\text{mm}^2) > 663.1 \text{mm}^2$。基础配筋示意图如图 7.27 所示。

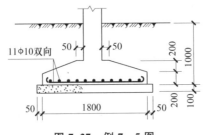

图 7.27 例 7-5 图

7.9　梁板式基础

前述的无筋扩展基础，仅适用于荷载较小、计算所需的基础底面面积较小的情况。当上部荷载较大时，为满足承载力要求，其基础底面尺寸往往很大，此时再用这种形式简单、底板为悬臂桩的基础，无论是从经济上，还是从加强整体刚度上考虑均不合适，应考虑将几个基础连在一起，设计成一个共同受力的整体，这样就出现了连续基础的形式。常用的连续基础有柱下条形基础、柱下交叉条形基础、筏形基础和箱形基础。这一类的基础将建筑物的底部连在了一起，加强了建筑物的整体刚度，通过基础与上部结构之间的协调变形，将上部结构的荷载较均衡地传递给地基，可有效地调整或减小由荷载差异和地基压缩层土体不均匀所造成的地基不均匀沉降，减小上部结构的次应力。与柱下独立基础相比，连续基础具有优良的结构特征、较大的承载能力，适合作为各种地质条件复杂、建设规模大、层数多、结构复杂的建筑物基础。

连续基础具有如下的特点。

① 具有较大的基础底面面积，因此能承担较大的建筑物荷载，易于满足地基承载力的要求。

② 连续基础的连续性可以大大加强建筑物的整体刚度，有利于减轻不均匀沉降及提高建筑物的抗震性能。

③ 对于箱形基础和设置了地下室的筏形基础，可以有效地提高地基承载力，并能以挖去的土重来补偿建筑物的部分（或全部）重量。

连续基础一般可看成是地基上的受弯构件——梁或板。它们的挠曲特征、基底反力和截面内力分布都与地基、基础及上部结构的相对刚度特征有关。因此，应该从三者相互作用的观点出发，采用适当的方法进行地基上梁或板的分析与设计。

7.9.1　柱下条形基础

柱下条形基础是常用于软弱地基上框架或排架结构的一种基础类型。它具有刚度较大、调整不均匀沉降能力较强的优点，但造价较高。因此，在一般情况下，柱下应优先考虑设置独立基础，如遇下述特殊情况时可以考虑采用柱下条形基础。

① 当地基较软弱、承载力较低，而荷载较大时，或地基压缩性不均匀（如地基中有局部软弱夹层、土洞等）时。

② 当荷载分布不均匀，有可能导致不均匀沉降时。

③ 当上部结构对基础沉降比较敏感，有可能产生较大的次应力或影响使用功能时。

1. 构造要求

柱下条形基础一般采用倒 T 形截面，由肋梁和翼板组成，如图 7.28 所示。

为了具有较大的抗弯刚度以便调整不均匀沉降，肋梁高度不可太小，一般宜为柱距的 $1/8 \sim 1/4$（通常取不小于柱距的 $1/6$），并应满足受剪切承载力计算的要求。当柱荷载较大时，可在柱两侧局部增高［加腋，见图 7.6（b）］。一般肋梁沿纵向取等截面，每侧比柱

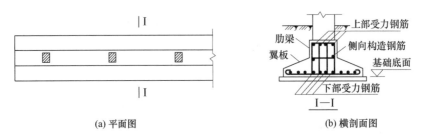

(a) 平面图   (b) 横剖面图

图 7.28　柱下条形基础

至少宽出 50mm [图 7.29（a）]。当柱垂直于肋梁轴线方向的截面边长大于 400mm 时，可仅在柱位处将肋部加宽 [图 7.29（b）]。翼板厚度不应小于 200mm。当翼板厚度为 200～250mm 时，宜用等厚度翼板；当翼板厚度大于 250mm 时，宜用变厚度翼板，其顶面坡度小于或等于 1∶3。

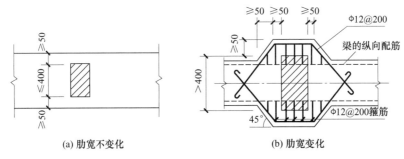

(a) 肋宽不变化   (b) 肋宽变化

图 7.29　现浇柱与肋梁的平面连接和构造配筋

柱下条形基础的端部应沿纵向从两端边柱外伸，外伸长度一般为边跨跨距的 1/4～3/10。当荷载不对称时，两端伸出长度可不相等，以使基底形心与荷载合力作用点重合。但也不宜伸出太多，以免基础梁在柱位处正弯矩太大。

基础肋部的纵向受力钢筋、箍筋和弯筋应按弯矩图和剪力图配置。柱位处的纵向受力钢筋布置在肋梁底面，而跨中则布置在顶面。底面纵向受力钢筋的搭接位置宜在跨中，顶面纵向受力钢筋则宜在柱位处，其搭接长度应满足要求。考虑到条形基础可能出现整体弯曲，且其内力分析往往不很准确，故顶面的纵向受力钢筋宜全部通长配置，底面通长钢筋的面积不应少于底面纵向受力钢筋总面积的 1/3。

翼板的横向受力钢筋由计算确定，但直径不应小于 10mm，间距 100～200mm。非肋部分的纵向分布钢筋直径为 8～10mm，间距不大于 300mm。其余构造要求可参照钢筋混凝土扩展基础的有关规定。

柱下条形基础的混凝土强度等级不应低于 C20。

2. 内力的简化计算

柱下条形基础内力的简化计算方法有两种：静定分析法（静定梁法）和倒梁法。这两种方法均假定地基净反力为直线（平面）分布。为满足这一假定，要求基础具有足够的相对刚度，一般认为，当柱下条形基础梁的高度不小于 1/6 柱距时，可以满足这一要求。

当上部结构的刚度很小（如单层排架结构）时，宜采用静定分析法。计算时先按直线分布假定求出地基净反力，然后将柱荷载直接作用在基础梁上。这样，基础梁上所有的作用力都已确定，故可按静力平衡条件计算出任一截面 i 上的弯矩 M_i 和剪力 V_i（图 7.30）。由于静定分析法假定上部结构为柔性结构，即不考虑上部结构刚度的有利影响，因此在荷载作用下基础梁将产生整体弯曲。与其他方法比较，这样计算所得的基础不利截面上的弯矩绝对值可能偏大很多。

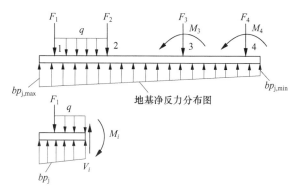

图 7.30　按静力平衡条件计算柱下条形基础的内力图

倒梁法假定上部结构是绝对刚性的，各柱之间没有沉降差异，因而可以把柱脚视为柱下条形基础的铰支座，将基础梁按倒置的普通连续梁（采用弯矩分配法或弯矩系数法）计算，而荷载则为直线分布的地基净反力 bp_j（kN/m）及除去柱的竖向集中力所余下的各种作用（包括柱传来的力矩）（图 7.31）。这种计算方法只考虑出现于柱间的局部弯曲，而略去沿基础全长发生的整体弯曲，因而所得的弯矩图正负弯矩最大值较为均衡，基础不利截面的弯矩最小。倒梁法适用于上部结构刚度很大的情况，例如具有与梁柱结合很好的填充墙的现浇多层框架。

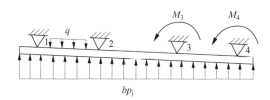

图 7.31　倒梁法计算简图

综上所述，在比较均匀的地基上，当上部结构刚度较好，荷载分布和柱距较均匀（如相差不超过 20%），且柱下条形基础梁的高度不小于 1/6 柱距时，地基净反力可按直线分布，基础梁的内力可按倒梁法计算。

当柱下条形基础的相对刚度较大时，由于基础的架越作用，其两端边跨的地基净反力会有所增大，故两边跨的跨中弯矩及第一内支座的弯矩值宜乘以 1.2 的增大系数。

当不满足按静定分析法或倒梁法计算的条件时，宜按地基上梁的理论方法计算内力。

7.9.2　柱下交叉条形基础

柱下交叉条形基础是由纵横两个方向的柱下条形基础所组成的一种空间结构，各柱位于两个方向基础梁的交叉节点处。上部结构的荷载，通过柱网传至柱下交叉条形基础的顶面（图 7.7）。

在初步选择柱下交叉条形基础的底面积时，可假设基底反力为直线分布。如果所有荷载的合力对基底形心的偏心很小，则可认为基底反力是均布的，由此可求出基础底面的总面积，然后具体选择纵横各基础梁的长度和底面宽度。

如果单向条形基础的底面积已能满足地基承载力的要求，则为了减少基础之间的沉降差，可在另一方向加设连梁，组成连梁式交叉条形基础。为了使基础受力明确，连梁不宜着地。这样，柱下交叉条形基础的设计就可按单向条形基础来考虑。连梁的配置通常是带经验性的，但需要有一定的强度和刚度，否则作用不大。

要对柱下交叉条形基础的内力进行比较仔细的分析是相当复杂的。在工程实践中，如果上部刚度较小，常采用比较简单的方法，把交叉节点处的柱荷载分配到纵横两个方向的基础梁上，待柱荷载分配后，把柱下交叉条形基础分离为若干单独的柱下条形基础，进行分析和设计。当上部结构整体刚度很大时，可按倒置的两组连续梁来对待。

7.9.3　筏形基础

按所支承的上部结构类型分，筏形基础可分为用于砖砌体承重结构房屋的墙下筏形基础和用于框架、剪力墙结构的柱下筏形基础。

墙下筏形基础宜为等厚度（200～300mm）的钢筋混凝土平板，适用于具有硬壳层的（包括人工处理形成的）比较均匀的软弱地基上 6 层及 6 层以下横墙较密的民用建筑。

柱下筏形基础可采用平板式或梁板式两类。筏板的厚度按受冲切承载力或受剪切承载力计算确定。平板式筏板的厚度不应小于 500mm。当柱荷载较大时，应将柱位周围的筏板加厚。梁板式筏板的厚度不应小于 400mm，且板厚与最大双向板格的短边净跨之比不应小于 1/14。

筏形基础的内力计算，应根据基础的刚度、地基土性质和上部结构类型，考虑采用简化方法或进行地基土与基础板的相互作用分析。当地基土质均匀、基础相对刚度较大时，可认为基底反力呈直线分布。这时，若上部结构整体刚度很大，就可以采用"倒楼盖"法来计算筏形基础的内力，即将筏形基础视为倒置的楼盖，以柱脚为支座，地基净反力为荷载，按普通平面楼盖进行计算。

7.9.4　箱形基础

箱形基础的内外墙应沿上部结构柱网和剪力墙纵横均匀布置，墙体水平截面总面积不宜小于箱形基础外墙外包尺寸水平投影面积的 1/10。对基础平面长宽比大于 4 的箱形基础，其纵墙水平截面面积不得小于箱形基础外墙外包尺寸水平投影面积的 1/18。

箱形基础的高度应满足结构承载力、整体刚度和使用功能的要求，其值不宜小于箱形基础长度（不包括底板悬挑部分）的 1/20，并不宜小于 3m。

箱形基础的埋深应根据建筑物对地基承载力、基础抗倾覆及抗滑移稳定性、建筑物整体倾斜及抗震设防烈度等的要求确定，一般可取箱形基础的高度，在抗震设防区不宜小于建筑物高度的 1/15。高层建筑同一结构单元内的箱形基础埋深宜一致，且不得局部采用箱形基础。

箱形基础顶、底板及墙身的厚度应根据受力情况、整体刚度及防水要求确定。一般底板厚度不应小于 400mm，外墙厚度不应小于 250mm，内墙厚度不应小于 200mm。顶、底板厚度应满足受剪切承载力验算的要求，底板尚应满足受冲切承载力的要求。

箱形基础的设计包括地基计算、内力分析、强度计算和构造要求等几方面。

7.10 减轻不均匀沉降危害的措施

前面已指出，地基的过量沉降将使建筑物损坏或影响其使用功能。特别是高压缩性土、膨胀土、湿陷性黄土及软硬不均等不良地基上的建筑物，由于不均匀沉降较大，如果设计时考虑不周，就更易因不均匀沉降而开裂损坏。

不均匀沉降常引起砌体承重结构开裂，尤其是在墙体窗口、门洞的角位处。裂缝的位置和方向与不均匀沉降的状况有关。图 7.32 表示了不均匀沉降引起墙体开裂的一般规律。斜裂缝上段对应的基础（或基础的一部分）沉降较大。如果墙体中间部分的沉降比两个端部大（碟形沉降），则墙体两个端部的斜裂缝将呈八字形，有时（墙体长度大）还在墙体中部下方出现近乎竖直的裂缝。如果墙体两个端部的沉降大（倒碟形沉降），则斜裂缝将呈倒置八字形。当建筑物各部分的荷载或高度差别较大时，高、重部分的沉降也常较大，并导致低、轻部分产生斜裂缝。

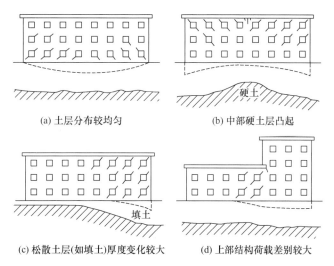

(a) 土层分布较均匀   (b) 中部硬土层凸起

(c) 松散土层(如填土)厚度变化较大   (d) 上部结构荷载差别较大

图 7.32 不均匀沉降引起墙体开裂

对于框架等超静定结构来说，各柱的沉降差必将在梁柱等构件中产生附加内力。当这些附加内力和设计荷载作用下的内力之和超过构件的承载能力时，梁柱端和楼板将出现裂缝。

了解上述规律，将有助于事前采取措施和事后分析裂缝产生的原因。

如何防止或减轻不均匀沉降造成的损害，是设计中必须认真考虑的问题。解决这一问题的途径有两种：一是设法增强上部结构对不均匀沉降的适应能力；二是设法减轻不均匀沉降或总沉降量。具体的措施有：①采用柱下条形基础、筏形基础和箱形基础等，以减少地基的不均匀沉降；②采用桩基础或其他深基础，以减少总沉降量（不均匀沉降相应减少）；③对地基某一深度范围或局部进行人工处理；④从地基-基础-上部结构的相互作用的观点出发，在建筑、结构和施工方面采取本节介绍的某些措施，以增强上部结构对不均匀沉降的适应能力。前三类措施造价偏高，有的需具备一定的施工条件才能采用。对于采用地基处理方案的建筑物往往还需同时辅以某些建筑、结构和施工措施，才能取得预期的效果。因此，对于一般的中小型建筑物，应首先考虑在建筑、结构和施工方面采取减轻不均匀沉降危害的措施，必要时才采用其他的地基基础方案。

7.10.1　建筑措施

1. 建筑物的体型应力求简单

建筑物的体型可通过其立面和平面表示。建筑物的立面不宜高低悬殊，因为在高度突变的部位，常由于荷载轻重不一而产生超过允许值的不均匀沉降。如果建筑物需要高低错落，则应在结构上认真配合。平面形状复杂（如 H、L、T、E 等形状和有凹凸部位）的建筑物，由于基础密集，容易产生相邻荷载影响而使局部沉降量增加。如果建筑物在平面上转折、弯曲太多，则其整体性和抵抗变形的能力将受到影响。

2. 控制建筑物的长高比

建筑物在平面上的长度 L 和从基础底面起算的高度 H_f 之比，称为建筑物的长高比。它是决定砌体结构房屋刚度的一个主要因素。L/H_f 越小，建筑物的刚度就越好，调整地基不均匀沉降的能力也就越大。对 3 层和 3 层以上的房屋，L/H_f 宜小于或等于 2.5；当房屋的长高比满足 $2.5<L/H_f<3.0$ 时，应尽量做到纵墙不转折或少转折，其内横墙间距不宜过大，且与纵墙之间的连接应牢靠，同时纵、横墙开洞不宜过大，必要时还应增强基础的刚度和强度。当房屋的预估最大沉降量少于或等于 120mm 时，在一般情况下，砌体结构的长高比可不受限制。

3. 设置沉降缝

当建筑物的体型复杂或长高比过大时，可以用沉降缝将建筑物（包括基础）分割成两个或多个独立的沉降单元。每个沉降单元一般应体型简单、长高比小、结构类型相同且地基比较均匀。这样的沉降单元具有较大的整体刚度，沉降比较均匀，一般不会再开裂。

为了使各沉降单元的沉降均匀，宜在建筑物的下列部位设置沉降缝。

① 建筑物平面的转折处。

② 建筑物高度或荷载有很大差别处。

③ 长高比不合要求的砌体承重结构及钢筋混凝土框架结构的适当部位。

④ 地基土的压缩性有显著变化之处。

⑤ 建筑结构或基础类型不同处。

⑥ 分期建造房屋的交界处。

⑦ 拟设置伸缩缝处（沉降缝可兼作伸缩缝）。

沉降缝应有足够的宽度，以防止缝两侧的结构相向倾斜而互相挤压。缝内一般不得填塞材料（寒冷地区需填松软材料）。沉降缝的常用宽度为：2 层、3 层房屋 50～80mm，4 层、5 层房屋 80～120mm，5 层以上房屋应不小于 120mm。

4. 相邻建筑物之间应有一定距离

从第 2 章关于土中附加应力分布的讨论可知：作用在地基上的荷载，会使土中一定宽度和深度的范围内产生附加应力，同时也使地基发生沉降。在此范围之外，荷载对邻近建筑物没有影响。同期建造的两个相邻建筑物，或在原有建筑物邻近处新建高、重的建筑物，如果距离太近，就会由于相邻影响，产生不均匀沉降，造成倾斜和开裂。

相邻建筑物基础的净距，可按表 7-6 选用。由该表可见，决定相邻净距的主要因素是被影响建筑物的刚度（用长高比来衡量）和产生影响建筑物的预估沉降量。

表 7-6 相邻建筑物基础的净距　　　　　　单位：m

产生影响建筑物的预估沉降量/mm	被影响建筑物的长高比	
	$2.0 \leqslant L/H_f < 3.0$	$3.0 \leqslant L/H_f < 5.0$
70～150	2～3	3～6
160～250	3～6	6～9
260～400	6～9	9～12
＞400	9～12	≥12

注：① 表中 L 为建筑物长度或沉降缝分隔的单元长度，m；H_f 的意义同前。
　　② 当被影响建筑物的长高比为 $1.5 < L/H_f < 2.0$ 时，净距可适当缩小。

5. 调整建筑物标高

建筑物的长期沉降，将改变使用期间各建筑单元、地下管道和工业设备等部分的原有标高，这时可采取下列措施进行调整。

① 根据预估沉降量，适当提高室内地坪和地下设施的标高。
② 将互有联系的建筑物各部分中沉降较大者的标高提高。
③ 建筑物与设备之间，应留有足够的净空；当有管道穿过建筑物时，应预留足够大小的孔洞，或者采用柔性的管道接头等。

7.10.2 结构措施

1. 减轻建筑物自重

建筑物的自重在基底压力中占有重要的比例。工业建筑中大约占 50%，民用建筑中可高达 60%～70%，因而减少沉降量常可从减轻建筑物的自重着手。

① 采用轻质材料，如采用多孔砖墙或其他轻质墙等。
② 选用轻型结构，如预应力钢筋混凝土结构、轻钢结构及各种轻型空间结构。
③ 减轻基础及其上回填土的重量，选用自重较轻、覆土较少的基础形式，如浅埋的宽基础和有半地下室、地下室的基础，或者室内地面采用架空地坪。

2. 设置圈梁

圈梁的作用在于提高砌体结构抵抗弯曲的能力，即增强建筑物的抗弯刚度。它是防止砖墙出现裂缝和阻止裂缝开展的一项有效措施。当建筑物产生碟形沉降时，墙体产生正向弯曲，下层的圈梁将起作用；反之，墙体产生反向弯曲时，则上层的圈梁起作用。

圈梁必须与砌体结合成整体，每道圈梁要贯通全部外墙、承重内纵墙及主要内横墙，即在平面上形成封闭系统。当没法连通（如某些楼梯间的窗洞处）时，应按图7.33所示的要求利用搭接圈梁进行搭接。必要时，洞口上下的钢筋混凝土搭接圈梁可和两侧的小柱形成小框（有抗震要求时也应这样处理）。

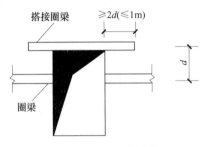

图 7.33　圈梁的搭接

圈梁的截面难以进行计算，一般均按构造考虑（图7.34）。采用钢筋混凝土圈梁时，混凝土强度等级宜采用 C20，宽度与墙厚相同，高度不小于 120mm，纵向钢筋不宜少于 4Φ10，绑扎接头的搭接长度按受力钢筋考虑，箍筋间距不大于 300mm。如采用钢筋砖圈梁时，位于圈梁处的 4～6 皮砖，用 M5 砂浆砌筑，上下各含 3 根 Φ6 钢筋，钢筋间水平距离不宜大于 120mm。

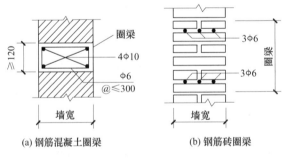

(a) 钢筋混凝土圈梁　　　　　(b) 钢筋砖圈梁

图 7.34　圈梁截面示意（例）

圈梁的布置，单层砌体结构一般做在基础顶面附近；2～3 层砌体结构，下层圈梁做在基础顶面附近，上层圈梁做在顶层门窗顶处；多层房屋除上下两道外，宜隔层放置在楼板下或窗顶处（也可每层都设置）。对于工业厂房，可结合基础梁、连系梁和门窗过梁适当设置。

3. 减小或调整基底附加压力

采用较大的基础底面面积，减小基底附加压力，一般可以减小沉降量。但是，在建筑物不同部位，由于荷载大小不同，如基底压力相同，则荷载大的基础底面尺寸也大，沉降量必然也大。为了减小沉降差异，荷载大的基础，宜采用较大的基础底面面积，以减小该处的基底附加压力。对于图 7.35（a）所示的情况，通常难以采取增大框架柱基础底面面积的方法来减小其与廊柱基础之间的沉降差，此时可将门廊和框架结构分离，或把门廊改用飘板等悬挑结构（原廊柱改用装饰柱）。对于图 7.35（b）所示的情况，可增加墙下条形基础的宽度。

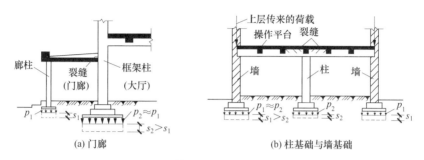

图 7.35　基础尺寸不妥引起的事故

4. 设置连系梁

钢筋混凝土框架结构对不均匀沉降很敏感，很小的沉降差异就足以引起不可忽视的附加应力。对于采用独立柱基础的框架结构，在基础间设置连系梁（图 7.36）是加大结构刚度、减轻不均匀沉降的有效措施之一。连系梁的设置常带有一定的经验性（仅起承墙作用时例外），其底面一般置于基础表面（或略高些），过高则作用下降，过低则施工不便。连系梁的截面高度可取柱距的 1/14～1/8，上下均匀通长配筋，每侧配筋率为0.4%～1.0%。

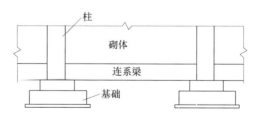

图 7.36　支承围护墙的连系梁

5. 采用联合基础或连续基础

采用二柱联合基础或条形、筏形、箱形等连续基础，可增大支承面积和减轻不均匀沉降。修建在软弱地基上的砌体承重结构，宜采用刚度较大的钢筋混凝土基础。万一需要事后补强或托换基础，也比较容易处理。

6. 使用能适应不均匀沉降的结构

排架等铰接结构，在支座产生相对变位时结构内力的变化甚小，故可避免不均匀沉降对结构的危害，但必须注意所产生的不均匀沉降是否将影响建筑物的使用。

油罐、水池等做成柔性结构时，基础也常采用柔性底板，以顺从、适应不均匀沉降，这时在管道连接处应采取某些相应的措施。

7.10.3 施工措施

在软弱地基上进行工程建设时，采用合理的施工顺序和施工方法至关重要，这是减轻或调整不均匀沉降的有效措施之一。

1. 遵照先重（高）后轻（低）的施工程序

当拟建的相邻建筑物之间轻（低）重（高）悬殊时，一般应按照先重（高）后轻（低）的程序进行施工，必要时还应在重（高）的建筑物竣工后间歇一段时间，再建造轻（低）的邻近建筑物。如果重（高）的主体建筑物与轻（低）的附属部分相连时，也应按上述原则处理。

2. 注意堆载、沉桩和降水等对邻近建筑物的影响

在已建成的建筑物周围，不宜堆放大量的建筑材料或土方等重物，以免地面堆载引起建筑物的附加沉降。

拟建的密集建筑群内如有采用桩基础的建筑物，桩的设置应首先进行，并应注意采用合理的沉桩顺序。

在进行降水及开挖深基坑时，应密切注意对邻近建筑物可能产生的不利影响，必要时可以采用设置截水帷幕、控制基坑变形量等措施。

3. 注意保护坑底土体

在淤泥及淤泥质土地基上开挖基坑时，要注意尽可能不扰动土的原状结构。如发现坑底软土被扰动，可挖去扰动部分，用砂、碎石（砖）等回填处理。在雨季施工时，要避免坑底土体受雨水浸泡。通常的做法是：在坑底保留大约 200mm 厚的原土层，待施工混凝土垫层时才用人工临时挖去。当基础埋置在易风化的岩层上，施工时应在基坑开挖后立即铺筑垫层。

习 题

一、单项选择题

1. 已知黏性土的内摩擦角为 $20°$，黏聚力 $c=30\text{kPa}$，重度 $\gamma=18\text{kN/m}^3$，设条形基础的宽度是 3m，埋深是 2m，地下水位在地面下 2m 处，则地基承载力特征值是多少？（　　）（其中：$M_b=0.51$，$M_d=3.06$，$M_c=5.66$。）

  A. 307.5kPa   B. 292.2kPa

  C. 272.2kPa   D. 252.2kPa

2. 下面有关建筑物基础埋深选择的叙述，正确的是（　　）。

  A. 当地基中存在承压水时，可不考虑其对基础埋深的影响

  B. 靠近原有建筑物基础修建的新建筑物，其基础埋深宜小于原有建筑物基础埋深

  C. 当存在地下水时，基础应尽量埋在地下水位以下

  D. 如果在基础影响范围内有管道或坑沟等地下设施时，基础应放在它们的上面

3. 矩形基础底面面积为 $4m \times 3m$，在基底长边方向作用着偏心荷载 1200kN。当最小基底压力 p_{min} 等于零时，最大基底压力 p_{max} 最接近（　　）。

    A. 120kPa　　　B. 150kPa　　　C. 170kPa　　　D. 200kPa

4. 由（　　）得到的地基承载力特征值无须进行基础宽度和深度修正。

    A. 土的抗剪强度指标以理论公式计算

    B. 规范承载力表格

    C. 地基载荷试验

    D. 以上均不对

5. 某中心受压矩形基础底面尺寸为 $l \times b$，传至设计标高处竖向轴压荷载为 F，基础埋深为 d，地基土重度为 γ，地基净反力为（　　）。

    A. $\dfrac{F+G}{l \times b}$　　　　　　　　　B. $\dfrac{F}{l \times b}$

    C. $\dfrac{F+G}{l \times b} - \lambda d$　　　　　　D. $\dfrac{F}{l \times b} - \lambda d$

二、填空题

1. 选择合适的基础埋深实际上是在选择_____。

2. 无筋扩展基础（刚性基础）结构设计时，采用_____的方法，保证基础内产生的拉应力和剪应力均不超过材料强度的设计值。

3. 地基沉降特征值一般有：_____、_____、_____、_____。

4. 砖基础的砌筑方式有两种，分别是_____和_____。

5. 受偏心荷载作用的浅基础，持力层承载力应满足的要求是_____。

三、名词解释题

1. 软弱下卧层。

2. 地基净反力。

3. 地基承载力特征值。

4. 沉降差。

5. 箱形基础。

四、简答题

1. 当拟建相邻建筑物之间轻重悬殊时，应采取怎样的施工顺序？为什么？

2. 地基基础设计的一般步骤有哪些？

3. 浅基础都有哪些类型？它们的适用条件如何？

4. 选择基础埋深时应考虑哪些主要因素？

5. 确定地基承载力特征值都有哪些方法？

五、计算题

1. 如图 7.37 所示的柱下独立基础处于 $\gamma = 17.5 \text{kN/m}^3$ 的均匀的中砂中，地基承载力特征值 $f_{ak} = 250 \text{kPa}$，已知基础的埋深为 2m，基底为 $2m \times 4m$ 的矩形，作用在柱基上的荷载（至设计地面）如图中所示，试验算地基承载力，并计算偏心距 e。

2. 某墙下钢筋混凝土条形基础和地基土情况如图 7.38 所示，已知条形基础宽度 $b = 1.65m$，上部结构荷载 $F = 220 \text{kN/m}$，试验算地基承载力。（地基压力扩散角见表 7-3。）

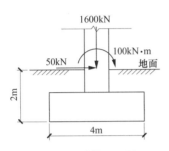

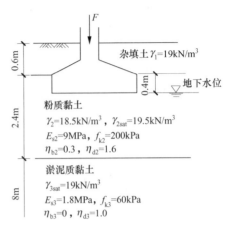

图 7.37　计算题 1 图

图 7.38　计算题 2 图

在线答题

拓展习题

第8章

桩基础

知识结构图

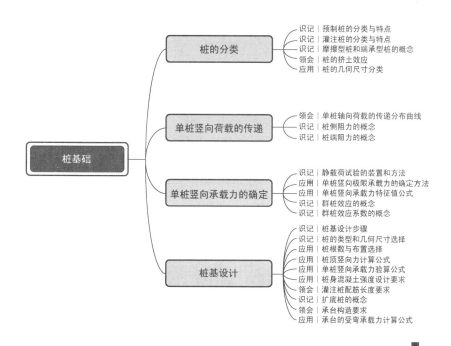

桩基础
- 桩的分类
  - 识记 | 预制桩的分类与特点
  - 识记 | 灌注桩的分类与特点
  - 识记 | 摩擦型桩和端承型桩的概念
  - 领会 | 桩的挤土效应
  - 应用 | 桩的几何尺寸分类
- 单桩竖向荷载的传递
  - 领会 | 单桩轴向荷载的传递分布曲线
  - 识记 | 桩侧阻力的概念
  - 识记 | 桩端阻力的概念
- 单桩竖向承载力的确定
  - 识记 | 静载荷试验的装置和方法
  - 应用 | 单桩竖向极限承载力的确定方法
  - 应用 | 单桩竖向承载力特征值公式
  - 识记 | 群桩效应的概念
  - 识记 | 群桩效应系数的概念
- 桩基设计
  - 识记 | 桩基设计步骤
  - 识记 | 桩的类型和几何尺寸选择
  - 应用 | 桩根数与布置选择
  - 应用 | 桩顶竖向力计算公式
  - 应用 | 单桩竖向承载力验算公式
  - 应用 | 桩身混凝土强度设计要求
  - 领会 | 灌注桩配筋长度要求
  - 识记 | 扩底桩的概念
  - 领会 | 承台构造要求
  - 应用 | 承台的受弯承载力计算公式

第8章电子
课件

8.1 概　　述

桩基础的适用性

当建筑场地浅层的土质无法满足建筑物对地基沉降和承载力方面的要求，而又不宜进行地基处理时，就要利用下部坚实土层或岩层作为持力层，采用深基础方案。深基础主要有桩基础、墩基础、沉井基础和地下连续墙等几种类型，其中以桩基础（简称桩基）应用最早最广。随着近代生产水平的提高和科学技术的发展，桩的种类和桩基形式、沉桩机具、钻孔设备和施工工艺及桩基理论和实践，都有了很大的演进。桩基已经成为土质不良地区修造建筑物，特别是高层建筑、重型厂房和各种具有特殊要求的构筑物所广泛采用的基础形式。

桩基一般由设置于土中的桩和承接上部结构的承台组成（图 8.1），桩顶埋入承台中。随着承台与地面的相对位置不同，而有低承台桩基和高承台桩基之分。前者的承台底面位于地面以下，而后者则高出地面或水力冲刷线以上。在工业与民用建筑中，几乎都使用低承台桩基，而且大量采用的是竖直桩，甚少采用斜桩。在桥梁和港口工程中常用高承台桩基，且较多采用斜桩，以承受水平荷载。

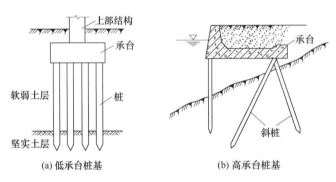

(a) 低承台桩基　　　　　　(b) 高承台桩基

图 8.1　桩基示意图

下列情况，可考虑选择桩基方案。

① 高层建筑或重要的和有纪念性的大型建筑，不允许地基有过大的沉降和不均匀沉降。

② 重型工业厂房，如设有大吨位重级工作制吊车的车间和荷载过大的仓库、料仓等。

③ 高耸结构物，如烟囱、输电铁塔，或需要采用桩基来承受水平力的其他建筑。

④ 需要减弱振动影响的大型精密机械设备基础。

⑤ 软弱地基或某些特殊性土上的永久性建筑物。

⑥ 以桩基作为抗震措施的地震区建筑。

当地基上部软弱而下部不太深处埋藏有坚实地层时，最宜采用桩基。如果软弱土层甚厚，桩端达不到良好土层，则应考虑桩基的沉降等问题。通过较好土层而到达软弱土层的桩，把建筑物荷载传到软弱土层，反而可能使基础的沉降增加。因此，桩基也可能出现沉降超过允许值和承载力破坏的问题。在工程实践中，由于设计方面或施工方面的原因，致使桩基未能达到要求，甚至酿成重大事故者已非罕见。我国某经济开发区一幢颇具规模的大楼，中间部分为 11 层，两侧为 9 层，采用钢筋混凝土框架结构和直径为480mm 的沉管灌注桩。场地存在高灵敏度的淤泥质土。由于某些原因，当大楼建至第 7 层时，产生明显的不均匀沉降，部分梁柱和楼板严重开裂，致使施工停顿。隔年花去地基加固费用约 100 万元。巴西某 11 层大厦，采用 99 根长度为 21m 的钢筋混凝土桩。大厦建成时横向已明显倾斜，沉降速率达到每小时 4mm，并在后期于 20 秒内倒塌。事后查明，当地为沼泽土，桩身和桩端处于软黏土和泥炭土中，由于桩端土连续变形，桩"刺入"土中而产生破坏。这些事例说明，桩基具体方案的选择、设计和施工均必须慎重。

8.1.2 桩基设计原则

1. 对地基计算的要求

（1）所有桩基均应进行承载力和桩身强度计算；对于预制桩，尚应进行运输、吊装和锤击等过程中的强度和抗裂验算。

（2）桩基中单桩所承受的荷载应满足单桩承载力计算的有关规定。

（3）对以下建筑物的桩基应进行沉降验算。

① 摩擦型桩基。

② 桩基沉降有控制要求的非嵌岩桩和非深厚坚硬持力层的桩基。

③ 结构体型复杂、荷载分布不均匀或桩端平面下存在软弱土层的桩基。

（4）位于坡地岸边的桩基应进行桩基稳定性验算。

2. 关于荷载取值的规定

桩基设计时，上部结构传至承台上的作用效应组合与浅基础相同，详见第 7 章第一节。

8.1.3 其他深基础形式

1. 地下连续墙

地下连续墙是在地面上用抓斗式或回转式等成槽机械，沿着开挖工程的周边，在泥浆护壁的情况下开挖一条狭长的深槽，形成一个单元槽段后，在槽内放入预先在地面上制作好的钢筋笼，然后用导管法浇灌混凝土，完成一个单元的墙段，各单元墙段之间以特定的接头方式相互连接，形成一条地下连续墙壁。

该基础的主要特点为：结构刚度大；整体性、防渗性和耐久性好；施工时基本无噪声、无振动，施工速度快，建造深度大，能适应较复杂的地质条件；可以作为地下主体结构的一部分，节省挡土结构的造价。地下连续墙广泛应用于各种地下工程、桥梁基础、房屋基础、竖井、船坞船闸、码头堤坝等。

2. 沉井基础

沉井基础是以现场浇筑、挖土下沉方式进入地基中的深基础，一般为钢筋混凝土制成，个别情况下也可使用砖石、钢筒等。

沉井基础由于断面尺寸大、承载力高，可作为高、大、重型结构物的基础，在桥梁、水闸及港口等工程中广泛应用。沉井基础由于施工方便，对邻近建筑物影响小，其本身既可挡土也可挡水，成为水下、水边和软土地基中建筑物基础的重要形式。

3. 墩基础

墩基础是一种常用的深基础，从外形和工作机理上与桩很难严格区分。墩的断面尺寸较大，墩身相对较短，体积巨大。墩常常是单独承担荷载，且承载力很高。与浅基础相比，墩的埋深不小于 4 倍断面尺度；墩的侧壁摩阻力往往是承载力的重要部分。

墩具有体型大、承载力高，施工较方便，施工质量容易保证的特点，广泛应用于桥梁、海洋钻井平台和港口码头等近海建筑物中。

8.2 桩 的 分 类

8.2.1 预制桩与灌注桩

按施工方法的不同，桩可分为预制桩和灌注桩两大类。

1. 预制桩

预制桩按所用材料的不同，可分为混凝土预制桩、钢桩和木桩。沉桩的方式有锤击或振动打入、静力压入等。锤击沉桩是预制桩最常用的沉桩方法，适用于地基土为松散的碎石土（不含大卵石或漂石）、砂土、粉土及可塑黏性土的情况。该法施工速度快，机械化程度高，适用范围广，现场文明程度高，但施工时有振动、噪声，对城市中心范围和夜间施工有所限制，不宜在人口密集的区域内施工。振动沉桩适用于可塑黏性土和砂土，尤其对受振动时抗剪强度有较大降低的砂土等地基效果更为明显。静压沉桩适用于较均质的可塑性黏性土地基，对砂土及其他较坚硬土层，由于压桩阻力过大不宜采用。较长桩分节压入时，接头较多会影响压桩的效率。

下面仅介绍混凝土预制桩和钢桩的内容。

（1）混凝土预制桩。

混凝土预制桩的优点是：长度和截面形状、尺寸可在一定范围内根据需要选择，质量较易保证，桩端（桩尖）可达坚硬黏性土或强风化基岩，承载力高，耐久性好。这种桩的横截面可做成方、圆等各种形状。普通实心方形截面的桩，截面边长一般为 300～500mm，且不应小于 200mm。

现场预制的桩，长度一般在 25～30m 以内。工厂预制的桩，分节长度一般不超过12m，可根据需要在沉桩过程中加以接长。

预应力混凝土管桩（图 8.2）是一种采用先张法预应力工艺和离心成型法制作的预制桩。其中，经过高压蒸汽养护设备生产的为 PHC（高强度）管桩，其桩身混凝土强度等级为 C80（或超过），否则为 PC 管桩（桩身混凝土强度等级为 C60 至接近 C80）。预应力混凝土管桩按其抗弯性能及抗裂度，可分为 A、AB、B 和 C 四种类型（抗裂弯矩：C＞B＞AB＞A）。

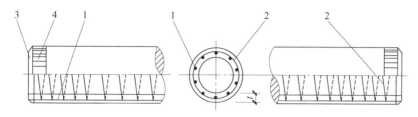

1—预应力钢筋；2—螺旋箍筋；3—端头板；4—钢套箍；t—壁厚

图 8.2 预应力混凝土管桩

预应力混凝土管桩的分节长度为 4～13m，常用的有 5m、7m、9m 和 11m 等产品，外径为 300～600mm。桩节的端部设有钢制端头板和钢套箍，沉桩时桩节通过焊接端头板加以接长。桩的下端则设置封口十字刃钢桩尖（图 8.3），或采用开口的钢桩尖（外廓呈圆锥形）。

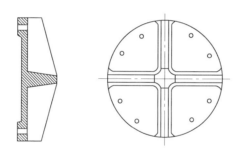

图 8.3 封口十字刃钢桩尖

（2）钢桩。

常用的钢桩有开口或闭口的钢管桩及 H 型钢桩等。钢管桩的直径为 250～1200mm，壁厚一般为 9～20mm。H 型钢桩常用规格为 HP8、HP10、HP12 和 HP14。钢桩的穿透能力强，自重轻，锤击沉桩效果好，承载力高，无论是起吊运输或是沉桩接桩都很方便。但耗钢量大，成本高，我国只在少数重点工程中使用。

2. 灌注桩

灌注桩是直接在所设计桩位处成孔，然后在孔内放置钢筋笼再浇灌混凝土而成的。与混凝土预制桩比较，灌注桩一般只根据使用期间可能出现的内力配置钢筋，用钢量较省。同时，桩长可在施工过程中根据要求于某一范围内取定。灌注桩的横截面呈圆形，可以做成大直径，也可扩大底部（扩底桩）。保证灌注桩承载力的关键在于桩身的成型和混凝土灌注质量。

灌注桩有几十个品种，大体可归纳为沉管灌注桩、钻（冲、挖）孔灌注桩和挖孔桩三类。灌注桩可采用套管（或沉管）护壁、泥浆护壁和干作业等方法成孔。

（1）沉管灌注桩。

沉管灌注桩可以采用锤击、振动和振动冲击等方法沉管开孔，其施工程序如图 8.4 所示。

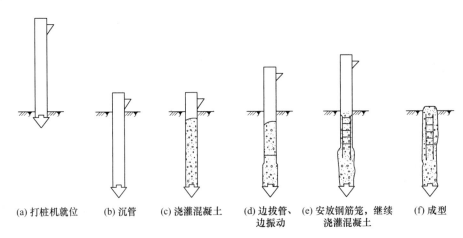

(a) 打桩机就位　(b) 沉管　(c) 浇灌混凝土　(d) 边拔管、　(e) 安放钢筋笼，继续　(f) 成型
　　　　　　　　　　　　　　　　　　　　　边振动　　　　浇灌混凝土

图 8.4　沉管灌注桩的施工程序示意图

锤击沉管灌注桩的直径按预制桩尖的直径考虑，多取用 300～500mm，桩长一般在 20m 以内。振动沉管灌注桩的直径多取用 400～500mm，桩长一般在 20m 以内，打至硬塑黏土层或中粗砂层。沉管灌注桩的施工设备简单、进度快、成本低，但可能产生缩颈（桩身截面局部缩小）、断桩、局部夹土、混凝土离析和强度不足等质量问题（或事故）。为了扩大桩径（这时桩距不宜太小），可对沉管灌注桩进行"复打"。所谓复打，就是在浇灌混凝土并拔出钢管后，立即在原位重新放置预制桩尖（或闭合管端活瓣），重新沉管，并再次浇灌混凝土。复打后的桩，横截面面积增大，承载力提高，但其造价也相应增加。对于含水量大而灵敏度高的淤泥和淤泥质土，如采用直径在 400mm 以下的锤击（或振动）沉管灌注桩容易产生质量问题，宜慎重采用。

（2）钻（冲、挖）孔灌注桩。

各种钻孔灌注桩在施工时都要把桩孔位置处的土排出地面，然后清除孔底沉渣，安放钢筋笼，最后浇灌混凝土。钻机在钻进时利用泥浆保护孔壁（泥浆质量应符合要求），以防坍孔。其施工程序如图 8.5 所示。

钻孔灌注桩常用的桩径为 800mm、1000mm、1200mm 等。国外生产的大直径钻机，一般用钢套筒护壁，具有回旋钻进、冲击、磨头磨碎岩石和进行扩底等多种功能，并能克服流砂、消除孤石等障碍物，钻进速度快，能进入微风化硬质岩石，深度可达 60m。由于这些机具价格昂贵，较适宜用于 1500～2800mm 的大直径钻孔灌注桩。

大直径钻孔灌注桩的最大优点在于能进入岩层，且刚度大，因此承载力高，而桩身变形很小。

国内常采用的各种钻孔灌注桩，其适用范围见表 8-1。

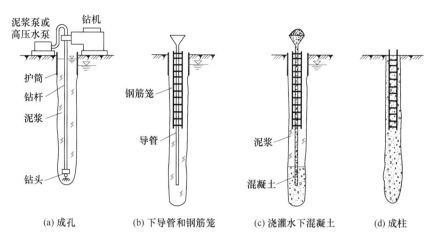

图 8.5 钻孔灌注桩施工程序示意图

表 8-1 各种钻孔灌注桩适用范围

成孔方法		适用范围
泥浆护壁成孔	冲抓、冲击、回转钻直径大于800mm	碎石土、砂土、粉土、黏性土及风化岩。冲击成孔的,进入中等风化和微风化岩层的速度比回转钻快,深度可达50m
	潜水钻,直径450~3000mm	黏性土、淤泥、淤泥质土及砂土,深度可达80m
干作业成孔	螺旋钻,直径300~1500mm	地下水位以上的黏性土、粉土、砂土及人工填土,深度在30m以内
	钻孔扩底,底部可达1200mm	地下水位以上的坚硬、硬塑的黏性土及中密以上的砂土,深度在15m内
	机动洛阳铲(人工),直径270~500mm	地下水位以上的黏性土、黄土及人工填土,深度可达40m
沉管成孔	锤击,直径320~800mm	硬塑黏性土、粉土、砂土,直径在600mm以上的强风化岩,深度可达20~30m
	振动,直径300~500mm	可塑黏性土、中细砂,深度可达24m
爆破成孔,底部直径可达1000mm		地下水位以上的黏性土、黄土、填土,深度可达12m

(3)挖孔桩。

挖孔桩可采用人工或机械挖掘开孔。人工挖土的,每挖深 0.9~1.0m,就浇灌或喷射一圈混凝土护壁(上下圈之间用插筋连接)。达到所需深度时,可进行扩孔。最后在护壁内安装钢筋笼和浇灌混凝土,如图 8.6 所示。

人工挖孔桩施工时,工人下到桩孔中操作,随时可能遇到流砂、塌孔、有害气体、缺氧、触电和上面掉下重物等危险而造成伤亡事故。因此,采用时应特别慎重,并应严格执行安全生产的规定。

挖孔桩的直径不应小于 0.8m，一般为 0.8～2m。桩长一般不宜超过 30m。

挖孔桩的优点是：可直接观察地层情况，孔底可清除干净，设备简单，噪声小，桩径大，桩端能进入岩层，承载力高，适应性强，又较经济。其缺点是：在流砂层及软土层中难以成孔，甚至无法成孔。

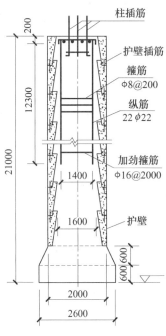

图 8.6　人工挖孔桩示例

8.2.2　摩擦型桩与端承型桩

按桩的性状和竖向受力情况，将桩分为摩擦型桩和端承型桩两大类。

1. 摩擦型桩

桩顶竖向荷载由桩侧阻力和桩端阻力共同承担。桩顶竖向荷载主要由桩侧阻力承受的桩称为摩擦型桩。摩擦型桩的桩端持力层多为较坚硬的黏性土、粉土和砂类土。

摩擦型桩可分为摩擦桩和端承摩擦桩两类。桩端阻力很小可忽略不计的桩，称为摩擦桩。例如在深厚的软弱土层中，无较硬的土层作为桩端持力层，或桩端持力层虽然较坚硬但桩的长径比 l/d（l 为桩的长度，d 为桩的直径）很大，此时传递到桩端的轴力很小，可以忽略不计。在承载能力极限状态下，桩顶竖向荷载主要由桩侧阻力承受的桩，称为端承摩擦桩。

2. 端承型桩

桩顶竖向荷载主要由桩端阻力承受的桩称为端承型桩。这类桩的桩端一般进入中密以上的砂土层、碎石类土层或中等风化、微风化和未风化岩层。

端承型桩可分为端承桩和摩擦端承桩两类。桩侧阻力很小可忽略不计的桩，称为端承桩，其长径比较小（一般小于10）。在承载能力极限状态下，桩顶竖向荷载主要由桩端阻力承受的桩，称为摩擦端承桩。

桩端周边嵌入完整和较完整的未风化、微风化、中等风化硬质岩体，且嵌入深度不小于0.5m的桩，称为嵌岩桩。嵌岩桩一般按端承桩设计。

8.2.3 按设置效应分类

随着桩的设置方法（打入或钻孔成桩等）的不同，桩孔处原土和桩周土所受的排挤作用也很不相同。排挤作用会引起桩周土天然结构、物理状态和应力状态的变化，从而影响桩的承载力和沉降。这些影响属于桩的设置效应问题。按设置效应，可将桩分为下列三类。其中，采用挤土桩和部分挤土桩时，应采取消减孔隙水压力和挤土效应的技术措施，并应控制沉桩速率，减小挤土效应对成桩质量、邻近建筑物、道路、地下管线和基坑边坡等产生的不利影响。

1. 挤土桩

实心的预制桩、下端封闭预应力混凝土管桩、木桩及沉管灌注桩等打入桩，在锤击、振动的贯入过程中，都将桩位处的土大量排挤开，因而使桩周某一范围内土的结构受到严重扰动破坏（重塑或土粒重新排列）。黏性土由于重塑作用而降低了抗剪强度（过一段时间后可恢复部分强度），而原来处于松散状态的无黏性土则由于振动挤密作用而使抗剪强度提高。

2. 部分挤土桩

底端开口的钢管桩、H型钢桩和开口预应力混凝土管桩等打入桩，沉桩时对桩周土体稍有排挤作用，但土的强度和变形性质改变不大。由原状土测得的土的物理力学性质指标一般仍可用于估算桩基承载力和沉降。

3. 非挤土桩

先钻孔后打入的预制桩和钻（冲、挖）孔灌注桩在成孔过程中将孔中土体清除去，故设桩时对土没有排挤作用，桩周土反而可能向桩孔内移动，因此，非挤土桩的桩侧阻力常有所减小。

在不同的地质条件下，按不同方法设置的桩所表现的性状比较复杂，设计时只能大致予以考虑。

8.2.4 按桩的几何尺寸分类

按照桩径 d 可将桩分为小直径桩（$d \leqslant 250$mm）、中等直径桩（250mm$< d < 800$mm）和大直径桩（$d \geqslant 800$mm），按照桩长 l 可将桩分为短桩（$l \leqslant 10$m）、中长桩（10m$< l \leqslant 30$m）、长桩（30m$< l \leqslant 60$m）和超长桩（$l > 60$m）。

8.3 单桩竖向荷载的传递

在讨论竖直单桩竖向承载力之前，有必要大致了解施加于桩顶的竖向荷载是如何传递至地基的，因为这对桩基设计具有一定的指导意义。

8.3.1 竖向荷载的传递

在桩顶竖向荷载的作用下，桩身截面上产生竖向力和竖向位移。由于桩身和桩周土的相互作用，受荷下移的桩身使桩周土发生变形并对桩侧表面产生向上的阻力。随着桩顶竖向荷载的增加，桩身轴力、位移和桩侧阻力都不断地发生变化。起初，桩顶竖向荷载 Q 值较小，桩身截面位移主要发生在桩身上段，Q 主要由上段桩侧阻力来承担。当 Q 增加到一定数值时，桩端产生位移，桩端阻力（等于桩端轴力）才开始明显表露出来。根据试验资料，当桩侧与土之间的相对位移量为 $4\sim6mm$（对黏性土）或 $6\sim10mm$（对砂土）时，阻力达到其极限值。

图 8.7 为单桩轴向荷载的传递分布曲线，表示桩顶在某级荷载 Q 作用下沿桩身的截面位移 δ_z、桩侧阻力 τ_z 和轴力 N_z 的分布。从图 8.7（b）中可看出，桩顶沉降 s 大于桩端位移 δ_l，这是由于桩身会产生较大的弹性压缩，它们之间的关系是，$s=\delta_l+$桩身压缩量。桩身轴力 N 的分布特点是，桩顶轴力 N_0 最大（$N_0=Q$），桩端轴力 N_l（即桩端阻力）最小。对端承桩，桩侧阻力很小，可忽略不计，故 $N_l\approx Q$。

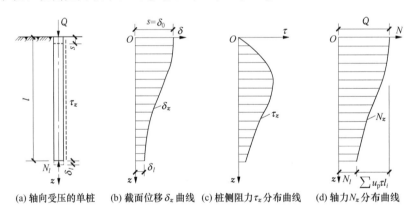

(a) 轴向受压的单桩 (b) 截面位移 δ_z 曲线 (c) 桩侧阻力 τ_z 分布曲线 (d) 轴力 N_z 分布曲线

图 8.7 单桩轴向荷载的传递分布曲线

8.3.2 桩侧阻力和桩端阻力

桩侧阻力除与桩土间的相对位移有关，还与土的性质、桩的刚度、时间因素和土中应力状态及桩的施工方法等因素有关。桩侧阻力实质上是桩侧土的剪切问题。影响桩侧阻力的诸因素中，土的类别、性状是主要因素。桩侧阻力的大小及分布决定着桩身轴力随深度的变化及数值，因此掌握桩侧阻力的分布规律，对研究和分析桩的工作状态有重要作用。

由于影响桩侧阻力的因素即桩土间的相对位移、土中的侧向应力、土质分布及土的性状均随深度变化，因此要精确地用物理力学方程描述桩侧阻力沿深度的分布规律较复杂，只能用试验研究方法，即在桩承受竖向荷载的过程中，量测桩身内力或应变，计算各截面轴力，求得侧阻力分布或端阻力值。现常近似假设桩侧阻力在地面处为零，沿桩入土深度呈线性分布，而对钻孔灌注桩则近似假设桩侧阻力沿桩身均匀分布。

桩端阻力与土的性质、持力层上覆荷载（覆盖土层厚度）、桩径、桩端作用力和时间及桩端进入持力层深度等因素有关，其主要影响因素仍为桩端地基土的性质。桩端地基土的受压刚度和抗剪强度大，则桩端阻力也大，桩端极限阻力取决于持力层土的抗剪强度和上覆荷载及桩径大小。由于桩端地基土层的受压固结作用是逐渐完成的，因此随着时间的增长，桩端地基土层的固结强度和桩端阻力也相应增长。

模型和现场的试验研究表明，桩的承载力（主要是桩端阻力）随着桩的入土深度，特别是进入持力层的深度而变化，这种特性称为深度效应。桩端进入持力砂土层或硬黏土层时，随着桩端进入持力层的深度线性增加到一定深度后，桩端极限阻力保持稳值。这一深度称为临界深度 h_c，它与持力层的上覆荷载和持力层土的密度有关。上覆荷载越小、持力层土的密度越大，则 h_c 越大。当持力层下存在软弱土层时，桩端距下卧软弱层顶面的距离 t 小于某一值 t_c 时，桩端阻力将随着 t 的减小而下降。t_c 称为桩端硬层临界厚度。持力层土的密度越大、桩径越大，则 t_c 越大。由此可见，当以夹于软层中的硬层作桩端持力层时，要根据夹层厚度，综合考虑基桩进入持力层的深度和桩端硬层的厚度。

8.3.3 桩侧负摩阻力

桩土间相对位移的方向，对于荷载传递的影响很大。当土层相对于桩侧向下位移时，产生于桩侧向下的阻力称为负摩阻力。产生负摩阻力的情况有多种，例如：位于桩周的欠固结黏土或松散厚填土在重力作用下产生固结；大面积堆载或桩侧地面局部较大的长期荷载使桩周高压缩性土层压密；在正常固结或弱固结的软黏土地区，由于地下水位全面降低（如长期抽取地下水），致使有效应力增加，从而引起大面积沉降；自重湿陷性黄土浸水后产生湿陷；打桩时使已设置的邻桩抬升；等等。在这些情况下，土的重力和地面荷载将通过负摩阻力传递给桩。

图 8.8（a）表示一根承受竖向荷载的桩。桩身穿过正在固结中的土层而到达坚实土层。在图 8.8（b）中，曲线 1 表示土层不同深度的位移，曲线 2 为该桩的截面位移曲线。曲线 1 和曲线 2 间的位移差（图中画上横线部分）为桩土间的相对位移。交点（O_1 点）为桩土间没有产生相对位移的截面位置，称为中性点。在 O_1 点之上的土层相对于桩身产生向下位移，桩侧出现负摩阻力 τ_{nz}。在 O_1 点之下的土层相对于桩身产生向上位移，因而在桩侧产生阻力（或称正阻力）τ_z。图 8.8（c）、（d）分别为桩侧阻力和桩身轴力的分布曲线。其中 Q^n 为中性点以上桩侧负摩阻力累计值，又称为下拉荷载；F_s 为中性点以下桩侧阻力累计值，在中性点处桩身轴力达到最大值（$Q+Q^n$），而桩端总阻力则等于 $[Q+(Q^n-F_s)]$。

桩侧负摩阻力的产生，使桩的竖向承载力减小，而桩身轴力加大，因此，负摩阻力的存在对桩基是极为不利的。对可能出现负摩阻力的桩基，宜按下列原则设计：①对于填土建筑场地，先填土并保证填土的密实度，待填土地面沉降基本稳定后再成桩；②对于地面

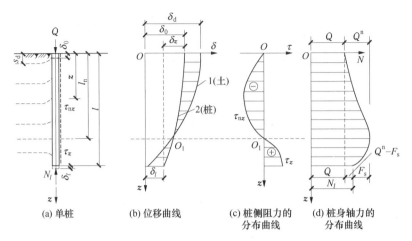

图 8.8　单桩在产生桩侧负摩阻力时的荷载传递

(a) 单桩　　(b) 位移曲线　　(c) 桩侧阻力的分布曲线　　(d) 桩身轴力的分布曲线

大面积堆载的建筑物，采取预压等处理措施，减少堆载引起的地面沉降；③对位于中性点以上的桩身进行处理（如在预制桩表面涂上一层沥青油），以减少负摩阻力；④对于自重湿陷性黄土地基，采用强夯、挤密土桩等先行处理，消除上部或全部土层的自重湿陷性；⑤采用其他有效而合理的措施。

8.4　单桩竖向承载力的确定

单桩竖向承载力的确定，取决于两个方面：一是桩本身的材料强度，二是地层的支承力。设计时分别按这两方面确定后取其中的小值，如按桩的载荷试验确定，则已经兼顾这两方面。

按材料强度计算低承台桩基的单桩竖向承载力时，可把桩视作轴心受压杆件，并将混凝土轴心抗压强度设计值 f_c 按式(8-9)的规定加以折减，而且不考虑纵向压屈影响（取纵向弯曲系数为1）。这是由于桩周存在土的约束作用。对于通过很厚的软黏土层而支承在岩层上的端承桩，以及高承台桩基或承台底面以下存在可液化土层的桩，则应考虑纵向压屈影响。

8.4.1　静载荷试验

静载荷试验是评价单桩竖向承载力诸法中可靠性较高的一种。

挤土桩在设置后宜隔一段时间才开始进行静载荷试验。这是由于打桩时土中产生的孔隙水压力有待消散，且土体因打桩扰动而降低的强度，也有待随时间而部分恢复。为了使试验能反映真实的竖向承载力值，一般间歇时间是：在桩身强度达到设计要求的前提下，对于砂土不得少于 7 天；黏性土不得少于 15 天；饱和软黏土不得少于 25 天。

在同一条件下，进行静载荷试验的桩数不宜少于总桩数的 1%，且不应少于 3 根。

1. 静载荷试验的装置和方法

单桩静载荷试验的试验装置如图 8.9 所示。

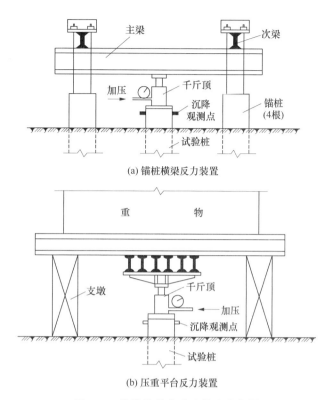

(a) 锚桩横梁反力装置

(b) 压重平台反力装置

图 8.9 单桩静载荷试验的试验装置

试验装置主要包括加荷稳压部分、提供反力部分和沉降观测部分。静荷载一般由安装在桩顶的千斤顶提供。千斤顶的反力可通过锚桩承担 [图 8.9 (a)]，或借压重平台的重物来平衡 [图 8.9 (b)]。量测桩顶沉降的仪表主要有百分表或电子位移计等。百分表安装在基准梁上。桩顶则相应设置沉降观测点。

试验方法的关键是，加荷方式应尽可能体现桩的实际工作情况。常用的慢速维持荷载法，每级荷载值为估算的单桩极限承载力的 $1/15\sim1/10$。每级加载后，在 5min、15min、30min、45min、60min 时各测读一次桩顶沉降量，以后每隔 30min 读一次。在每级荷载作用下，桩顶沉降量连续两次在每小时内不超过 0.1mm 时，则认为已趋稳定。然后施加下一级荷载，直到桩已显现破坏特征，再分级卸荷至零。当试验出现下列情况之一时，即可终止加载。

（1）某级荷载作用下，桩顶沉降量大于前一级荷载作用下的沉降量的 5 倍，且桩顶总沉降量超过 40mm。

（2）某级荷载作用下，桩顶沉降量大于前一级荷载作用下的沉降量的 2 倍，且经 24h 尚未达到《建筑基桩检测技术规范》（JGJ 106—2014）第 4.3.5 条第 2 款相对稳定标准。

（3）已达到设计要求的最大加载值且桩顶沉降量达到相对稳定标准。

（4）工程桩作锚桩时，锚桩上拔量已达到允许值。荷载—沉降曲线呈缓变型时，可加载至桩顶总沉降量 60~80mm；当桩端阻力尚未充分发挥时，可加载至桩顶累计沉降量 80mm。

根据试验记录，可绘制各种试验曲线，如荷载—沉降（$Q-s$）曲线（图 8.10）和沉降—时间（对数）（$s-\lg t$）曲线等，并由这些曲线的特征判断桩的极限承载力。

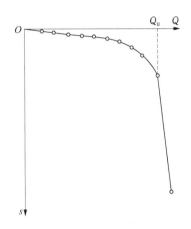

图 8.10　荷载—沉降（$Q-s$）曲线

2. 单桩的竖向承载力特征值

单桩竖向极限承载力 Q_u 可按下列方法确定。

（1）根据沉降随荷载变化的特征确定：对于陡降型 $Q-s$ 曲线，应取其发生明显陡降的起始点对应的荷载值。

（2）根据沉降随时间变化的特征确定：应取 $s-\lg t$ 曲线尾部出现明显向下弯曲的前一级荷载值。

（3）出现前述终止加载的第二种情况时，宜取前一级荷载值。

（4）对于缓变型 $Q-s$ 曲线，宜根据桩顶总沉降量，取 $s=40mm$ 对应的荷载值；对 D（D 为桩端直径）大于或等于 $800mm$ 的桩，可取 $s=0.05D$ 对应的荷载值；当桩长大于 $40m$ 时，宜考虑桩身弹性压缩。

（5）不满足前四种情况时，桩的竖向极限承载力宜取最大加载值。

参加统计的试桩，当满足其单桩竖向极限承载力的极差不超过平均值的 30% 时，可取其平均值为单桩竖向极限承载力。对桩数为 3 根及 3 根以下的柱下桩台，取最小值。

将单桩竖向极限承载力除以安全系数 2，为单桩竖向承载力特征值 R_a。

8.4.2　静力触探及标准贯入试验

对地基基础设计等级为丙级的建筑物，可采用静力触探及标准贯入试验参数确定单桩竖向承载力特征值 R_a。

单桩竖向承载力特征值计算例题

8.4.3　按经验公式确定单桩竖向承载力特征值

初步设计时，单桩竖向承载力特征值 R_a 可按下式估算。

$$R_a = q_{pa}A_p + u_p \sum q_{sia}l_i \qquad (8-1)$$

式中：q_{pa}、q_{sia}——桩端阻力、桩侧阻力特征值，kPa，由当地静载荷试验结果统计分析算得；

A_p——桩端横截面面积，m^2；

u_p——桩身横截面周长，m；

l_i——第 i 层岩土的厚度，m。

对桩端嵌入完整及较完整的硬质岩中的端承桩，可按下式估算单桩竖向承载力特征值。

$$R_a = q_{pa}A_p \qquad (8-2)$$

式中：q_{pa}——桩端岩石承载力特征值，kPa。

符合下列条件之一的桩基，当桩周土层产生的沉降超过桩基的沉降时，在计算桩基承载力时应计入桩侧负摩阻力。

（1）桩穿越较厚松散填土、自重湿陷性黄土、欠固结土、液化土层进入相对较硬土层时。

（2）桩周存在软弱土层，邻近桩侧地面承受局部较大的长期荷载，或地面大面积堆载（包括填土）时。

（3）由于降低地下水位，桩周土有效应力增大，并产生显著压缩沉降时。

【例 8-1】某混凝土预制桩截面为 350mm×350mm，桩长 12.5m（自承台底面起算）。该桩打穿淤泥层（厚度 $l_1=5m$，$q_{s1a}=5kPa$）后进入可塑黏土层（$l_2=7.5m$，$q_{s2a}=37kPa$，$q_{pa}=1600kPa$）。试按经验公式确定该桩的竖向承载力特征值。

【解】 $R_a = q_{pa}A_p + u_p \sum q_{sia}l_i$

$= 1600 \times 0.35^2 + 4 \times 0.35 \times (5 \times 5 + 37 \times 7.5)$

$= 619.5 \ (kN)$

8.4.4 群桩效应对单桩竖向承载力的影响

由 2 根以上的桩组成的桩基称为群桩基础。群桩基础受竖向荷载作用后，由于承台—桩—土的相互作用使其桩侧阻力、桩端阻力、沉降等性状发生变化而与单桩明显不同，这种现象称为群桩效应。对于由几根单桩组成的群桩基础，群桩效应对单桩竖向承载力的影响可以用群桩的承载力和 n 根单桩竖向承载力的比值 η 来说明，即

$$\eta = \frac{群桩的承载力}{n \times 单桩竖向承载力}$$

η 称为群桩效应系数，其值可能大于 1、等于 1 或小于 1，这与桩距、桩数、桩长、土的性质和桩的施工方法等因素有关。群桩效应不仅体现在竖向荷载作用下，也体现在前排桩对后排桩水平力的削弱上。

1. 摩擦型群桩基础

假设群桩基础中各桩所受的荷载相等，各桩的阻力也相同，并且都沿桩长均匀分布。桩侧阻力引起的土中附加应力 σ_z 通过桩周土按一角度 α 扩散分布。对于长度为 l 的独立单桩来说，在桩端平面上，附加应力的分布直径（$D=d+2l\tan\alpha$）比桩径 d 大得多 [图 8.11（a）]。对于群桩来说，当桩距 s 小于 D 时，各桩的桩端平面压力分布面积互相交错重叠而使附加应力 σ_z 增大 [图 8.11（b）]，从而使群桩沉降量增加。因此，在单桩与群桩沉降量相同的

条件下，群桩中每根桩的平均承载力常小于单桩竖向承载力，即群桩效应系数 $\eta < 1$。

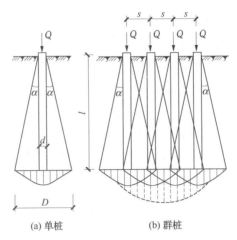

(a) 单桩　　　　　　　　(b) 群桩

图 8.11　摩擦型桩的桩顶荷载通过侧阻扩散形成的桩端平面压力分布

群桩中的桩数 n 和桩距 s 是影响群桩效应系数 η 的主要因素。桩数愈多、桩距愈小，则桩端处的应力重叠现象愈严重，η 值愈小。一些试验资料表明，当桩距小于 $3d$（d 为桩径）时，桩端处应力重叠现象严重；当桩距大于 $6d$ 时，应力重叠现象较小，群桩中各桩的工作性状接近于独立单桩。

对打入较疏松的砂类土和粉土中的挤土群桩，其桩间土和桩端土被明显挤密，致使桩侧阻力和桩端阻力提高，所以群桩效应系数 η 常大于 1。

2. 端承型群桩基础

端承型群桩中各桩的桩顶荷载大部分是通过桩端传给桩端持力层的，因此桩端处的应力重叠现象较轻微，群桩中各桩的工作性状接近于独立单桩。所以端承型群桩的承载力等于各单桩竖向承载力之和，即群桩效应系数 $\eta = 1$。

3. 承台底面贴地的影响

由摩擦型桩组成的群桩基础，当其承受竖向荷载而沉降时，承台底面一般与地基土紧密接触，因此承台底面必产生土反力，从而分担了一部分荷载，使桩基承载力随之提高。考虑到一些因素可能会导致承台底面与地基土脱开（如挤土桩施工时产生的孔隙水压力会在承台修筑后继续消散而引起地基土固结下沉），为了保证安全可靠，设计时一般不考虑承台底面贴地时承台底土反力对桩基承载力的贡献。

设计群桩基础时，一般可不考虑群桩效应对单桩竖向承载力的影响，即取群桩效应系数 $\eta = 1$，但对摩擦型桩、设计等级为甲级及部分乙级的建筑物桩基，必须进行沉降验算，以确保桩基沉降不超过允许值。

8.5　桩基设计

与浅基础一样，桩基的设计也应做到安全、合理和经济。对桩和承台来说，其应有足够的强度、刚度和耐久性；对地基（主要是桩端持力层）来说，其要有足够的承载力和不致产生过量的变形。考虑到通常桩基相应于地基破坏的竖向极限承载力甚高，因而大多数桩基设计的首要问题在于控制沉降和减轻不均匀沉降。

8.5.1　设计内容和步骤

桩基设计的基本内容包括下列各项。

① 选择桩的类型和几何尺寸，初步确定承台底面标高。

② 确定单桩竖向承载力特征值。

③ 确定桩的根数、间距和平面布置方式。

④ 验算单桩竖向承载力（必要时验算桩基沉降）。

⑤ 桩身结构设计。

⑥ 承台设计。

⑦ 绘制桩基施工图。

桩基设计之前（或初期），应根据建筑物的特点和有关要求，完成岩土工程勘察、场地环境及施工条件等资料的收集工作。设计时还应考虑与本桩基工程有关的其他问题，如桩的设置方法及其影响等。

下面将分别讨论上述①、③、④、⑤及⑥各项且仅限于轴向（竖向）受压的桩基。

8.5.2　桩的类型和几何尺寸选择

桩基设计的第一步，就是根据各种基本资料，从满足建筑物对桩基承载力与沉降允许值的要求出发，选择桩的类型、桩端持力层和桩径、桩长。

从建筑物规模（楼层层数）和荷载大小来看，对于 10 层以下的建筑物（如为工业厂房可将荷载折算为相应的楼层层数），可考虑采用直径 500mm 左右的灌注桩、直径 300mm 的预应力混凝土管桩或边长 400mm 的预制桩；10～20 层的可采用直径 800～1000mm 的灌注桩、直径 400mm 的预应力混凝土管桩或边长 450mm、500mm 的预制桩；20～30 层的可采用直径 1000～1200mm 的钻（冲、挖）孔灌注桩或直径 500mm、550mm 的预应力混凝土管桩；30～40 层的可采用直径大于 1200mm 的钻（冲、挖）孔灌注桩，直径 550mm、600mm 的预应力混凝土管桩或大直径钢管桩等。楼层更多的可用直径更大的灌注桩。目前，国内采用的人工挖孔桩直径最大为 4.5m。

各种类型的桩都有其适用性和局限性。

大直径灌注桩可穿过基岩强风化带进入中等风化带或微风化带而发挥其高承载力的优势。冲孔灌注桩穿越障碍物的能力比较强，当土中含有孤石、废金属残渣和未风化岩脉而不宜选用其他桩型时，可考虑选用冲孔灌注桩。

人工挖孔桩可按承载力要求灵活选择桩径和扩大端径，可在同一场地同时进行不同直径的挖孔桩施工。当岩土条件适合且安全生产有保证时，人工挖孔桩不失为一种值得选用的桩型。

预应力混凝土管桩的强度高，可承受较大的锤击动应力，因而可选用较大的桩锤（如

D45、D60 等柴油锤）施打，故这种桩的穿越能力强。预应力混凝土管桩最适合在具有一定厚度的残积层和强风化岩层的场地使用，也可以密实砂土或坚硬黏土作为持力层。预应力混凝土管桩的承载力和沉降量常可满足高层建筑的设计要求，而其工程费用低于嵌岩灌注桩。与其他预制桩一样，预应力混凝土管桩不宜在障碍物多的地层中使用，更不宜在覆盖层软弱、下部缺乏残积层和强风化岩层而直接为低风化硬质基岩的情况下使用，否则桩身将容易发生断裂。

对于软土地区的桩基，应考虑桩周土自重固结、蠕变、大面积堆载及施工中挤土对桩基的影响。在深厚软土中，不宜采用大片密集有挤土效应的桩基，否则会产生严重的地面隆起和土体水平位移，导致桩基承载力下降、沉降增加，先打设的桩受推挤而歪斜甚至断裂。这时宜采用承载力高而桩数较少的桩基。

为使桩基沉降均匀，同一结构单元宜避免采用不同类型的桩。同一基础相邻桩的桩底标高差，对于非嵌岩端承型桩，不宜超过相邻桩的中心距；对于摩擦型桩，在相同土层中不宜超过桩长的 1/10。

确定桩长的关键，在于选择桩端持力层。如果在施工条件允许的深度内没有坚实土层存在，对于 10 层以下的房屋，也可选择中等强度的土层作为持力层。

对于桩端进入持力层的深度和桩端下坚实土层的厚度，应该有所要求。桩端进入持力层的深度，应根据地质条件、荷载及施工工艺确定，一般宜为桩身直径的 1~3 倍，且尚应考虑特殊土、岩溶及震陷液化等影响。桩端下坚实土层的厚度，一般不宜小于 3 倍桩径。嵌岩桩桩端进入中等风化（或微风化）岩体的最小深度（指桩周入岩最浅处）不宜小于 0.5m，以确保桩端嵌入岩体。同时，嵌岩桩桩底以下 3 倍桩径范围内应无软弱夹层、断裂带、洞穴和空隙分布。桩端如坐落在起伏不平、隐伏沟槽、石芽密布的岩面则易招致滑动。为确保桩端和岩体的稳定，在桩端应力扩散范围（2~3 倍桩径）内，应无岩体临空面（例如沟、槽、洞穴的侧面或倾斜、陡立的岩面）存在。这些要求，对于荷载甚大的柱下单桩更为重要。必要时还应补充勘察，或在钻孔灌注桩施工时，于桩孔底下钻取岩芯（"超前钻"），以便了解该桩的持力层厚度。在高、重建筑中，采用大直径桩是有利的。但对碳酸岩类岩石地基，当岩溶很发育而洞穴顶板厚度不大时，则宜采用直径不大的钻（冲）孔灌注桩（较易满足桩端下有 3 倍桩径的持力层厚度要求，也有利于荷载的扩散），并配合采用具有一定架越能力的梁式或筏板式承台。

在确定桩长之后，施工时桩的设置深度必须满足设计要求。如果土层比较均匀，层面比较平整，那么桩的实际长度常与设计桩长比较接近；当场地土层复杂，或者桩端持力层层面起伏不平时，桩的实际长度常与设计桩长不一致。为了避免浪费和便于施工，在勘察工作中，应尽可能仔细探明可作为持力层的地层深度。

在确定桩的类型和几何尺寸后，应初步确定承台底面标高，以便计算单桩竖向承载力。一般情况下，承台埋深主要从建筑需要、方便施工和地基条件等方面来选择。

8.5.3 桩的根数和布置

1. 桩的根数

当桩基为轴心受压时，桩数 n 应满足下式要求。

$$n \geqslant \frac{F_k + G_k}{R_a} \tag{8-3}$$

式中：F_k——相应于作用的标准组合时，作用于承台顶面的竖向力；

　　　G_k——承台自重及承台上土自重标准值；

　　　R_a——单桩竖向承载力特征值。

当桩数未确定时，承台大小是未知的，即 G_k 为未知。因此，一般可先按 $n > F_k/R_a$ 估算桩数（偏心受压时桩数再增加 $10\% \sim 20\%$），然后进行桩的平面布置，确定承台平面尺寸，最后按下一小节所述的方法验算所选桩数是否合适。

2. 桩的间距

桩的间距（中心距）一般采用 $3 \sim 4$ 倍桩径。间距太大会增加承台的体积和用料，太小则将使桩基（摩擦型桩）的沉降量增加，且给施工造成困难。为此，规定摩擦型桩的间距不宜小于桩径的 3 倍；扩底灌注桩的间距不宜小于扩底直径的 1.5 倍，当扩底直径大于 2m 时，桩端净距不宜小于 1m。

对于大面积桩群，尤其是挤土桩，桩的间距宜适当加大。

3. 桩在平面上的布置

桩在平面内可以布置成方形（或矩形）网格或三角形网格（梅花式）的形式，也可采用不等桩距排列，如图 8.12 所示。

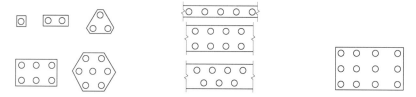

(a) 柱下桩基，按相等桩距排列　　(b) 墙下桩基，按相等桩距排列　　(c) 柱下桩基，按不等桩距排列

图 8.12　桩的平面布置示例

为了使桩基中各桩受力比较均匀，群桩横截面的重心应与荷载合力的作用点重合或接近。

在有门洞的墙下布桩应将桩设置在门洞的两侧。梁式或板式承台下的群桩，布桩时应注意使梁、板中的弯矩尽量减小，即多在柱、墙下布桩，以减少梁和板跨中的桩数。

为了节省承台用料和减少承台施工的工作量，在可能的情况下，墙下应尽量采用单排桩基，柱下的桩数也应尽量减少。一般来说，桩数较少而桩长较大的桩基，无论是在承台的设计和施工方面，还是在提高群桩的承载力及减小桩基沉降量方面，都比桩数多而桩长小的桩基优越。如果由于单桩竖向承载力不足而造成桩数过多、布桩不够合理，宜重新选择桩的类型及几何尺寸。

8.5.4　桩基承载力验算

1. 桩顶竖向力计算

群桩中单桩桩顶竖向力可按下列公式计算（图 8.13）。

桩基设计的
应用例题

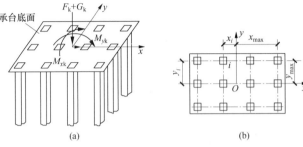

(a)　　　　　　　　　(b)

图 8.13　桩顶竖向力计算简图

轴心竖向力作用下：

$$Q_k = \frac{F_k + G_k}{n} \tag{8-4}$$

偏心竖向力作用下：

$$Q_{ik} = \frac{F_k + G_k}{n} \pm \frac{M_{xk} y_i}{\sum y_i^2} \pm \frac{M_{yk} x_i}{\sum x_i^2} \tag{8-5}$$

$$Q_{k,max} = \frac{F_k + G_k}{n} \pm \frac{M_{xk} y_{max}}{\sum y_i^2} \pm \frac{M_{yk} x_{max}}{\sum x_i^2} \tag{8-6}$$

式中：Q_k——相应于作用的标准组合时，轴心竖向力作用下任一单桩的竖向力；

　　　Q_{ik}——相应于作用的标准组合时，偏心竖向力作用下第 i 桩的竖向力；

　　　$Q_{k,max}$——相应于作用的标准组合时，偏心竖向力作用下单桩的最大竖向力；

M_{xk}、M_{yk}——相应于作用的标准组合时，作用于承台底面的外力对通过群桩形心 x、y 轴的力矩；

　　x_i、y_i——第 i 桩至通过群桩形心的 y、x 轴线的距离，$\sum x_i^2 = x_1^2 + x_2^2 + \cdots + x_n^2$，$\sum y_i^2 = y_1^2 + y_2^2 + \cdots + y_n^2$。

其余符号同前。

2. 单桩竖向承载力验算

承受轴心竖向力作用的桩基，桩顶竖向力 Q_k 满足下式要求。

$$Q_k \leqslant R_a \tag{8-7}$$

承受偏心竖向力作用的桩基，除应满足式(8-7)的要求外，尚应满足下式要求。

$$Q_{k,max} \leqslant 1.2 R_a \tag{8-8}$$

当作用在桩基上的外力主要为水平力时，应对桩基的水平承载力进行验算；当桩基承受拔力时，应对桩基进行抗拔验算及桩身抗裂验算。

8.5.5　桩身结构设计

桩身混凝土强度应满足桩的承载力设计要求。计算时应按桩的类型和成桩工艺的不同将混凝土轴心抗压强度设计值乘以工作条件系数 φ_c，桩身强度应符合下式要求。

$$Q \leqslant A_p f_c \varphi_c \tag{8-9}$$

式中：f_c——混凝土轴心抗压强度设计值；

　　　Q——相应于作用的基本组合时的单桩竖向力设计值；

　　　A_p——桩身横截面面积；

　　　φ_c——工作条件系数，非预应力预制桩取 0.75，预应力桩取 0.55～0.65，灌注桩取 0.6～0.8（水下灌注桩、长桩或混凝土强度等级高于 C35 时用低值）。

预制桩的混凝土强度等级不应低于 C30；灌注桩不应低于 C20；预应力桩不应低于 C40。

桩的主筋应经计算确定。打入式预制桩的最小配筋率不宜小于 0.8%；静压预制桩的最小配筋率不宜小于 0.6%；预应力桩的最小配筋率不宜小于 0.5%；灌注桩的最小配筋率不宜小于 0.2%～0.65%（小直径桩取大值）。

灌注桩的配筋长度应符合下列规定。

① 受水平荷载和弯矩较大的桩，配筋长度应通过计算确定。

② 桩基承台下存在淤泥、淤泥质土或液化土层时，配筋应穿过这些土层。

③ 坡地岸边的桩、8 度及 8 度以上地震区的桩、抗拔桩、嵌岩端承桩应通长配筋。

④ 钻孔灌注桩构造钢筋的长度不宜小于桩长的 2/3；桩施工在基坑开挖前完成时，其钢筋长度不宜小于基坑深度的 1.5 倍。

对于预制桩，尚应进行运输、吊装和锤击等过程中的强度和抗裂验算。

当人工挖孔桩桩端持力层为土层或强度较低的岩层时，桩端可采用扩底的形式(图 8.14)，以提高单桩竖向承载力。扩底端直径与桩身直径比 d_b/d，应根据承载力要求及扩底端部侧面和桩端持力层土性确定，最大不超过 3.0。扩底端部侧面的斜率 a/h_a 应根据实际成孔及支护条件确定，一般取 1/3～1/2（砂土取约 1/3，粉土、黏性土取约 1/2），a 为扩大端半径与桩身半径之差，h_a 为扩大段斜边高度，扩底端底面一般呈锅底形，矢高 h_c 可取 $(0.10～0.15)d_b$。

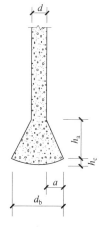

图 8.14　扩底桩构造

8.5.6　承台设计

承台设计包括选择承台的材料和几何尺寸（形状、平面、高度和底面标高），进行承载力计算，并应符合某些构造上的要求。桩基承台可分为柱下独立桩基承台、柱下或墙下条形桩基承台和筏形、箱形承台等几种。

1. 构造要求

（1）承台的最小宽度不应小于500mm，承台边缘至边桩中心的距离不宜小于桩的直径或边长，边缘挑出部分不应小于150mm。这主要是为了满足桩顶嵌固及抗冲切的需要。对于墙下条形桩基承台，其边缘挑出部分可降低至75mm，这主要是考虑到墙体与承台共同工作可增强承台的整体刚度，并不至于产生桩顶对承台的冲切破坏。

为满足承台的基本刚度、桩与承台的连接等构造需要，柱下或墙下条形桩基承台和柱下独立桩基承台的最小厚度不应小于300mm。

（2）承台混凝土强度等级不应低于C20，承台底面钢筋的混凝土保护层厚度不应小于70mm，当有混凝土垫层时，不应小于50mm。

（3）承台的钢筋配置除满足计算要求外，尚需符合下列规定。

承台梁的纵向主筋直径不宜小于12mm，架立筋直径不宜小于10mm，箍筋直径不宜小于6mm。

柱下独立桩基承台的受力钢筋应通长配置，最小配筋率不应小于0.15%。矩形承台配筋宜按双向均匀布置［图8.15（a）］，钢筋直径不宜小于10mm，间距应满足100～200mm的要求。对于三桩承台，钢筋应按三向板带均匀配置，最里面三根钢筋相交围成的三角形应位于柱截面投影范围以内［图8.15（b）］。

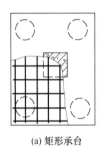 

(a) 矩形承台　　(b) 三桩承台

图8.15 承台配筋示意图

（4）桩与承台的连接需符合下列要求。

桩顶嵌入承台内的长度不宜小于50mm。主筋伸入承台内的锚固长度不宜小于钢筋直径的35倍。对于大直径灌注桩，当采用一柱一桩时，可设置承台或将桩和柱直接连接。桩和柱的连接可按高杯口基础的要求选择截面尺寸和配筋，柱纵向钢筋插入桩身的长度应满足锚固长度的要求。

（5）关于承台之间的连接。

柱下单桩承台宜在相互垂直的两个方向设置连系梁。这是为了传递、分配柱底剪力、弯矩，增强整个建筑物桩基的协同工作能力，并与结构分析时假定柱底为固定端的计算模式相一致。

对于双桩承台，由于其长向抗剪、抗弯能力较强，一般无须设置承台之间的连系梁。而其短向抗弯刚度较小，因此宜设置承台间的连系梁。

对于有抗震设防要求的柱下独立桩基承台，宜设置纵横向连系梁。这主要是考虑在地震作用下，建筑物各独立承台之间所受剪力、弯矩是非同步的，因此利用承台之间的连系梁进行传递和分配是十分有利的。

连系梁顶面宜与承台顶面位于同一标高，以利于直接传递柱底剪力、弯矩。连系梁的截面宽度不应小于 200mm，高度可取梁跨的 $1/15 \sim 1/10$，最小配筋量则应不小于 $4\phi12$，并应按受拉要求锚入承台。

2. 承台的受弯承载力计算

各种承台均应按现行的《混凝土结构设计规范（2015 年版）》（GB 50010—2010）进行受弯、受冲切、受剪切和局部承压承载力计算。下面仅介绍柱下多桩矩形承台的受弯承载力计算。

柱下多桩矩形承台弯矩的计算截面应取在柱边和承台高度变化处（杯口外侧或台阶边缘），并按下式计算。

$$M_x = \sum N_i y_i \tag{8-10}$$

$$M_y = \sum N_i x_i \tag{8-11}$$

式中：M_x、M_y——垂直于 y 轴和 x 轴方向计算截面处的弯矩设计值。

x_i、y_i——垂直于 y 轴和 x 轴方向自桩轴线到相应计算截面的距离（图 8.16）。

N_i——扣除承台和承台上土自重后相应于作用的基本组合时的第 i 桩竖向力设计值，可按式(8-5) 计算，计算时去掉式中的自重项 G_k，并将 Q_{ik} 改为 N_i，将 F_k、M_{xk}、M_{yk} 改为相应于作用的基本组合时的设计值。当取基本组合值为标准组合值的 1.35 倍时，N_i 亦可按下式计算。

$$N_i = 1.35\left(Q_{ik} - \frac{G_k}{n}\right) \tag{8-12}$$

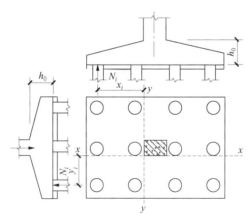

图 8.16　柱下多桩矩形承台

【例 8-2】图 8.17 所示矩形截面柱，其边长为 $b_c = 450$mm、$h_c = 600$mm，柱底（标高为 -0.500m）处作用的相应于作用的基本组合时的荷载设计值为 $F = 4100$kN、$M_0 = 214$kN·m（沿承台长边方向作用），$H = 186$kN。拟采用混凝土预制桩基础，承台埋深初取 1.4m，预制桩的方形截面边长为 $b_p = 400$mm，桩长 15m。承台下桩侧土层情况自上而下依次为：黏土，可塑，厚度 1m，$q_{sia} = 20$kPa；粉质黏土，流塑，厚度 12m，$q_{sia} =$

10kPa；黏土，可塑，厚度5m以上，桩端进入该层2m，$q_{sia}=38\text{kPa}$，$q_{pa}=1250\text{kPa}$。承台混凝土强度等级取C20，配置HRB335级钢筋，试设计该桩基础。

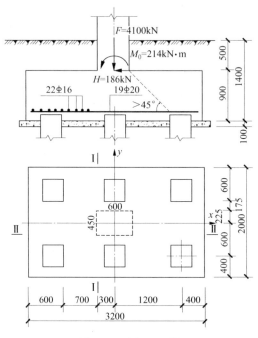

图8.17 例8-2图

【解】(1) 桩的类型和几何尺寸已选定，桩身结构设计从略。

(2) 计算单桩竖向承载力特征值。

由式(8-1)，得

$$R_a = q_{pa}A_p + u_p\sum q_{sia}l_i$$
$$= 1250\times0.4\times0.4 + 4\times0.4\times(20\times1+10\times12+38\times2)$$
$$= 545.6(\text{kN})$$

(3) 计算荷载标准组合值。

$$F_k = \frac{F}{1.35} = \frac{4100}{1.35} \approx 3037.0\ (\text{kN})$$

$$M_{0k} = \frac{M_0}{1.35} = \frac{214}{1.35} \approx 158.6\ (\text{kN})$$

$$H_k = \frac{H}{1.35} = \frac{186}{1.35} \approx 137.8\ (\text{kN})$$

(4) 初选桩的根数和承台尺寸。

桩的根数：
$$n > \frac{F_k}{R_a} = \frac{3037.0}{545.6} \approx 5.6\ (\text{根})$$

取$n=6$根，桩的平面布置如图8.17所示。取桩距$s=3d=3\times0.4=1.2$（m），于是承台尺寸为

承台长边：$\qquad a = 2\times(0.4+1.2) = 3.2$ (m)

承台短边：$\qquad b = 2\times0.4+1.2 = 2.0$ (m)

暂取承台厚度 $h=0.9\text{m}$，桩顶嵌入承台 50mm，钢筋网直接放在桩顶上，承台底设 C10 混凝土垫层，则承台有效高度为 $h_0=h-0.05=0.9-0.05=0.85$（m）（计算基础或承台的有效高度时，常不考虑钢筋直径的影响，由此而引起的误差很小，可忽略不计）。

（5）桩顶竖向力计算及承载力验算。

$$Q_k = \frac{F_k+G_k}{n} = \frac{3037.0+20\times3.2\times2.0\times1.4}{6} \approx 536 \text{（kN）} < R_a = 545.6\text{kN}$$

$$Q_{k,max} = \frac{F_k+G_k}{n} + \frac{(M_{0k}+H_kh)x_{max}}{\sum x_i^2}$$

$$= 536 + \frac{(158.6+137.8\times0.9)\times1.2}{4\times1.2^2}$$

$$\approx 594.9\text{(kN)} < 1.2R_a \approx 654.7\text{kN}$$

经验算，单桩竖向承载力满足要求。

单桩水平力：

$$H_{1k} = \frac{H_k}{n} = \frac{137.8}{6} \approx 23.0 \text{（kN）}$$（此值相对于桩顶竖向力 Q_k 来说很小，因此可不考虑桩的水平承载力问题）

（6）确定承台厚度。

承台厚度由受冲切、受剪切承载力计算确定，计算过程从略。

（7）承台受弯承载力计算。

$$N = 1.35\left(Q_k - \frac{G_k}{n}\right) = 1.35\times(536-29.9) \approx 683.2 \text{（kN）}$$

$$N_{max} = 1.35\left(Q_{k,max} - \frac{G_k}{n}\right) = 1.35\times(594.9-29.9) \approx 762.8 \text{（kN）}$$

在 Ⅱ—Ⅱ 截面外侧有 3 根桩，其平均竖向力设计值为 N，故

$$M_x = \sum N_iy_i = 3\times683.2\times0.375 = 768.6\text{(kN·m)}$$

$$A_s = \frac{M_x}{0.9f_yh_0} = \frac{768.6\times10^6}{0.9\times300\times850} \approx 3349\text{(mm}^2\text{)}$$

按最小配筋率配 22Φ16，$A_s=4424\text{mm}^2$，沿平行于 y 轴方向均匀布置（图 8.17）。

在 Ⅰ—Ⅰ 截面外侧有 2 根桩，其平均竖向力设计值为 N_{max}，故

$$M_y = \sum N_ix_i = 2N_{max}x_{max} = 2\times762.8\times0.9 \approx 1373.0\text{(kN·m)}$$

$$A_s = \frac{M_y}{0.9f_yh_0} = \frac{1373.0\times10^6}{0.9\times300\times850} \approx 5983\text{(mm}^2\text{)}$$

选用 19Φ20，$A_s=5970\text{mm}^2$（$\approx5983\text{mm}^2$），沿平行于 x 轴方向均匀布置（图 8.17）。

【例 8-3】某框架柱下采用预制桩基，柱作用在承台顶面的荷载标准组合值为 $F_k=2500\text{kN}$、$M_k=300\text{kN·m}$，承台埋深 $d=1\text{m}$，预制桩截面尺寸为 $350\text{mm}\times350\text{mm}$，单桩竖向承载力特征值 $R_a=680\text{kN}$。试进行承台布桩设计及验算。

【解】（1）初选桩的根数和承台尺寸。

桩的根数：

$$n > \frac{F_k}{R_a} = \frac{2500}{680} \approx 3.7 \text{（根）}$$

取桩数 $n=4$ 根，桩距 $s=3d=3\times0.35=1.05$ （m），承台边缘至边桩中心的距离取为 1 倍桩的边长，则承台边长为 $s+2d=1.05+2\times0.35=1.75$ （m）。桩的布置和承台尺寸如图 8.18 所示。

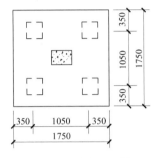

图 8.18　例 8 - 3 图

（2）桩顶竖向力计算及承载力验算。

$$Q_{k,max}=\frac{F_k+G_k}{n}+\frac{M_x x_{max}}{\sum x_i^2}$$

$$=\frac{2500+20\times1.75\times1.75\times1}{4}+\frac{300\times0.525}{4\times0.525^2}$$

$$\approx 783.2(kN)<1.2R_a=816kN$$

经验算，单桩竖向承载力满足要求。

一、单项选择题

1. 在竖向极限荷载作用下，桩顶竖向荷载桩侧阻力承担 70%，桩端阻力承担 30% 的桩称为（　　）。

    A. 摩擦桩　　　　　　　　　B. 端承摩擦桩

    C. 摩擦端承桩　　　　　　　D. 端承桩

2. 承台的最小宽度不应小于（　　）。

    A. 300mm　　　B. 400mm　　　C. 500mm　　　D. 600mm

3. 某场地在桩身范围内有较厚的粉细砂层，地下水位较高。若不采取降水措施，则不宜采用（　　）。

    A. 钻孔桩　　　　　　　　　B. 人工挖孔桩

    C. 预制桩　　　　　　　　　D. 沉管灌注桩

4. 以下属于非挤土桩的是（　　）。

    A. 实心的混凝土预制桩　　　B. 下段封闭的预应力混凝土管桩

    C. 钻孔灌注桩　　　　　　　D. 沉管灌注桩

5. 桩基承台的宽度与哪一条件无关？（　　）

    A. 承台混凝土强度　　　　　B. 构造要求最小宽度

    C. 边桩中心至承台边缘的距离　D. 桩的平面布置形式

二、填空题

1. 预制桩常用的沉桩方法有_____、_____和_____。

2. 桩端进入持力层的深度一般宜为桩身直径的_____倍，桩端下坚实土层的厚度，一般不宜小于_____倍桩径。嵌岩桩桩端进入中等风化（或微风化）岩体的最小深度（指桩周入岩最浅处）不宜小于_____m。

3. 直径 500mm 左右的灌注桩可考虑用于_____建筑物。

4. 灌注桩包括_____、_____和_____。

5. 桩按设置效应分类，分为_____、_____和_____三类。

三、名词解释题

1. 桩基。

2. 单桩竖向极限承载力。

3. 群桩效应系数。

4. 沉井基础。

5. 摩擦型桩。

四、简答题

1. 试从桩的施工方法、设置效应对桩进行分类。

2. 单桩竖向荷载的传递有什么规律？

3. 桩基设计一般包括哪些基本内容？

4. 人工挖孔灌注桩在施工时应注意哪些问题？

5. 简述振动沉管灌注桩的施工顺序。

五、计算题

1. 某场地从天然地面起往下的土层分布依次为：粉质黏土，厚度 $l_1 = 3m$，$q_{s1a} = 25kPa$；粉土，厚度 $l_2 = 6m$，$q_{s2a} = 25kPa$；中密中砂，厚度 $l_3 = 5m$，$q_{s3a} = 32kPa$，$q_{pa} = 2700kPa$。现采用截面边长为 350mm 的预制方桩，桩端进入中砂层的深度为 1m，承台埋深取 1m，试确定单桩竖向承载力特征值。

2. 一方形柱截面边长为 400mm，柱下做 4 个承台，承台埋深 1m，桩距 1.6m，承台边长为 2.5m，作用在承台顶面的相应于作用的标准组合时的荷载值为 $F_k = 2000kN$、$M_k = 200kN \cdot m$。（1）求单桩桩顶竖向力 Q_k 和最大竖向力 $Q_{k,max}$；（2）若单桩竖向承载力特征值 $R_a = 540kN$，试验算桩顶竖向力是否满足承载力要求；（3）取荷载的基本组合值为标准组合值的 1.35 倍，试计算承台的弯矩设计值 M_x 和 M_y。

在线答题

拓展习题

参 考 文 献

陈希哲，叶菁，2013. 土力学地基基础 [M].5 版.北京：清华大学出版社.

李广信，张丙印，于玉贞，2013. 土力学 [M].2 版.北京：清华大学出版社.

莫海鸿，杨小平，2014. 基础工程 [M].3 版.北京：中国建筑工业出版社.

莫海鸿，杨小平，刘叔灼，2019. 土力学及基础工程学习指导 [M].2 版.北京：中国建筑工业出版社.

孙鸿玲，徐书平，2012. 土力学与基础工程 [M].北京：中国水利水电出版社.

王成华，2012. 土力学 [M].北京：中国建筑工业出版社.

殷宗泽，等，2007. 土工原理 [M].北京：中国水利水电出版社.

于小娟，王照宇，2012. 土力学 [M].北京：国防工业出版社.

袁聚云，钱建固，张宏鸣，等，2009. 土质学与土力学 [M].4 版.北京：人民交通出版社.

赵成刚，白冰，等，2017. 土力学原理 [M].2 版.北京：北京交通大学出版社.

赵明华，李刚，曹喜仁，等，2003. 土力学地基与基础疑难释义 [M].2 版.北京：中国建筑工业出版社.